口絵1 本書が対象とする砂浜海岸のイメージ
A：鹿児島県吹上浜，B：宮崎県宮崎海岸，C：茨城県波崎海岸，D：愛知県渥美半島表浜，E：北海道オホーツク海紋別海岸，F：福岡県三里松原（写真：A～C・E・F；須田有輔，D；田中雄二）。

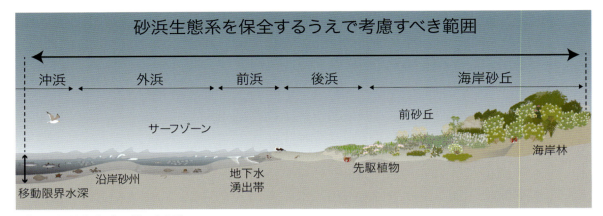

口絵2　砂浜生態系の範囲（第1章参照）
砂浜海岸の基盤となる砂，栄養物質や生物などの移動を考慮すると，波浪の影響が海底の砂に及び始める深さ（移動限界水深）のあたりから，海浜植生の内陸縁までの範囲を保全する必要がある（イラスト：田中雄二）。

口絵3　ラネル（第1章参照）
岸に沿って走る細長い水域がラネルである。その海側には，高潮時には海面下に没するリッジとよばれる砂の高まりが横たわる（鹿児島県吹上浜）（写真：須田有輔）。

口絵4　海岸砂丘（第1章参照）
植生に覆われた海岸砂丘の後背地は集落や耕作地となっている（鹿児島県吹上浜）（写真：須田有輔）。

口絵5　海浜植生の先駆植物帯（第1章，第8章参照）
後浜から前砂丘にかけては，塩分，高温や乾燥への耐性が高い先駆植物が生育する。この写真の植物はコウボウムギである（鹿児島県吹上浜）（写真：須田有輔）。

口絵7　砂浜浅所の小型動物（第1章，第4章，第6章参照）
ラネル内を小さな網で少し曳いただけで多くのアミ類やヨコエビ類が入る（左）。サーフゾーン浅所の海底付近にはアミ類が群泳する（右）。これらの小型動物はサーフゾーン魚類の重要な餌になっている（鹿児島県吹上浜）（写真：須田有輔）。

口絵6　砂浜の地下水（第1章，第3章参照）
潮位の低下とともに潮間帯の上部に位置する湧出帯（上）からは，栄養分を含んだ地下水が流出する。流下するにしたがって小川のようになることもある（下）（鹿児島県吹上浜）（写真：須田有輔）。

口絵8　砂浜表面の底生微細藻類（第3章参照）
貝掘り客が集まる湧出帯直下の砂浜（左）は，砂漣とよばれるさざ波のような地形となっている。砂漣の表面は，砂の中からしみ出した底生微細藻類で緑褐色を呈している。表面の砂をそぎ取ると中の砂の色との違いがよくわかる（右下）（鹿児島県吹上浜）（写真：須田有輔）。

口絵9　渚の海泡（第3章参照）
海泡（「波の花」ともよばれる）は，海水中に含まれる動植物プランクトンから出された分泌物や排泄物などの粘液物質や無機物の微細粒子が波で撹乱されるうちに泡となり，岸に打ち寄せられたものである。海泡は砂浜の栄養供給源の一つになる（鹿児島県吹上浜）（写真：須田有輔）。

口絵10　ドリフトライン（第1章参照）
浜に打ち上げられた海藻や動物死骸が，波の跡に沿って線状に並んだものはドリフトラインとよばれる。この写真には2本のドリフトラインがみられる。ドリフトラインは砂浜の小型動物の避難場や餌料源となる（鹿児島県吹上浜）（写真：須田有輔）。

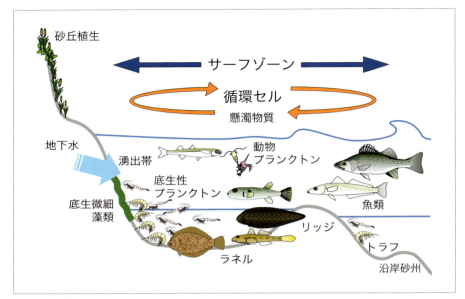

口絵11 サーフゾーン生態系の概念図（第1章，第3章〜第6章参照）
地下水に含まれる栄養塩は底生微細藻類の栄養源となり，底生微細藻類はアミ類やヨコエビ類など動物プランクトンの餌料となる。波によって駆動される海浜流系（循環セル）により，サーフゾーン内には栄養源となる懸濁物質が留められている。このような豊富な栄養物質に支えられて，サーフゾーンにはシロギスやヒラメなど水産重要種を含む多くの魚類が生息している（イラスト：須田有輔）。

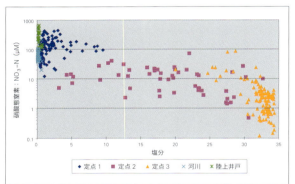

口絵12 砂浜海岸の塩分と硝酸態窒素の分布図（第3章参照）
詳細は本文を参照（図：早川康博）。

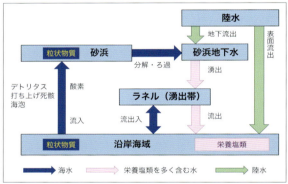

口絵13 砂浜海岸での栄養塩供給フラックスと分解過程（第3章参照）
詳細は本文を参照（図：早川康博）。

口絵14 砂浜海岸の環境問題（第1章参照）
海岸侵食により浜崖の基部が削り取られている（左），海岸侵食対策として建設された消波ブロック製の突堤と護岸は砂浜の自然状態と景観を損ねている（中央），大量に打ち上げられた漂着ごみ（右）（写真：須田有輔）。

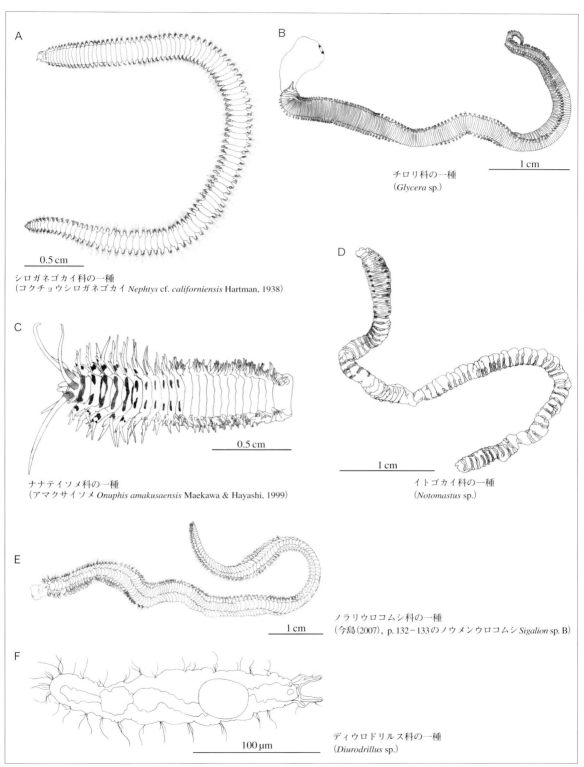

口絵15 砂浜海岸の多毛類（BOX④参照）（イラスト：冨岡森理）

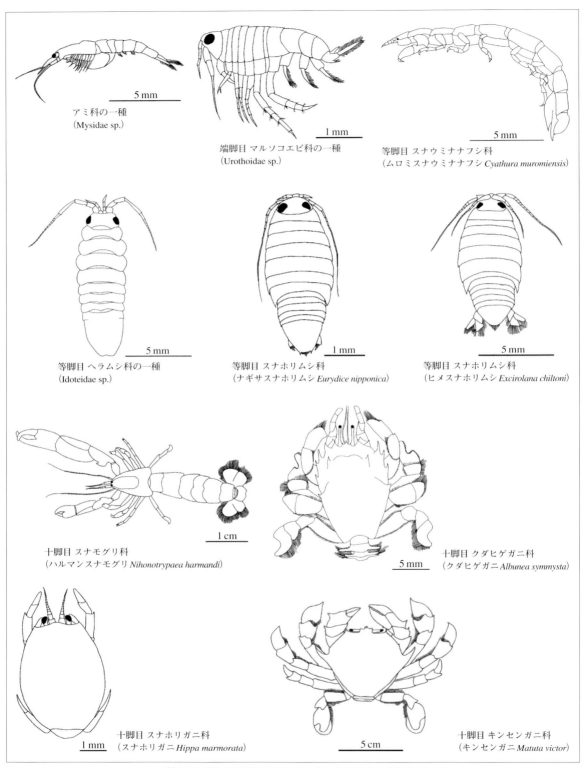

口絵16 砂浜の代表的なマクロファウナ（イラスト：淺井貴恵）

トウゴロウイワシ（*Hypoatherina valenciennei*）

ヒラスズキ（*Lateolabrax latus*）

シロギス（*Sillago japonica*）

ヒラメ（*Paralichthys olivaceus*）

クロウシノシタ（*Paraplagusia japonica*）

クサフグ（*Takifugu niphobles*）

口絵17 砂浜海岸のサーフゾーンにみられる魚類（写真：須田有輔）

Nature and conservation of sandy shores

砂浜海岸の自然と保全

編著 須田有輔

生物研究社

はじめに

　Alex Brown と Anton McLachlan 両氏による「Ecology of Sandy Shores」の初版が出版されてからちょうど四半世紀が過ぎた。その後の新たな情報を多く加えた第 2 版が 2006 年に出版されてからも 10 年が経った。しかし，内容の一部を砂浜にあてた沿岸生態学書はいくつかあるものの，全編を砂浜生態系で通したものは同書以外には見あたらない。あまりにも砂浜のすべてが盛り込まれているため，これを超える著作の企て自体が霞んでしまう一面はあるが，むしろ，砂浜生態系への関心が世界的にもいまだ低いことを物語っているのではないだろうか。両氏が指摘しているように，誰の目にもつく大型生物や彩りに富んだ生物が，静穏な内湾の海岸やサンゴ礁などほかの種類の海岸に比べて少ないことや，荒い波と乾燥した砂という外見的な印象が，砂浜を不毛な場所だと思わせていることが大きな原因であろう。このことがきわめて根強い先入観として刻み込まれ，砂浜の研究を遠ざけているのである。実際には多様な生物が暮らし，砂浜独特の生態系がみられることを示す多くの証拠が積み上げられてきたにもかかわらず，ほかの沿岸生態系ほどには研究の広がりをみせていないのが現状である。

　単に生物学的な面だけではない。環境問題の存在は世間の関心を集めるため，研究発展の推進力となるが，砂浜海岸には深刻な環境問題がないと誤解され，その誤解が砂浜研究の遅れを招いているようにも思える。例えば，内湾であれば，埋め立てによる干潟や藻場の消失，富栄養化，赤潮，貧酸素化（青潮）そして最近では貧栄養化などが，また，藻場であれば食害や磯焼けなどの問題が，研究集会やマスコミなどを通して多くの人々に知られ，自然環境や漁場環境の保全に関連する研究の強い動機となってきた。諫早湾の干拓事業がきっかけとなり，有明海の研究が急増したことは，そのことを如実に表している。一方，砂浜海岸には，内湾では顕著な上記のような環境問題がほとんどみられないため，砂浜の自然は安泰だと思われるかもしれないが，実状はまったく違う。例えば，全国的に海岸侵食が深刻さを増し，その対策として海岸保全構造物の設置をはじめとする土木工事が各地で展開され，自然の砂浜が減り続けている。それにもかかわらず，海岸侵食や土木工事が，砂浜の生物や生態系あるいは沿岸漁業生産に及ぼす影響については，大きく触れられることがない。研究が少ないため，依拠すべき知見が不足しているからである。

　さらに，沿岸環境の保全のあり方も気にかかる。日本の海洋生物相は世界でも類をみない高い多様性を誇っており，国土の広さに比して広大な海洋面積をもつこと，寒暖両海流が沿岸を洗うこと，そして国土が南北に長く広がることがその理由としてよくあげられている。それに加え多様な沿岸生態系の存在も大きく寄与している。しかし，現在の日本における沿岸環境の保全に対する取り組み方をみると，生態系の多様性が重視されているようには思

はじめに

えず，多くの人々の関心を引く特定の環境，あるいは希少種や絶滅危惧種の生息場所に偏っている感が否めない。長い目でみれば，このような保全のあり方は，逆に日本の沿岸生態系の多様性を損なわせるのではないかと不安を感じる。

本書は，このような砂浜の現状と将来を憂い，少しでも多くの人々に砂浜海岸の自然や生物に目を向けるきっかけを提供したいという思いから企画された。「Ecology of Sandy Shores」の第2版が出版されてからの10年間のなかで，世界の砂浜生態学は大きく発展した。本書ではそれらの最新の知見をできるだけ盛り込むように心がけ，砂浜生態学の現状から始まり，砂浜生態系の特徴を理解するのに欠かせない波浪や地形などの環境条件，底生生物や魚類の生態，砂浜生態系の物質循環，砂浜生物に学ぶ海岸保全のあり方，市民レベルの保全活動の事例，砂浜生態系の保全の意義まで，砂浜海岸の自然と保全に関する基本事項の解説と現状を幅広く取り扱った。執筆者の顔ぶれも，水産学，海岸工学，生物学，水産行政，海岸行政，市民団体と多様な分野にまたがっている。いずれの内容も，執筆者の実際の研究や活動をもとにしているので，「Ecology of Sandy Shores」ではほとんど触れられていない日本の事例を多く紹介している。身近さを感じることは，自然環境に係わる研究や活動を行ううえで，最初の大事な動機になるのではないかと思う。なお，用語の使い方は全編を通してできるだけ統一するようにしたが，分野ごとの慣例や実際の使われ方などからみて，統一が困難なものもあった。そこで，それらの用語の使い方については，各章の執筆者の判断に任せた。

砂浜は，岩石海岸の岬と岬の間や静穏な内湾など地理的にもさまざまな場所に形成されるが，とくに本書が描こうとしているのは，外海に向かって広がる波の荒い砂浜海岸の生態系の姿である。日本の砂浜の3/4は外海に面した海岸にあり，さらに外海の海岸線の半分以上が砂浜で縁取られており，その割合の高さからこのような砂浜を対象にする意義がある。それに加えて，海岸侵食やごみ漂着のような問題が外海に面した砂浜でとりわけ深刻であることや，波浪や津波から国土を守る緩衝域として防災や国土保全の観点から重要だという点も，大きな理由である。

最後に，本書は以上のような私の思いを生物研究社の竹中毅氏に伝えたことがきっかけとなって具体化した。同氏および編集部のみなさまからは，海洋生物や海洋環境に関する専門的な視点から数々の指摘と助言をいただき，深く感謝する。

2017年 8月 21日
執筆者を代表して
須田有輔

目　次

はじめに xi

第1章　砂浜生態学の概論 (須田有輔) 1
　1.1　砂浜海岸とは 1
　1.2　地形と砂浜タイプ 2
　　1.2.1　砂浜断面に沿った地形と砂浜タイプ 2
　　1.2.2　地形動態を表す指標 5
　1.3　砂浜のハビタットの多様性 6
　　1.3.1　砂浜の主なハビタットと生物 6
　　1.3.2　前浜の生物分布パターン 13
　1.4　砂浜の環境問題 16
　1.5　砂浜生態系の保全 19
　　1.5.1　多様な海岸環境 19
　　1.5.2　海岸事業への反映を意識した知見 19
　　1.5.3　砂浜の生物調査における注意点 20
　　1.5.4　砂浜生態系の広がり 20
　　1.5.5　合意形成の大切さ 22
　　1.5.6　市民研究者への期待 22

第2章　砂質性海浜の特性 (西隆一郎) 27
　2.1　砂浜と海岸の範囲 27
　2.2　砂浜の形成機構 28
　2.3　砂浜を構成する底質の物理的性状 31
　　2.3.1　底質の粒径 31
　　2.3.2　底質の透水性 33
　2.4　砂浜の岸沖縦断地形 34
　　2.4.1　平衡海浜断面形状 35
　　2.4.2　砂浜地形の季節変動 36
　　2.4.3　侵食・堆積予測のためのパラメーター 37
　　2.4.4　短期間の汀線変動 37
　2.5　砂浜の平面形状と汀線変動 38
　　2.5.1　河川流入や海食崖の侵食による平面形状の変化 38
　　2.5.2　浜幅と海浜植生帯 39
　　2.5.3　トンボロ地形 40
　　2.5.4　バリアーアイランド 40
　2.6　人為的な理由による砂浜の平面形状変化 42
　2.7　砂浜にみられる波と流れ 44
　　2.7.1　波とうねりの性質 44
　　2.7.2　有義波 45

2.7.3　浅水変形と砕波 46
　　　2.7.4　海浜流系 47
　2.8　砂浜の3次元地形・カスプ 47
　2.9　砂浜と砂浜生物を取り巻く環境—中長期スケールの視点 48
　　　2.9.1　土砂収支と土砂管理 48
　　　2.9.2　中長期的な気候変動と水温変動 49
　　　2.9.3　中長期的な環境変動と砂浜の侵食・堆積現象 50
　　　2.9.4　アカウミガメの上陸数の変動 51

第3章　砂浜海岸の物質循環 (早川康博) 57
　3.1　物質循環の基礎 57
　　　3.1.1　砂浜海岸における物質循環の駆動要因 57
　　　3.1.2　砂浜海岸の地形 57
　　　3.1.3　砂浜海岸の主要構成物 57
　3.2　物質の運搬過程 61
　　　3.2.1　砂浜海岸における物質の運搬過程 61
　　　3.2.2　海底地下水湧出 61
　　　3.2.3　砂浜地下水 62
　　　3.2.4　再循環水 64
　　　3.2.5　間隙水の表面張力 66
　　　3.2.6　栄養塩類の運搬過程 67
　3.3　物質循環モデルの基礎概念 69
　　　3.3.1　基本ユニット 69
　　　3.3.2　生態系モデル 70
　3.4　砂浜海岸における物質生成・分解過程 72
　　　3.4.1　酸化分解 72
　　　3.4.2　還元分解 73
　　　3.4.3　脱窒素過程 74
　　　3.4.4　砂泥質の化学環境 74
　3.5　溶存物質と粒状物質の物質循環 77
　　　3.5.1　粒状物質の生成 77
　　　3.5.2　砂浜海岸の物質循環 79
　3.6　おわりに 80
　　　3.6.1　砂浜海岸の特徴 80
　　　3.6.2　今後の課題 81

第4章　砂浜海岸のマクロファウナ (梶原直人) 85
　4.1　はじめに 85
　4.2　新たな発想に基づく底質環境要因 86
　4.3　底質の硬度とは 87
　4.4　底質硬度と飽和水位 (地下水位) 88
　4.5　ナミノリソコエビの分布と底質硬度 89

 4.6　サクションを軸とした砂浜海岸の底質環境 92
 4.7　冠水域（飽和域）における底質環境 94
 4.8　礫における底質環境 96
 4.9　今後の展開 99
 4.10　おわりに 100

第5章　砂浜海岸の魚類 (井上隆) 107
 5.1　はじめに 107
 5.2　調査方法 109
 5.3　サーフゾーン魚類の特徴 109
  5.3.1　一般的な傾向 109
  5.3.2　日本の砂浜に出現する魚類 111
 5.4　魚類によるサーフゾーンの利用 115
  5.4.1　サーフゾーンの利用形態 115
  5.4.2　サーフゾーン魚類の類型化 117
 5.5　サーフゾーンの生息環境 118
  5.5.1　砂浜の微小地形 118
  5.5.2　海岸構造物の影響 119
 5.6　おわりに 120

第6章　開放的な砂浜海岸である吹上浜での研究事例 (中根幸則) 127
 6.1　はじめに 127
 6.2　吹上浜の特徴 128
  6.2.1　代表的な3つの砂浜タイプ 128
  6.2.2　3つの砂浜タイプが存在する吹上浜 129
 6.3　砂浜タイプによって生息する魚類は異なるのか 131
 6.4　砂浜タイプ間の餌環境の違いが魚類の出現に影響を
   及ぼしているのか 134
  6.4.1　魚類は主に浮遊性と表在性の無脊椎動物を食べていた 134
  6.4.2　魚類は食性によって利用する砂浜タイプが異なる 136
  6.4.3　魚類の餌環境は砂浜タイプによって異なっていた 137
 6.5　砂浜タイプ間で魚食魚による小型魚への捕食圧は
   異なるのか 140
 6.6　おわりに 142

第7章　生物にとっての健全な砂浜環境とは (和田年史) 147
 7.1　はじめに 147
 7.2　砂浜海岸の侵食とサンドリサイクルの現状—山陰海岸の例 ... 147
 7.3　砂浜の生物とそれらの消失の現状 149
  7.3.1　砂浜に暮らす生きものたち 149
  7.3.2　砂浜生物の消失の現状 150
 7.4　健全な砂浜環境の指標生物「スナガニ」............................. 151

7.4.1　スナガニについて 151
　　　7.4.2　指標生物とは 152
　　　7.4.3　砂浜海岸の人的利用とスナガニの関係 153
　　　7.4.4　利用海岸と自然海岸での比較 155
　　　7.4.5　温暖化の指標としてのスナガニ類 158
　　7.5　サーフゾーンにおける指標生物の探索 160
　　　7.5.1　海域の環境影響評価の必要性 160
　　　7.5.2　サーフゾーンの生物相と指標生物の候補 161
　　7.6　これからの課題と展望 162
　　　7.6.1　基礎知見の充実から実践へ 162
　　　7.6.2　砂浜海岸の大切さを伝える取り組み 163
　　7.7　最後に 164

第8章　アカウミガメの保護活動を通してみる表浜の自然と保全
　　　　　　　　　　　　　　　　　　　　　　　　（田中雄二）............. 165
　　8.1　表浜の四季 165
　　8.2　表浜の自然と地理 166
　　8.3　表浜の現状 171
　　8.4　NPOの活動 172
　　　8.4.1　アカウミガメの保護活動 173
　　　8.4.2　堆砂垣 177
　　　8.4.3　表浜まるごと博物館 178
　　　8.4.4　環境教育と調査研究 180
　　　8.4.5　情報発信 181
　　8.5　おわりに 182

第9章　干潟保全の活動を通してみえてくる「砂浜」の存在
　　　　　　　　　　　　　　　　　　　　　　　　（足利由紀子）........... 183
　　9.1　私たちのフィールド中津干潟 183
　　　9.1.1　中津干潟の自然の特徴 185
　　　9.1.2　中津干潟で展開する保全活動 189
　　9.2　「干潟」からみた「砂浜」 193
　　　9.2.1　イメージが先行する日本人の「海岸」への理解 194
　　　9.2.2　干潟保全上障害となる「豊かな海」の概念 195
　　9.3　干潟生物の立場からみた砂浜 196
　　　9.3.1　カブトガニの産卵の場 197
　　　9.3.2　さまざまな生物に利用される砂浜 198
　　　9.3.3　アサリ資源を支える要素 200
　　9.4　沿岸の自然とともに歩んでいくために 201
　　　9.4.1　それぞれの土地に見合う保全のあり方 201
　　　9.4.2　市民の意識の醸成 202

第10章　日本の海岸の成り立ちと現状 (清野聡子) 205
10.1　日本の海岸と海岸法 205
10.1.1　海岸環境の変化 205
10.1.2　海岸法の改正とより包括的な法制度 206
10.1.3　海岸事業での環境の位置づけ 207
10.2　日本の海岸の人工化の現状 209
10.2.1　人工化の現状 209
10.2.2　砂浜海岸の人工化とハビタットの改変 211
10.3　自然地形の役割 211
10.3.1　砂浜と砂丘とラグーンはセットになった地形 211
10.3.2　砂丘は自然のインフラ 212
10.4　砂浜がもつ減災・防災の機能 213
10.4.1　バッファー・ゾーンの必要性 213
10.4.2　自然保護活動が守った砂丘 214
10.4.3　海岸の松林 214
10.4.4　伝説や伝統が示す自然保護と防災 215
10.5　海岸の管理制度が抱える問題点と将来に向けて 216
10.5.1　「線」の問題，「面」への転換，さらには「立体へ」 216
10.5.2　より良い砂浜を残すために 217

BOX①　海浜植生が有する砂浜の保全効果 (加藤史訓) 24
BOX②　離岸流に要注意 (西隆一郎) 53
BOX③　砂浜海岸の地下水 (加茂崇) 82
BOX④　砂浜海岸の多毛類 (冨岡森理) 102
BOX⑤　砂浜海岸のアミ類 (野々村卓美) 104
BOX⑥　魚類の調査方法 (須田有輔) 123
BOX⑦　吹上浜の十脚甲殻類 (大富潤) 144

COLUMN (須田有輔)
　砂浜に惹かれたきっかけ 23
　砂浜調査の苦労 101
　フィールド調査は学生の鍛錬の場 122

付表1 (国内で研究が行われている外海に面した砂浜海岸で出現した魚類) 220
付表2 (本書に登場する生物種名一覧) 228
引用文献 243
おわりに 261
索　引 263
執筆者紹介 267

Nature and conservation of sandy shores

Edited by Y. Suda

Contents

Preface (Y. Suda) .... *xi*
Chapter 1 Ecology of sandy shores: overview (Y. Suda) 1
Chapter 2 Physical environment in the sandy shores (R. Nishi) 27
Chapter 3 Biogeochemical cycle in sandy shores (Y. Hayakawa) 57
Chapter 4 Macrofauna in the sandy shores (N. Kajihara) 85
Chapter 5 Fishes in the sandy shores (T. Inoue) 107
Chapter 6 Case study in the open sandy shore at *Fukiagehama Beach*
(Y. Nakane) 127
Chapter 7 Good sandy shore environment for organisms (T. Wada) 147
Chapter 8 Nature and conservation of *Omotehama Beach* through the
protection activities of logger head turtle (Y. Tanaka) 165
Chapter 9 Understanding of sand beach in the tranquil tidal flat environment
indicated by conservation activities (Y. Ashikaga) 183
Chapter 10 Beach management and conservation in Japan: Past, present and
future (S. Seino) 205

BOX 1 Conservation effect on the sandy shores by beach vegetation (H. Kato)
.... 24
BOX 2 Attention! Rip current (R. Nishi) 53
BOX 3 Groundwater in the sandy shores (T. Kamo) 82
BOX 4 Polychaete worms in the sandy shores (S. Tomioka) 102
BOX 5 Mysid shrimps in the sandy shores (T. Nonomura) 104
BOX 6 Fish sampling methods in the surf zones (Y. Suda) 123
BOX 7 Decapod crustaceans in the open sandy shore at *Fukiagehama Beach*
(J. Ohtomi) 144

Appendix 1 220
Appendix 2 228
References 243
Postscript (Y. Suda) 261
Index 263
Authors' profile 267

第1章
砂浜生態学の概論

1.1 砂浜海岸とは

　海岸は，陸の営力が強い一次海岸と海洋の営力が強い二次海岸に大別され，二次海岸はさらに波浪侵食海岸（岩石海岸，海食海岸ともいう），海洋堆積海岸（堆積物海岸ともいう），生物形成海岸（サンゴ礁，マングローブなど）に細分される（岩垣，1988；茂木，1980）。堆積物は大きさにより泥（粒径 0.075 mm 以下），砂（粒径 0.075～2 mm），礫（粒径 2 mm 以上）に分けられ（第2章表1参照），泥，砂，礫それぞれを主要な構成物とする浜が泥浜（mud beach），砂浜（sand beach），礫浜（shingle beach）である（鈴木，1998）（図1）。波浪環境の厳しい外海に面した海岸（口絵1）には大規模な泥浜は形成されず，主に礫浜と砂浜からなり，その大半は砂浜である。大規模な礫浜は，北海道のオホーツク海沿岸の頓別や紋別，三重県の熊野灘海岸，高知県の高知海岸，宮崎県の日向灘海岸などにみられる（福本，2003）。

　地球全体では結氷しない海岸の約 3/4 が砂浜海岸だといわれるが（Brown and McLachlan, 1990），平成28年度版海岸統計（国土交通省水管理・国土保全局，2017）によれば，日本では 35,307 km の海岸線のうち約 14％にあたる 4,773 km が砂浜海岸である。日本の砂浜の約6割が，海岸部に護岸，離岸堤，潜堤，突堤などの人工物がない天然の砂浜である。

　規模は，岩石海岸の岬と岬の間の湾入部に形成されるポケットビーチともよばれるわずか数十 m ほどの小さなものから，数十 km 以上にもわたって

▲図1　3種類の堆積物海岸
左：泥浜（福岡県曽根干潟），中央：砂浜（鹿児島県吹上浜），右：礫浜（宮崎県都農海岸）．

延々と連なるものまであるが,長さが 20 km 以上にも及ぶ長大な砂浜の分布は外海に面した海岸だけに限られる(福本,2003)。北海道,青森県,秋田県,山形県,茨城県,千葉県,新潟県,愛知県,鳥取県,福岡県などでは,外海に面した海岸線の半分以上が砂浜で占められている(環境庁自然保護局,1998)。

1.2 地形と砂浜タイプ

1.2.1 砂浜断面に沿った地形と砂浜タイプ

砂浜海岸には岩礁,サンゴ礁,藻場のような自然の構造物はないが,流体(波浪)と堆積物(砂)との間の物理的な相互作用(地形動態;morphodynamics)によって地形的な変化に富み,これが砂浜海岸のハビタット(生息場所)の多様性につながっている。砂浜は物理的に大きくコントロールされる環境であり(Brown and McLachlan, 1990),地形動態の結果作り出されるその場所の地形が,砂浜生物の生息基盤として重要である。

図2は砂浜海岸の地形と区分を模式的に表したものである。このような地形が形成される機構については第2章で詳しくふれる。

まず,波浪の特徴からみると,沖からきた波(入射波)は,岸に近づき水深が浅くなるに伴い波高が高くなり,砕波する。砕けた波はそのまま進み,最後は岸に打ち上げる。砕波している領域を砕波帯(breaker zone),砕波後の波が進行を続ける領域をサーフゾーン(磯波帯;surf zone),波が岸に打ち上が

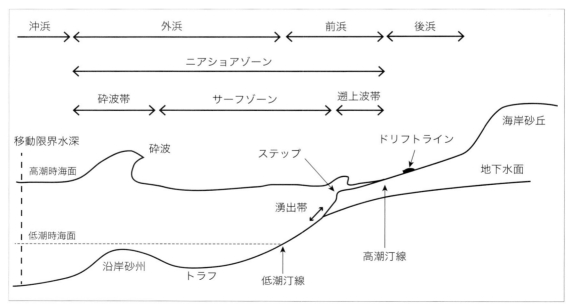

▲図2 砂浜海岸の模式的な地形と区分

る部分を遡上波帯（波打ち帯；swash zone）という。遡上波帯では遡上波（打ち上げ波；swash, uprush）と引き波（backwash）が交互に繰り返している。引き波の最下降点が遡上波帯とサーフゾーンとの境界である。砕波帯，サーフゾーンおよび遡上波帯を合わせてニアショアゾーン（nearshore zone）という。汀線（shoreline）とは海と陸の境界線である。

　次に，海岸の断面形状に基づくと，沖から岸に向かって，沖浜（offshore），外浜（inshore），前浜（foreshore），後浜（backshore）に分けられる。沖浜は砕波帯より沖側の領域である。波浪の影響が海底の砂に及ばなくなる限界の水深である移動限界水深（critical water depth）は沖浜にある。外浜は，砕波帯から低潮時の汀線までの範囲である。外浜の海底には沿岸砂州（バー；coastal bar）とよばれる砂の高まりがみられる。沿岸砂州の岸側のくぼみをトラフ（trough）という。沿岸砂州は，岸と平行で直線的なものからうねったものまで，形状の変化に富む。沿岸砂州の部分で急に浅くなるので，最初の砕波は沿岸砂州の上方で生じる。前浜は低潮時の汀線から高潮時の遡上波の最大到達点までの範囲であり，とくに波が直接打ち当たる斜面部はビーチフェイス（beach face）ともよばれる。潮位差が大きい海岸の潮間帯には，沿岸砂州やトラフに似たリッジ（ridge）とラネル（runnel）とよばれる砂の起伏がみられる（King and Williams, 1949；須田・南條, 2017）（口絵3）。沿岸砂州が常に海面下にあるのに対して，リッジは潮位の低下とともに海面に露出する。前浜の汀線直下にはステップ（step）とよばれる，高さ数cm〜1m以上にも及ぶ段差が形成されることがある。後浜は，遡上波の最大到達点から海岸砂丘（coastal dune）（口絵4）や海岸段丘の基部までの領域である。一般的に，浜（beach）とは前浜と後浜を指す。

　このほかにも，微小ではあるが砂浜生態系を考えるうえで注目すべき場所として，湧出帯（地下水流出帯；resurgence zone, discharge zone）（口絵6；第3章参照）やドリフトライン（drift line）（口絵10）がある。砂浜の地下水面（water table）は潮位の低下とともに下降し，潮間帯の上部に位置する湧出帯からしみ出す。ドリフトラインは，打ち上げられた海藻，動物死骸や漂着物が後浜上の波の到達点に沿って線状に堆積したものであり，ラックライン（wrack line）ともよばれる。

　砂浜生態系に関する文献には，砂浜タイプ（beach type, morphodynamic beach type）という用語がよく登場する。これは，地形動態の状態により砂浜海岸をタイプ分けしたもので，潮位差が小さく2m以下の海岸であるミクロタイダルビーチ（microtidal beach）（Komar, 1998）の場合，大きく，反射型砂浜（reflective beach，反射型），中間型砂浜（intermediate beach，中間型），逸散型砂浜（dissipative beach，逸散型）の3タイプに分けられる（Wright and Short, 1984；Short, 1999）（図3）。反射的なタイプ（反射型）は，前浜の勾配が急であるため，沖から入射した波は砕けることなく岸まで近づき，波エネルギーを保持したまま急な前浜にぶつかる。波打ち際は大きく撹乱されるため細

第 1 章　砂浜生態学の概論

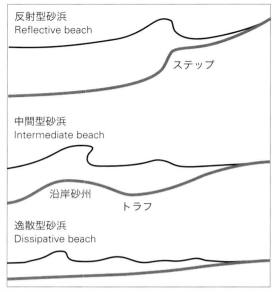

▲図3　潮位差が小さい海岸（ミクロタイダルビーチ）にみられる 3 つの砂浜タイプ

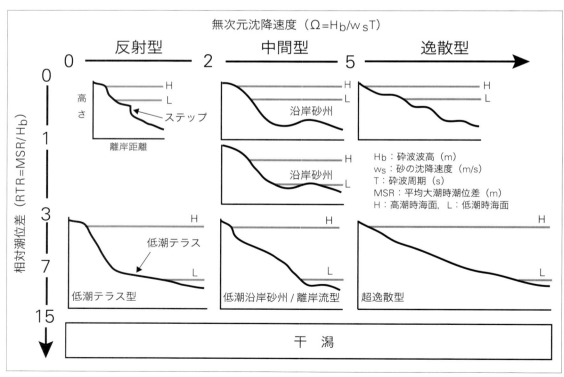

▲図4　地形動態に基づく砂浜タイプの概念図
Masselink and Turner（1999）をもとに作成。

かな砂は堆積しにくく、3タイプのなかでは砂の粒径が最も大きくなる。ステップが形成されるのはこのタイプの特徴である。対極にある逸散的なタイプ（逸散型）は海岸勾配が緩やかなため、入射した波はサーフゾーン内で砕波を繰り返しながらエネルギーを失っていく。そのため、汀線付近の波浪環境は穏やかで、砂は3タイプのなかで最も細かい。両者の中間的な状態にあるのが中間型で、沿岸砂州が出現することが特徴である。入射した波は急に浅くなる沿岸砂州の上方で一気に砕波する。これらのタイプの間には移行的な状態が存在し、また、その場所の砂浜タイプは固定的なものではなく、波浪条件によって変化する。

一方、潮位差が中程度以上の海岸であるメソタイダルビーチ（mesotidal beach；潮位差2〜4m）やマクロタイダルビーチ（macrotidal beach；潮位差4m以上）（Komar, 1998）では、地形動態に潮位差の影響が加わり、ミクロタイダルビーチより複雑な様相を帯びるようになる（Masselink and Short, 1993；Masselink and Turner, 1999）（図4）。例えば、反射型は、潮位差が小さな海岸（図4のRTR＜3）では、どの潮位でも似たような急な前浜勾配を保っているが、潮位差が大きくなると（RTR＞3）、高潮時には勾配が急な反射的な状態にあるが、低潮時には緩やかな勾配となる（低潮テラス型；low tide terrace）。さらに潮位差が大きくなると（RTR＞15）、どのタイプの海岸も干潟になる。以上のように、波浪、堆積物、潮汐の間の物理的な相互作用により砂浜地形は想像以上に複雑であり、そのことが砂浜生物のハビタットの多様性につながっている。

1.2.2 地形動態を表す指標

砂浜タイプは以下のような地形動態の状態を表す指標を使って区分される（McLachlan and Brown, 2006；McLachlan and Dorvlo, 2005）。

・無次元沈降速度（dimensionless fall velocity：Ω）（図4）

提唱者の名前にちなんでディーン数といわれることもある。潜在的な砂輸送と波エネルギーの関係から砂浜の状態を表すもので、2以下が反射型、2〜5が中間型、5以上が逸散型となる（Masselink and Turner, 1999；Masselink et al., 2011）。Ωは次式で表され、H_bは砕波波高(m)、w_sは砂の沈降速度(m/s)（Gibbs et al., 1971）、Tは波の周期(s)である。

$$\Omega = \frac{H_b}{w_s T} \times 100$$

・相対潮位差（relative tide range：RTR）（図4）

砂浜地形に及ぼす波浪と潮汐の相対的な影響度をみるもので、次式で表される。3以下は波浪の影響が卓越する海岸、3〜12は潮汐の影響がある程度現れる海岸、12〜15は潮汐に大きく支配され、15以上は干潟となる。MSR（mean spring tide range）は平均大潮時潮位差(m)、H_bは砕波波高(m)である。

$$\text{RTR} = \frac{\text{MSR}}{H_b}$$

- 砂浜指数(beach index：BI)

前浜勾配，砂の粒径，潮位差の影響を総合した指標であり，次式で表される。ここで，粒径はφスケール（φ＝－log$_2$D；Dは平均粒径値mm）で表した粒径値に1を加えたものである。潮位差は最大大潮時潮位差（m），勾配は横断面に沿った2地点間の水平距離（m）と高低差（m）を1/距離の形で表したものである。

$$\text{BI} = \log_{10}\frac{粒径・潮位差}{勾配}$$

BIは0～4までの間の値をとり，0に近いほど砂が粗く波高と潮位差が小さい海岸で，4に近いほど砂が細かく波高と潮位差が大きい海岸となる。通常，1.5以下は潮位差が小さい反射型砂浜で，3以上は潮位差が大きい逸散型砂浜である（McLachlan and Dorvlo, 2005）。

- ビーチフェイス勾配(beach face slope)

BIで示したように，ビーチフェイス勾配は，横断面に沿った2地点間の水平距離と高低差を1/距離の形で表したときの分母値である。潮位差が似た砂浜どうしを比較するのに便利である。世界の161ヵ所の外海に面した砂浜（日本は含まれていない）のビーチフェイス勾配は5（1/5）～80（1/80）の間に収まり，100（1/100）を超えると干潟だとされる（McLachlan and Dorvlo, 2005）。

1.3　砂浜のハビタットの多様性

砂浜は一見すると，厳しい波浪にさらされ，乾いた砂だけが広がる過酷で単調な環境に見え，そのことが砂浜を不毛な場所だと思わせる大きな理由になっている。しかし，実際には海中，砂の表面，砂中，海浜植生と，砂浜生物の生息場所（ハビタット）は多様である（口絵2，図2）。

1.3.1　砂浜の主なハビタットと生物

1）海中

沖からの入射波は，水深が浅くなるにつれ波高が高くなり，やがて砕波する。砕波することで波エネルギーが失われるので，岸近くは穏やかになる。砕波が生じる領域をサーフゾーンという（図2）。海中，海底ともサーフゾーンはひじょうに動的な環境であるが，サーフゾーンより沖側の海底砂の移動限界水深になると，波の影響は海底に及ばなくなる。サーフゾーンの海底はたいへん不安定なうえ，岩礁などの自然構造物や大型の海藻・海草からなる

藻場がないので，生物があまりいないと思われがちだが，実際には魚類をはじめ多くの生物が生息している。

　例えば，土佐湾のサーフゾーンでは160種以上の仔稚魚が（木下，1993），鹿児島県の吹上浜では稚魚から成魚まで含めた80数種（須田ら，2014b）が報告されている。そのほかの場所の記録も参考にすれば（Inoue et al., 2008；Nakane et al., 2013；Suda et al., 2002；和田ら，2014），日本の温暖域のサーフゾーンでみられる代表的な魚種はカタクチイワシ，ボラ，トウゴロウイワシ，ヒラスズキ，シロギス，ヒラメ，クロウシノシタ，クサフグなどとなろう。一方，冷水域の北海道の紋別海岸ではキュウリウオ，チカ，シチロウウオ，クロガシラガレイ，クロガレイなどが代表的であった（Suda et al., 2005）。多くみられる魚種は海岸によっても異なり，例えば宮崎県の宮崎海岸ではオオニベが多く採集された（須田ら，2013）。採集頻度や個体数は少ないが，高波浪海岸のサーフゾーンを特徴づけるマツバラトラギス（Senta et al., 1989）やバケヌメリ（須田・五明，1995）のような魚類もいる。

　サーフゾーンのような激しく攪乱される環境に適応した魚類は，優れた遊泳能力を備えているように思われるが，ボラ，コトヒキ，マアジの稚魚を対象とした回流水槽実験によれば，これらの稚魚の遊泳能力はけっして高くはなく，海水の動きに対しては受動的であった（Nanami, 2007）。

　サーフゾーンに出現する魚類の発育段階は仔魚期から成魚期まですべてにわたるが，魚種によって異なる（図5）。例えば，アユは河川に遡上する前のシラス型の後期仔魚が波打ち際に生息する。ヒラスズキは春に全長5〜10 cmの稚魚が来遊し，その年の秋には20 cm前後の若魚に，翌年の春には25 cm程度まで成長し，それ以上の大型個体はみられなくなる。シロギスは夏から秋にかけて3 cm程度の稚魚が出現し，1年後の同時期には5〜10 cm，2年後の春には10 cm前後，秋には15 cmほどになる。20 cmを超える個体も頻繁に出現する（須田ら，2014a）。ヒラメは春季に全長2〜3 cmの稚魚が来遊し，翌年の同時期に15〜20 cmに成長するまでほぼ1年間過ごす（須田ら，2009）。

　サーフゾーンには無脊椎動物も多く生息している。例えば，吹上浜（大富ら，2005）ではエビジャコ科の *Philocheras parvirostris*，キンセンガニ，チクゴエビをはじめ24種以上が，鳥取県東部の浦富海岸（和田ら，2014）では巻貝のキサゴ，エビジャコ科の一種，ダンゴイカをはじめ49種の無脊椎動物が記録されている。アミ類やヨコエビ類をはじめとした小型動物は魚類の主要な餌にもなっており（Inoue et al., 2005；Nakane et al., 2011），サーフゾーンは魚類の生息場所としてだけではなく，餌場としての役割も果たしている（口絵11）。

　以上のように，シロギスやヒラメをはじめ何種もの沿岸漁業の重要対象魚類が，餌場としても利用しながら生活史の一定期間をサーフゾーンで過ごしている。それらの魚類は，その後サーフゾーン外の海域で漁業資源へと加入するので，サーフゾーンは沿岸漁業資源の供給源としても重要である。

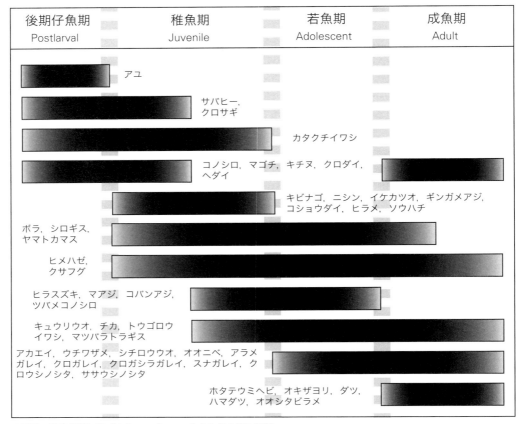

▲図5　発育段階に基づくサーフゾーンでみられる魚類の類型

2) 潮間帯

　潮間帯（intertidal zone, littoral zone）は，潮の干満周期にあわせて冠水・干出が繰り返される場所である．堆積物海岸の潮間帯に特徴的な地形が干潟（または潮汐平底；tidal flat）である．干潟は，潮が引いたときに広がる平坦な海底面のことにすぎないが，静穏な内湾や河口域に特有の地形だと思われることが多いため，そのような環境に多くみられる泥分の多い海岸（泥浜）を干潟とよぶこともある．しかし，外海に面した砂浜であっても潮位差が大きい場合には干潟が形成される（Masselink and Short, 1993；Masselink and Turner, 1999）（図4）．実際，最大で3m以上の潮位差がみられる鹿児島県の吹上浜では，海岸勾配が平坦な南部の地区に干出幅が300〜400mにも及ぶ干潟が現れる（図6）．

　砂浜では，潮位の低下とともに潮間帯上部の湧出帯から地下水が湧出（海底地下水湧出，submarine groundwater discharge）する（口絵6；第3章参照）．潮位差の大きい海岸ではとくに顕著である．湧出した地下水は，櫛の歯のような幾筋もの細流（rill）となって下るが，流下するにしたがい細流どうしが

◀図6 外海の砂浜に形成される干潟
鹿児島県吹上浜。

合わさって，海に達するころには小川のような流れになることもある。砂浜地下水は前浜の地形に影響を及ぼす（栗山，2006）だけではなく，地下水に含まれる栄養塩は，砂浜海域への栄養供給源の一つとして考えられているが（足立ら，1994；Johannes, 1980；早川ら，2009；加茂ら，2013；森本，1993；内山ら，1999），砂浜生態系における生物生産に具体的にどのように寄与しているのかについては不明なことが多い。また，砂浜地下水の水質や流量には，農業をはじめとする背後の土地利用の状況も影響するので（加茂，2014），これとも絡めながら研究することが必要であろう。

　従来，砂浜や干潟の潮間帯のマクロファウナ（macrofauna；0.5〜1 mm 目のふるいに残るような大きさの底生動物。マクロベントス macrobenthos ともいう）の分布を規定する要因として，水理動態，砂の粒度，塩分，温度，化学的性状などが重視されてきた。しかし，最近，潮汐による地下水位の変動に伴う堆積物中のサクション動態（suction dynamics；第3章，第4章参照）が本質的な役割を担っているとして，生態地盤学という新たな研究領域が展開されつつある（佐々ら，2010, 2013）。

　砂浜潮間帯では，潮の干満により砂の中の水位が変化し，地下水面より下方の砂は常に海水で満たされ飽和状態になっている。一方，上方の砂の中には空気が存在するため，砂粒子に毛細管現象によって間隙水を吸い上げる力（サクション）が働く。サクションは間隙内の空気圧と水圧の差で表され，サクションが大きいほど吸引力が大きくなる。サクションにより引き上げられた海水の表面張力により周りの砂どうしが引きつけられ，それが底質の強度となる。例えていえば，海辺で砂山を作るとき，乾燥してさらさらの砂や海

水でびしょびしょになった砂では崩れてしまうが,適度に湿った砂を使えば大きな山を作ることができる。それは表面張力によって砂どうしが引きつけられ強度が増したからである。砂に潜る生物にとって底質の強度は潜砂行動を左右するひじょうに大きな条件である。マクロファウナの生息環境条件としての底質の強度を表す指標には,貫入型機器やせん断型機器で測定した砂の硬度が使われている(梶原, 2013;梶原・高田, 2008)(第4章参照)。

3) ラネル

砂浜の潮だまりともいうべきラネルは,潮位の低下とともに海面上に露出する,リッジとよばれる砂の高まりの岸側に残存する,浅い水域のことである(口絵3)。リッジに刻まれた水路を通して,ラネルは外側の水域とつながっている。

磯の潮だまりに多くの小動物がいるのと同様に,ラネルには潜砂性のアミ類やヨコエビ類などが多数生息している(Nonomura *et al*., 2007)(口絵7,口絵11)。これらの小動物はサーフゾーンの魚類の重要な餌生物にもなっている(國森, 2010;Nakane *et al*., 2011)。米国の海水性カダヤシ目魚類の *Fundulus majalis* はラネルに多く出現することから,ラネルは小型魚類にとっての餌場や捕食者からの避難場になっているのではないかと考えられている(Harvey, 1998)。

4) 遡上波帯

毎回の波の上げ下げという短い周期で冠水干出を繰り返す遡上波帯(図7)では,遡上波周期,海岸勾配,砕波周期などの環境条件がマクロファウナ群

▶図7 遡上波帯
鹿児島県吹上浜。

集の生息に大きな影響を及ぼしている（McArdle and McLachlan, 1992）。

　このような特異な環境に適応した砂浜生物は少なくなく，例えば，小型の二枚貝であるフジノハナガイ科のフジノハナガイやナミノコガイが遡上波に乗って潮間帯を移動（潮汐移動）することは，古くからよく知られている（森，1938）。毎回の遡上波と引き波に伴う砂の中の間隙水の飽和状態により，底質の硬さは変化するが，端脚類のナミノリソコエビはその変化に応じた潜砂行動を示す（梶原・髙田，2008）。同じく遡上波帯のヒメスナホリムシやコクボフクロアミがナミノリソコエビとわずかに分布域をずらして生息していることも，底質の硬度と潜砂行動の関係によるものだと考えられている。

5) 後浜

　高潮時の汀線から砂丘の基部に至る区域は後浜とよばれる。乾燥した砂に覆われる後浜は砂漠のような過酷さを思わせるが，そのような砂の中にもハマトビムシ，ハマダンゴムシ，スナガニ（第7章参照）をはじめ多様な生物が生息している。しかし，ほとんどの生物が小型で，しかも砂に溶け込んだ体色をしているので，一見しただけではその存在がわからない。

　後浜にみられる，打ち上げられた漂着物が波の最大到達点に沿って線状に並んだドリフトライン（図2，口絵10）は，波浪の到達履歴であると同時に，海からの漂着物の供給履歴でもある。ドリフトライン上の海藻や動物死骸には，端脚類のハマトビムシ科や鞘翅類のガムシ科をはじめとする半陸生から陸生の小型無脊椎動物が集まる。さらにそれらを後浜の代表的な捕食性昆虫であるハンミョウ類が捕食している（佐藤ら，2005）。

　ドリフトライン上の海藻だけに限らないが，砂浜に打ち上げられた海藻（wrack）は砂浜海岸の栄養供給源としての役割を果たしている（Dugan *et al.*, 2011）。一方，海藻が多く打ち上げられる海岸ではフジノハナガイ科の二枚貝 *Donax serra* の分布が潮間帯の下部から潮下帯に偏るのに対して，少ない場所では潮間帯の中央部に多くみられることから，打ち上げ海藻の量の多寡はマクロファウナの分布の制限要因にもなると考えられている（Soares *et al.*, 1996）。

6) カスプ

　カスプ（cusp）は突出部（apex, horn）と湾入部（bay, embayment）が繰り返しみられる波状の海岸線地形のことである（図8；第2章参照）。波長が数m程度のものから数百mに及ぶものまである。突出部と湾入部では海水の流動状態が異なるため，一つのカスプのなかでも部分的に生物の分布状態に違いが現れる。

　例えば，オーストラリアの反射型砂浜のカスプでは，二枚貝は湾入部に，魚類は湾入部から発する離岸流（第2章参照）内に，アミ類やヨコエビ類などのプランクトンは突出部の沖に多かった（McLachlan and Hesp, 1984）。それに対して，同じくオーストラリアの中間型砂浜のカスプでは，現地でピピとよばれる

第1章　砂浜生態学の概論

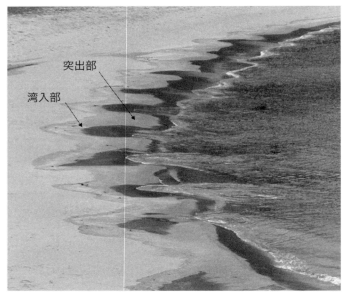

▲図8　カスプ地形
山口県二位ノ浜。

▲図9　海浜植生
左：先駆植物帯から草本帯，右：矮低木帯から海岸林。鹿児島県吹上浜。

　フジノハナガイ科の二枚貝の個体数には反射型のような違いは現れなかったが，湾入部には小型個体が多いという傾向がみられた (James, 1999)。これは，中間型ではカスプの部分における遡上波環境の違いが反射型ほど大きく異ならないことや，穏やかな中間型では大型個体に比べて表層に生息する小型個体だけが流されて湾入部に集まるからだとされている。このように，砂浜タイプによってはカスプの部分による生物分布の傾向が異なり，中間型砂浜である茨城県の波崎海岸では，アミ類は離岸流内に多かった (Gomyoh et al., 1994)。

12

7) 海岸砂丘

　海岸砂丘や砂丘の植生内にも多様な生物がみられるが, 海に近い部分では塩分や乾燥への耐性が強い生物が多く, 陸側に向かうにつれその傾向は弱まっていく。植生には明瞭な帯状分布 (図9) がみられ, 砂丘の最も海側には, 塩分, 乾燥, 温度などへの耐性が強いオカヒジキやネコノシタのような先駆植物 (pioneer plant) が生育する (口絵5)。その背後にはコウボウムギやハマヒルガオなどの草本, さらにはハマゴウやハマナスなどの矮低木, そしてクロマツ, マサキ, トベラなどの海岸林へと変化する (福本ら, 1995)。

　複数列の砂丘が並ぶ場所では砂丘の間に窪地が形成され, 湿地あるいは池沼になっていることがある (鈴木, 1998)。これを砂丘間湿地 (interdunal wetland) といい, ラムサール条約登録湿地の一つである北海道のサロベツ原野の砂丘林にみられる湖沼群 (冨士田, 2014) はその例である。

1.3.2　前浜の生物分布パターン

　前浜は低潮時の引き波の最下降点から高潮時の遡上波の最高到達点までの領域で, 潮汐との関係からいえば潮間帯に相当する。海と陸がせめぎ合う最前線である前浜は, 砂浜生態系のなかでもとくに過酷な生息場所であるにもかかわらず, 多様な生物が生息している。このような過酷な環境における生物分布パターンが, 地形動態の観点から多く論じられてきた。

1) 岸沖方向の分布構造

　岩場や岸壁では, 潮の干満に伴う物理環境の違いによる生物の鉛直方向の帯状分布が顕著であるが, 砂浜のような平坦な海岸にも帯状分布がみられる (McLachlan and Jaramillo, 1995；McLachlan and Brown, 2006；Rodil *et al.*, 2006)。砂浜海岸では, 上部から順に, 潮上帯, 潮間帯, 亜潮間帯の3つのゾーンが現れる。

　最上の潮上帯はドリフトラインおよびその上方の乾燥した砂からなる場所である。ハマトビムシ科の端脚類, ワラジムシ科の等脚類, スナガニ科のカニや空気呼吸をする昆虫などが主要な構成員である。このゾーンの生物相は, ドリフトラインや浜に打ち上がった海藻や動物死骸などに依存するため, その供給状況に影響を受けやすい (南條ら, 2017)。潮間帯はドリフトライン下縁から地下水の湧出帯上縁までの範囲で, スナホリムシ科の等脚類, スピオ科やオフェリア科の多毛類などで特徴づけられる。亜潮間帯は湧出帯から干潮時の遡上波帯までの区域で, アミ類, スナホリガニ, ヘラムシ科の等脚類, クチバシソコエビ科の端脚類, チロリ科やシロガネゴカイ科の多毛類, フジノハナガイ科の二枚貝などが代表的な生物である。亜潮間帯から沖は外浜へつながる。

2) 地形動態に応じた生物分布

　地形動態に基づく砂浜タイプ間の生物分布の違いは比較的よく研究されており，一般的には，前浜の勾配が急で海水が大きく攪乱され砂の粒径が大きい反射型から，勾配が平坦で海水の流動が少なく砂が細かい逸散型に向かって，マクロファウナの種の多様性や個体数密度は増加する傾向がある（McLachlan and Brown, 2006）（図10）。地形動態に応じたこのような生物分布が，以下のようないくつかの仮説によって説明されている。

- 遡上波回避仮説（swash exclusion hypothesis：SEH）
  逸散的な砂浜の遡上波帯環境は穏やかなので，多くのマクロファウナの生息を可能にするが，波当たりが強く対極的な条件にある反射的な状態になるほど生息できる生物は限られる。とくに，極度に反射的な状態では，遡上波帯にはマクロファウナがみられなくなり，潮上帯のマクロファウナだけになる（McLachlan et al., 1993）。
- 生息場所過酷仮説（habitat harshness hypothesis：HHH）
  遡上波帯環境が厳しい反射的な砂浜に棲む生物は，再生産よりも体の保持に多くのエネルギーが割かれるために，結果として死亡率が高まり，個体群を維持させることが困難になる（Defeo et al., 2001）。
- 生息場所安全仮説（hypothesis of habitat safety：HHS）
  この仮説は，ウルグアイの砂浜海岸では潮上帯に棲むハマトビムシ科の *Atlantorchestoidea brasiliensis* が反射型に多く，上記のSEHやHHH仮説とは逆の傾向を示すことから提唱された（Defeo and Gómez, 2005）。ミクロタイダルビーチの反射型砂浜の遡上波帯は逸散型に比べると物理的に安定（Short, 1999）なので，潮上帯の生物にとっては安全な生息環境が確保されるというものである。本来この仮説は潮上帯の生物を対象に提唱されたものだが，フジノハナガイ科の二枚貝のような潮間帯生物にも拡張されている（Herrmann et al., 2010）。

　地形動態に応じたマクロファウナの群集レベルでの生物分布には，図10に示すような一般的な増減傾向がみられるが（McLachlan and Brown, 2006），群集を，種，生活場所（潮間帯／潮上帯），摂餌形態，発育段階（体サイズ）などに分けてみると，増減傾向の様相は異なってくる（Defeo and McLachlan, 2011）。

　例えば，同一種でも体サイズは反射型から逸散型に向かって小さくなる傾向があり，これは，物理的な環境条件が厳しい反射型は，小型個体の生息には不適だからだと考えられている（Defeo and McLachlan, 2011）。鹿児島県吹上浜の多毛類の種数は，逸散的な場所では最も多かったが，中間的な場所は反射的な場所よりも少なかった（冨岡ら，2012）。潮位差が大きいベルギー沿岸の低潮沿岸砂州／離岸流型と超逸散型（ultra-dissipative）の砂浜（図4）の比較では，個体数密度や生物量が最も高かったのは，流体力学的に静穏な超逸散型では海岸上部であったのに対して，過酷な低潮沿岸砂州／離岸流型では海岸下部であった（Degraer et al., 2003）。また，体のつくりが頑丈なオフェ

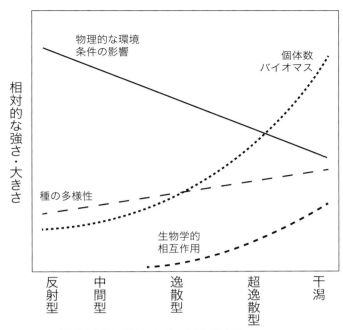

▲図10　生物群集指標と砂浜タイプとの関係の概念図
McLachlan and Brown (2006) をもとに作成.

リア科の多毛類 *Ophelia rathkei* は，低潮沿岸砂州／離岸流型のなかでも流体力学的に最も過酷な海岸中央部で多く観察された．

　同じ海岸内でも，地形動態に応じた分布がみられる．オフェリア科の多毛類の一種 *Euzonus* sp. の摂餌痕に基づく研究によれば，同種は，波浪が静穏で地形が安定しているときはいろいろな方向に移動するが，波浪が厳しくなり前浜が侵食されるようになると陸方向に移動することで，砂に過剰に埋もれたり，流し出されないようにしている (Seike, 2008)．また，スナガニ科のツノメガニやナンヨウスナガニの巣穴形状は，前浜から後浜，海岸砂丘へと向かうにつれて，太さには変化がないものの長さと複雑さが増す傾向がある (Seike and Nara, 2008)．このことを化石記録に応用すれば，過去の地形動態を知る手がかりにもなる．

　一方，潮間帯のマクロファウナの群集構造は，このような物理的な環境条件だけに規定されるのではなく，餌料環境にも影響を受ける．スペイン北西岸の海岸では，種数や個体数密度は粒径の減少に伴い増加したが，生物量（バイオマス）は餌料環境の指標となる遡上波帯の海水中のクロロフィル *a* 濃度の増加と連動していた (Lastra *et al.*, 2006)．同じくスペイン北部では，潮間帯に生息する真性海産種は反射型−逸散型間にみられる一般的な増減傾向を示したが，潮上帯の半陸性種では不明瞭であった (de la Huz and Lastra, 2008)．このことは，潮上帯では地形動態よりも，餌料となる打ち上げ海藻の利用可

能性に左右されやすいことを示唆している。人の利用が多い観光地のような場所では、海岸清掃や人による砂の踏みつけなどにより打ち上げ海藻が餌料として利用しにくくなるため、半陸生種は真性海産種に比べて人為的な影響を受けやすいといえる。

　サーフゾーンの魚類にもマクロファウナ同様に、個体数密度や多様性が反射的な状態から逸散的な状態になるほど高まる傾向がみられる（Clark, 1997；Clark *et al.*, 1996；Nakane *et al.*, 2013）。しかし、稚魚だけに限れば、個体数密度にはこのような傾向はとくに観察されず、種組成だけに違いがみられた（加藤ら、2017）。魚類の場合も、基本的には、地形動態に基づく物理的な環境条件がこのような傾向をもたらす要因として重要であるが、一方で、地形動態によって生じる主要な餌生物の分布の違いに応じた分布パターンを示したにすぎないとする研究もある（Nakane *et al.*, 2013）。

1.4　砂浜の環境問題

　砂浜生態系に対する関心が低いことの理由の一つとして、砂浜には内湾ほど深刻な環境問題がないであろうという大きな誤解がある。確かに、東京湾、三河湾、瀬戸内海、有明海などに代表される内湾域では、埋め立てによる干潟や藻場の消失、富栄養化による水底質環境の悪化、赤潮による漁業や養殖業の被害、貧酸素化による生物の大量へい死、貧栄養化によるとされる漁業生産の減少など、全国的にも広く知られた多くの環境問題がある。しかし、それらの問題の多くは、海水が停滞しやすい閉鎖的な内湾域に特徴的なものであり、波の荒い外海の砂浜海岸では生じにくい。

　それに代わり砂浜海岸には、海面上昇に伴う地形変化、人工構造物の設置による環境改変、リクリエーション活動に伴う人や車両の乗り入れによる浜や植生の踏みつけ、廃水やごみによる汚染、油の漂着などの環境問題がみられる（Brown and McLachlan, 1990；Defeo *et al.*, 2009；Schlacher *et al.*, 2008）。日本ではとくに以下のような問題が深刻である。

1）海岸侵食と侵食対策による環境改変
　海岸侵食は波浪や海岸付近の流れにより砂浜が削り取られる現象であり、日本の外海に面した多くの海岸が深刻な状況にある（宇多、1997）（口絵14）。海岸侵食は国土の消失を意味し、国土保全、地域住民の安全や防災の面からもきわめて重大な問題である。

　海岸侵食は、供給土砂量と流出土砂量のバランス（土砂収支）の崩れによりもたらされるが、河川経由の土砂供給の大幅な減少が最大の原因である。そこで、陸域から砂浜に至るまでの流砂系全体に及ぶ総合的な土砂管理の必要性が唱えられるようになってきたが、現状ではまだ海岸部での侵食対策

(口絵14)に大きく依存している.例えば,離岸堤や潜堤は入射波浪を弱めるとともに構造物の岸側への砂の堆積を促進している.突堤は岸沿いに流される砂を捕捉することにより砂を堆積させる効果がある.人工岬（ヘッドランド）は離岸堤と突堤の両方の効果を狙ったものである.養浜はほかの場所から運んできた砂を投入する方法である.さらに,砂を入れた透水性のある巨大な袋を砂浜に埋め込むことで砂浜地盤の安定化を図る,サンドパックという新しい工法もある（宮崎河川国道事務所, http://www.qsr.mlit.go.jp/miyazaki/）.

　これらは侵食対策として一定の効果を上げているが,一方で,砂浜生態系や砂浜生物の生息場所の保全を直接の目的としたものではないため,その点では改善すべきいくつもの課題がある.例えば,海中に潜堤や突堤などの人工構造物を設置すればじきに岩礁性の生物が蝟集し,なかにはサザエやアワビなどの水産有用生物がみられ,ときには地元の漁業者に歓迎されることもある.また,離岸堤を設置すれば岸側は静穏な水域になり,内湾性の魚類が出現するようになることもあるが,いずれも岩礁や内湾の性格を帯びた環境に変化し,もともとの砂浜生態系としての質が劣化したことに変わりはない.養浜は,多量の砂を短期間で撒くために,砂中の生物が窒息したり圧死する危険性が大きい.また,さまざまな生物の砂底への着底時期に養浜により砂環境が改変されれば着底が妨げられ,その生物の生存に影響が生じるかもしれない.そのような危険性がある場合には,養浜の工程を工夫することが必要である.

2) 陸海の連続性の断絶

　生態系間の移行帯のことをエコトーン（ecotone）というが,巨視的にみれば,砂浜生態系は海洋生態系と陸上生態系の間のエコトーンであり,微視的にみれば,浜と砂丘の間,砂丘と内陸との間にもエコトーンが存在する.さらに,異なる生態系間では,栄養塩,有機物や餌生物など生態系の維持にとって不可欠な物資が一方から他方に移入する異地性流入（allochthonous input）という現象（宮島, 2013；Raffaelli and Emmerson, 2001）がみられ,砂浜生態系でも同様のことが生じていると考えられる.したがって,離岸堤,突堤,護岸,防潮堤,道路などの構造物は,砂浜生態系の維持に不可欠な自然の連続性を遮る（図11）ものだということをまず認識すべきである.例えば,海岸上の人工構造物はウミガメの上陸,産卵,ふ化・脱出という繁殖活動を妨げる（今村, 2015；第8章参照）.砂浜海岸の保全を行う際は,このような自然の連続性と物質移動を絶やさないよう知恵を働かせなければならない.

　一方で,陸海の連続性があるために気をつけなければならないこともある.砂浜の背後に松原を抱える地域では線形動物門の一種マツノザイセンチュウによる松枯れ被害が恒常化しており,その対策のために薬剤の空中散布が行われている（日本緑化センター, 2015）.しかし,薬剤散布後には,スナモグリ類やキンセンガニなどの砂浜潮間帯の内在動物が砂表面に這い出し

▶図11　陸海間の自然の連続性が断たれた砂浜海岸

て大量に死亡している姿が目撃されることがあり，空中散布による砂浜への薬剤の飛来のほかに，地下水経由の残留薬物の影響も懸念される。

3) 漂着物

各地の海岸に大量の漂着物が打ち上げられ海岸のごみとなっており（口絵14），砂浜の自然環境や砂浜生物の生息を脅かすだけでなく美観も損ね，社会的にも経済的にも損失を与えている。ペットボトル，日用雑貨，漁具漁網，産業系廃棄物などごみの種類や起源はさまざまである。日本海や東シナ海など外海に面している地域では，とくに周辺国由来のごみの漂着が深刻となっている。また，東日本大震災による震災漂流物は太平洋を渡り北米沿岸にも漂着するなど，漂着物は国際的な環境問題でもある。

一方，漂着物には打ち上げ海藻や魚介類などの動物死骸も含まれる。とくに海水浴シーズンには，利用者の利便性を図るために重機も使った大がかりな海岸清掃が行われるが，市民活動レベルの海岸清掃（ビーチクリーン）とは異なり，ごみといっしょにこれら自然の漂着物も除去されてしまう。ときには，浜辺へのアプローチを確保するため海浜植生もはぎ取られてしまう。しかし，打ち上げ海藻や動物死骸は砂浜生物の餌や隠れ場所として重要なものなので（南條，2017），海岸清掃にあたっては，海水浴場や観光地としての価値を保ちつつ，砂浜生態系への配慮も忘れるべきではない。

4) 油の漂着

世界の海ではこれまで何度も大量の油流出事故が起こり，砂浜生態系に甚

大な被害を及ぼしてきた。大量の油を積載したタンカーをはじめ大型船舶が沖合を多数航行する日本の海では，かつてより海岸への油の漂着は潜在的な脅威であったが，1997年の日本海におけるナホトカ号重油流出事故によりそれが現実のものであることを目の当たりにした。船舶事故以外にも，周辺国の油田施設からの油流出事故が甚大な被害を及ぼすと想定されている地域もある。例えば，北海道のオホーツク海沿岸は，サハリン北東部の油田で大規模な油流出が発生すれば，油漂着が確実視されている。同地域の沿岸や沖合は重要な漁場であり，また世界自然遺産の知床，ラムサール条約登録湿地のクッチャロ湖や濤沸湖(とうふつこ)をはじめとする多くの優れた海岸自然環境を抱えており，それらへの影響は計り知れない。

1.5 砂浜生態系の保全

1.5.1 多様な海岸環境

日本は，世界でも有数の海洋生物の多様性に富んだ国であるが (Costello *et al.*, 2010)，砂浜，干潟，岩礁，藻場，サンゴ礁，マングローブ，河口など多様な沿岸環境に国土が縁取られていることがその大きな理由の一つであろう。静穏な内湾の海岸と比べて外海の砂浜の種数の少なさを理由に，砂浜生態系を保全することの意義が低いとする声も聞かれるが，特定の沿岸生態系に偏重した保全施策は，将来的に日本の海洋生物相の多様性の低下を招きかねない。

一方，先に述べたように一つの砂浜のなかも，沿岸方向や岸沖方向に，地形，波浪，地下水の流入など生息環境条件の多様性に富んでおり，そのことが砂浜生態系の生物の多様性を醸し出している。例えば，鹿児島県の吹上浜のマクロファウナの種数は，反射的な場所での7種から逸散的な場所での49種まで変化し，海岸全体では69種にも及ぶとともに，環境条件によって種組成も明らかに異なった (淺井, 2016)。このような砂浜生態系の多様性の高さに関する知見が蓄積されつつあるにもかかわらず，海岸事業者には十分には伝わらず，相変わらず砂浜生態系が軽視されている実態は，海外でも同様である (Harris *et al.*, 2014)。

1.5.2 海岸事業への反映を意識した知見

砂浜生態系へ配慮した海岸事業の実施が困難である要因の一つとして，かねてから，生態系に関する実用的知見の不足があげられている (鳥居ら, 2000)。そもそも砂浜生態系に関する知見自体がきわめて少ないが，たとえ学術的知見があっても海岸事業へ反映させることを意図したものでなければ生態系保全と海岸事業の両者はかみ合わず，結果として実用的知見の不足となる。砂浜研究者には，海岸事業への応用も考慮した研究姿勢が求められる。

一方，事業者側には，砂浜生態系の特徴を考慮した調査を考える必要があ

る。内湾や港湾のアセスメントなどで用いられている一般的な調査項目で済ませるのではなく，むしろ，離岸堤や突堤が設置されたり養浜が行われる，サーフゾーンから後浜にかけての領域の生物調査を強化する方がよい。

1.5.3 砂浜の生物調査における注意点

潮間帯でのマクロファウナ調査では，1回あたりの採集面積，全体の採集面積，採集枠の形状，ふるい分けを行うメッシュサイズ，生物採集と同時に観測すべき環境指標項目の設定などについてとくに注意すべきである (Schlacher et al., 2008)。採集面積に関しては，合計で $4 \sim 4.5\,\mathrm{m}^2$ 程度が必要だとされているが (Jaramillo et al., 1995)，従来の砂浜マクロファウナを扱った研究の多くは $1 \sim 2\,\mathrm{m}^2$ 程度でとどまっており，そのため，とくに種数は過小評価されている可能性が高い。内湾の干潟調査では目合 $0.5 \sim 1\,\mathrm{mm}$ のふるいが一般的に使われているが，粒度が粗い砂浜ではすぐに目詰まりしてしまい実用的ではない。そのような場合，$2 \sim 4\,\mathrm{mm}$ 程度の目合の大きなふるいを上に重ね，二重にふるい分けすることも必要であろう。砂とともにふるいの目を通り抜けた生物については，ろ過海水（現場海水には生物が含まれており試料への混入を防ぐため，あらかじめプランクトンネットなどでこしておく）をはったバケツの中に入れて砂とともに撹拌し，生物を浮遊分離させたうえで目の細かい網でこしとる水簸(すいひ)(elutriation)という方法 (Degraer et al., 2003) も有効である。このほかにも，同時性，季節性，生物出現の変動など考慮すべき点があるが，調査の目的，調査場所の特徴，調査人員，予算などを勘案して，最適の調査デザインを組み立てなければならない。

1.5.4 砂浜生態系の広がり

砂浜生態系の広がりは，岸沖方向と沿岸方向の両面からみることが必要である。まず，岸沖方向にみると，海岸法上は，満潮時の水際線から陸側に $50\,\mathrm{m}$ の地点，干潮時の水際線から海側に $50\,\mathrm{m}$ の地点の間が海岸保全区域として定められているが，生態学的な観点からみるとこれを砂浜生態系の範囲としてとらえるには狭すぎる。しかし，「$50\,\mathrm{m}$ をこえて指定することができる」とした海岸法のただし書きがこの区域に適用されて，沖合 $3\,\mathrm{km}$ までが保全の対象となった結果，砂浜生態系やシラス漁場が健全化したという愛知県渥美半島の表浜の例がある（清野, 2009）（第8章参照）。

Brown and McLachlan (1990) と McLachlan and Brown (2006) は，波浪と風による砂の移動が活発に行われ地形的に動的な領域を活動的沿岸帯 (littoral active zone) とよび，砂浜生態系にとって基盤となる砂の蓄えは根本的な重要性をもつことから，この領域を砂浜海岸の管理においてとりわけ重視すべきだとしている。したがって，活動的沿岸帯の範囲は，海側では，波浪の影響が海底の砂に及ぶ限界の深さ（移動限界水深）あたりから，陸側では，風による砂の移動の影響が弱まる前砂丘 (foredune)（一次砂丘；primary dune とも

▲図12　北海道サロマ湖の海跡湖地形
左：砂州の海側の砂浜，中央：砂州中央の海岸林は水産資源涵養のための魚つき保安林にもなっている．右：砂州の海跡湖岸．

いう）までとなる．前砂丘は砂丘帯のうち最も海側に位置し，先駆植物や砂地に適応した草本で特徴づけられる．しかし，海域への物質循環という点では，前砂丘の陸側に広がる海岸林の方が重要な役割を果たしているので（西，2008），砂浜生態系の広がりという観点では，陸側の範囲を海岸林まで広げるべきであろう（口絵2）．日本の海岸林には，海岸平地の人々の暮らしを飛砂，塩害，風害などから守るため，また，農地開拓を図るため，近世以降整備されてきた歴史があり（村井ら，1992），海岸林の後背地における人々の生活は，社会的，経済的に砂浜生態系と強い結びつきをもつといえる．

　日本ではなじみが薄いが，北米大陸のセントローレンス湾からメキシコ湾までの大半は，バリアーアイランド（barrier island）とよばれる砂州地形で縁取られ，その内側に広がる汽水性の内湾（ラグーン；lagoon）で大陸と隔てられている．バリアーアイランドを横断して，海岸環境は海側の砂浜環境からラグーン側の内湾環境へと大きく変化し，バリアーアイランド上には両方の生態系がみられる．このような地形では，海側からラグーン側まで一体的に保全する必要がある（Leatherman, 1988；McLachlan and Brown, 2006）．北海道のクッチャロ湖，サロマ湖，風蓮湖などにみられる，海と海跡湖を隔てる細長い砂州は（図12）バリアーアイランドと構造が似ており，同様の保全が必要である．

　一方，沿岸方向の保全には，流砂系という考え方のもとで，その影響下にある範囲すべてに目を向けるべきである．流砂系では，その上流側で行われる作為の影響が必ず下流側に及ぶことを十分に理解しなければならない．砂浜に関する重要海域や保全範囲の選定が難儀する理由に，内湾の干潟，藻場，サンゴ礁などとは異なり範囲の特定が容易ではないことがあげられているが，砂浜海岸とは，そもそも大きな流砂系の影響下にある環境なのだという理解が必要である．

　以上のように，砂浜生態系は岸沖方向にも沿岸方向にも，想像以上に広がりをもつ．保全の対象とする砂浜の範囲を設定する際には，広さとともに，隣接する生態系あるいは流砂系の上流側や下流側の生態系との間で行われる物質交換や物質循環も考慮すべきである．

1.5.5　合意形成の大切さ

　国土保全の観点からみると，砂浜は国土を海から守る緩衝帯であり，そのような場所の保全の必要性に異論が唱えられることはないだろう。しかし，同時に砂浜は水産生物の供給源となるほか，海水浴，サーフィンや釣りなどレジャーの場，観光地，身近な水辺環境，環境研究や野外観察の場などとして多面的に利用されており，利害が複雑に絡む。したがって，砂浜海岸の保全事業に際しては，具体的な方法論，事業の効果や環境への影響について関係者の間で十分な意思の疎通を図らなければ，不愉快な近所づきあいに呻吟せねばならなくなるかもしれない。

　期間が限定された環境影響評価資料の縦覧の場や，パブリックコメント発信の機会を設けて済ますというようなことではなく，プロジェクトの初期段階から，事業主体，住民，受益者や専門家からなる建設的な議論の場を設け，最適解が得られるようなデザインを工夫し，関係者全員が努力すべきである。事業に関連して，工事の見学会，自然観察会，釣りやサーフィンの体験イベント，ボランティア活動，専門事項に関わる勉強会などを積極的に開催することも，すべての関係者が当事者としての意識を醸成するためには有効であろう（真鍋ら，2014）。

1.5.6　市民研究者への期待

　科学的な知識や技能を備えたNPOや市民団体など市民研究者（citizen scientist）の活動は，砂浜生態系に関する研究の歴史が浅く，専門の研究者が少ない日本ではとくに期待される。情報の少なさや関心の低さを憂えている間にも，海岸侵食をはじめ砂浜の環境問題は深刻さを増し続け，専門機関が重い腰を上げるのを待っていたのでは手遅れになるかもしれない。装備や技術的な面では専門機関に及ばなくても，市民研究者の活動は，地元に拠点を置き，身近な砂浜の生の姿に日々触れる機会があり，何よりも市民の視線で主体的に取り組んでいるという強みがある。専門家が手をつけようとしない部分や気がつかない部分にも目を向けることで，地元の砂浜に対して行われている施策の問題点を発見し，よりよい施策に反映させることも可能であろう。シーズンになると連日のように行われるウミガメの巡回調査や長期にわたる生物分布調査などは，市民研究者の利点を活かした活動の好例であり，その結果が海岸保全施設の配置や形状の見直しにつながったという事例もある（第8章，第9章参照）。専門の研究者と市民研究者が協働することで，より地域の実態やニーズに合った砂浜海岸の保全を図ることができるのではないだろうか。

〈須田有輔〉

砂浜に惹かれたきっかけ　●須田有輔●

　砂浜の研究や活動に取り組むようになったきっかけは人それぞれであろう。筆者は，会社勤めにおける業務の必要性が直接のきっかけであったが，子供のころに地元の浜で遊んだことが原体験となっているような気がする。

　相模湾に面した海辺の町で生まれ育った筆者にとって，砂浜は最も身近な遊び場であった。50数年前，父親が浜で私たち兄弟を映した8ミリ映画には，まだ海岸道路は映っておらず，浜は今よりはるかに広かったような気がする。「昔の浜は広かった」という海辺住民の声が，過去の美化だと一笑に付されることがあるが，筆者の記憶もそうなのだろうか。

　砂浜の生きものをとくに気にしたことはなかったが，海水浴時にはアンドンクラゲによく刺されたので，むしろ浜の生きものには好印象をもっていなかった。それが変わったのが，小学校高学年になり投げ釣りを覚え，波打ち際でニベをたくさん釣った経験をしてからだ。魚は深い所にいるものだと思っていたのが，岸からわずか20～30mの浅場で釣れたことにたいへん驚かされた。

　その後25年ほどの砂浜との付き合い方は，一般的な海岸利用者とそうは変わらなかったが，会社勤めをしているとき，当時ちょうど流行りだしたウォーターフロント開発に関して北米視察に参加したことが，大きなきっかけとなった。National Geographic誌で読んだノースカロライナ州のアウターバンクス（Outer Banks）の砂浜に関する記事が妙に気になり，視察先の一つに加えてもらった。アウターバンクスも含め，北米東岸からメキシコ湾岸を広く縁取るバリアーアイランド地形は，そのリボン状の細長い土地を挟んで，静かな内湾環境と荒々しい外海の砂浜環境という2つの顔をもち，双方がバリアーアイランドの住民の生活の場となっている。過去には硬構造物による海岸保全が主体であったが，動的な海岸ではその効果の寿命も短く，近年では，海浜植生の維持などありのままの自然の状態をいかに生かすかということに保全の力点を置いているという，地元海岸管理者の説明が心に残った。

　この視察は，自然そのもののなかに保全のヒントが隠されていることに気づかせてくれた，実りの多いものであった。植物が重要ならほかの砂浜生物も重要であるに違いなく，それならば，学生時代に専門としていた魚類からまず調べてみようということで，サーフゾーンの魚類研究に取り組んだのが，現在の研究のルーツである。

BOX ❶ 海浜植生が有する砂浜の保全効果

　海浜植生は，海に接した場所で，保水性が低くて不安定な砂地や砂丘に生育する維管束植物（蘚苔類，藍藻類などを含まない陸上植物）で構成される（自然共生型海岸づくり研究会，2003）。砂浜は飛砂や塩水の影響など植物にとって厳しい環境であり，それに適応した砂浜特有の種がみられる。また，海浜植生は海岸の昆虫などの生息場にもなっており，砂浜海岸の生態系において重要な役割を担っている。

　砂浜は，生物の産卵場・生息場としての存在や水質浄化機能をもつだけでなく，防災面においても大きな役割を果たしている。例えば，外浜で砕波を起こして海岸背後地への越波を防止・低減する効果，後浜において砂丘を形成して海岸背後地への浸水を防止・低減する効果などがある。このため，防災の観点からも砂浜の保全はたいへん重要であり，日本だけでなく，オランダをはじめ各国において保全が図られているところである（加藤，2004）。

　飛砂は海浜植生の生育における制約要因であるが，海浜植生によって飛砂が抑制・捕捉されることにより，地形変化の抑制や砂丘の形成に寄与する効果が認められている（例えば，栗山・望月，1997；有働，2003）。飛砂の抑制・捕捉は，海浜植生の地上部が地表付近の風速を低減することで生じる。図1は，千葉県九十九里浜での現地観測で得られた，風による砂浜表面での摩擦速度 u_* と飛砂量 q との関係を示している。図中の河村公式は飛砂量を算定する代表的な式の一つである。植生がない測点と比べて植生がある測点では飛砂量が小さくなっており，海浜植生により飛砂量が減少する傾向が認められる。また，海浜植生によって捕捉された砂は，海浜植生の成長にあわせて徐々

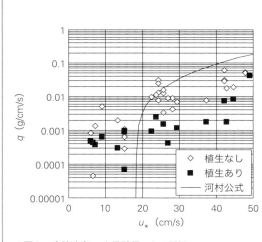

▲図1　摩擦速度 u_* と飛砂量 q との関係
加藤ら（1997）より引用。

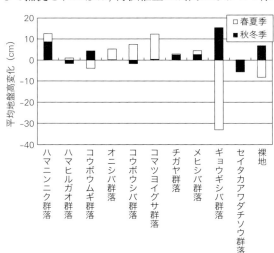

▲図2　各群落および裸地における地盤高変化
加藤・佐藤（1998）より引用。

◀図3 車両の乗り入れによる植生帯の分断の例（1997年撮影）

に固定化されて，小規模な砂丘を形成していく。図2は，図1と同地区において，海浜植生の各群落および裸地における地盤高変化の平均値を秋冬季および春夏季に分けて示している。海浜植生の成長が顕著な春夏季には，地盤高が上昇する群落が多くなっている。さらに，海岸によっては，飛砂によって海岸から失われる土砂が沿岸域の土砂収支を考えるうえで無視できない量になっている（佐藤ら，2008）。中長期にわたって海浜植生を適切に保護・管理することは，飛砂による海岸からの土砂流失を抑制し，広域的な海岸侵食の軽減に資する可能性がある。なお，海浜植生の根の密度は地表付近で比較的小さいため，波浪の作用による地形変化を抑制する効果はほとんど期待できない。

砂浜のなかでも後浜の地形を保全するうえで海浜植生は重要であり，その保護が求められる。海浜植生は人の踏みつけや車両の乗り入れにより破壊されることから，立ち入りできる範囲を規制する必要がある。図3は，千葉県九十九里浜において，車両が護岸から砂浜に乗り入れる箇所で植生帯が分断されていた例である。千葉県では，海浜の動植物の保護などを目的として，自然公園条例に基づき，九十九里浜の海岸への車両の乗り入れを1998年4月から規制している。同様の規制は，愛知県の表浜海岸など全国各地で行われている。

（加藤史訓）

第 2 章

砂質性海浜の特性

　海と陸の境界領域である海岸（coast, seashore）のうち，砂浜（beach, shore）とは広義には砂礫とよばれる礫（玉石など）や砂（砂質性材料（2.3 節）），そして，粒径がより小さい泥質成分であるシルトや粘土などで構成された地形のことである。砂浜を構成する材料はさまざまな鉱物組成や粒度組成をもち，底質（sediment）と総称される。とくに，砂質性材料で構成された浜のことが狭義の砂浜である。

　砂浜の地形は，一見すると形を変えることのない不変なもののように思われる。しかし，海の波や流れにより底質は常に動いているので，結果としてその地形は常に変化し続けている。また，砂浜に作用する外力には，波と流れ以外に風も加わる。例えば，砂浜表面が乾燥しやすく，海から陸に向けて比較的強い風が継続して吹く時季には，粒径 0.2 mm 程度以下の細かな砂が，内陸側に吹き飛ばされ堆積する。そして，砂浜背後に海岸砂丘（coastal dune）が形成される。波と流れによる底質の移動および堆積現象を漂砂（sediment transport），風による移動および堆積現象を飛砂（wind blown sand）とよぶ。どちらも海浜植生や砂浜生態系の保全のためには重要な自然現象であるが，本章では，主に漂砂に関連した事象を取り扱う。

2.1　砂浜と海岸の範囲

　自然の砂浜は，世界のどの沿岸域にも存在する海岸地形である（図1）。一般に，海岸地形が粒径の小さなシルトや粘土で構成される場合には干潟（砂干潟・泥干潟, tidal flat）とよび，砂や礫で構成される場合には，それぞれ，砂浜（sandy beach）および礫浜（shingle beach, cobble beach）とよぶ。そして，大きな岩の塊や岩盤で構成されている場合には，岩礁性海岸（rocky coast）とよぶ。日本にはこれらに加えて，亜熱帯・熱帯気候の影響下にあるサンゴ礁性海岸とマングローブ海岸，そして，亜寒帯海域のオホーツク海沿岸のような流氷が接岸する海岸など，多様な地形やそれに応じた海岸生態系が存在する。古来，これらの海と陸が交わる境界領域を渚とよび，地域住民が食料としての生物採取や干拓地造成などの目的で利用してきた。

　砂浜の保全に関係する海岸工学の分野では，陸域の砂丘や海食崖（sea cliff）

▲図1　屋久島の自然の砂浜

から，太陽光が届き顕著な光合成が可能な水深50m程度までの領域を一般に砂浜の範囲と定義している。一方，海岸は沿岸域（nearshore zone）と同義にとらえ，砂丘や海食崖から大陸棚縁辺部の水深200mまでのかなり広い領域を表す言葉として用いられ，外洋に対して海岸とよぶ場合もある。法律的な観点からは，海岸法に基づけば，春分の大潮時の満潮面から陸側50m，干潮面から海側50mの境界線の内部空間が海岸として定義されている。しかし，ウミガメを含む生物の産卵・生息領域，海水浴やサーフィンなどの海岸利用域，そして，台風・高潮・津波などによる自然災害で被災する領域は，波，流れや風など物理的な外力の影響を強く受け，自然科学的な知見とは無関係に定められた海岸法で規定される狭い範囲を超えることが普通である。このように，実際の砂浜保全（海岸保全）・環境保全・住民利用の統合を図ろうとすれば，自然環境や生物への配慮が不十分な物理的外力のみを扱う工学的な観点から実施せざるを得ないという矛盾が存在する。

　なお，本章での砂浜の範囲は，自然科学的に広義な観点から，波と流れの作用で底質が有意な量移動し，その結果，海底地形も変化する可能性のある最大の水深50m程度までの海域を沖側境界，そして，砂丘やバリアーアイランドの内陸側を陸側境界ととらえ，これらの間の領域として取り扱うことにする。

2.2　砂浜の形成機構

　砂浜は，一般に河川や海食崖から供給される土砂や，サンゴ礁性海岸の砂浜でみられる炭酸カルシウムを主成分とするサンゴ礫や有孔虫の殻などの

炭酸カルシウム性底質（carbonate material）で形成されているが，例外的に，火砕流堆積物や溶岩などに由来する底質で形成される場合もある。

　図2に示すような河川経由での沿岸域への土砂供給機構は，一般に，「侵食・運搬・堆積」作用としてよく知られている。日本の主要な沖積平野は，基本的にこの機構に基づいて形成されたものであり，河川流域の土砂生産量が多いほど沖積平野がより拡大し，同時にその下流に形成される砂浜の規模が大きくなる。また，河川は水や土砂を沿岸域へ供給するだけでなく，沿岸生態系に重要な栄養塩も輸送している。この栄養塩の物質循環を，森・川・海の連環作用とよぶ場合もある。このような自然の降雨・流水による土壌侵食に起因する土砂供給以外に，人為的なものとして，例えば，中国地方で行われた「たたら製鉄」の鉄穴流しに伴う大量の土砂流出と海岸平野の形成の関係が緒方（1996）により明らかにされている。

　図2のA～Iは，山地から沿岸域へ至る過程でみられる土砂供給源と，土砂供給に影響を及ぼす人工構造物の例である。Aは流域を決める分水嶺，Bは源流域での斜面崩壊による土砂供給，Cは上流域での河川蛇行，Dは河川の側方侵食による土砂供給，そして，Eは山地の風雨による侵食状況と砂防ダム，Fは源流域近くで巨礫を堰き止めながらも細粒成分の土砂を下流側に通過させるスリット式砂防ダム，Gは写真の奥側と手前側で河床高さを変えてしまう堰堤，Hは土砂だけでなく水の流れや栄養塩も堰き止めてしまう水利ダム，Iは生物の移動を妨げがちな堰である。図2のJ～Mに示すような

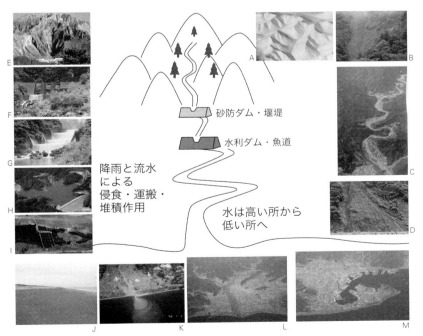

▲図2　山地から沿岸域への河川経由での土砂供給機構と土砂供給に影響を及ぼす人工構造物の例

砂浜の多くは，A〜Dに示す自然の営力やE〜Iに示す人工構造物による物質循環の過程が改変されることで生じる複合効果により，経年的にその形や規模を変化させている。一般的には，河川経由の土砂供給量が減少すると，砂浜は波浪や海浜流により侵食され始め，結果としてその面積が減少する。

河川が運ぶ土砂は，流域特性に応じて鉱物組成や粒径の異なる底質となる。また，土砂供給量は，流域の地形・地質・植生・降雨特性などにより異なる。例えば，静岡－糸魚川構造線地域においては，活発な造山運動により地質構造が脆弱なため，土砂生産量が豊富であるといわれている。「標高2000mで大自然を知る－大谷崩ハンドブック－」(国土交通省中部地方整備局静岡河川事務所，2004) によれば，安部川源流域に日本三大崩れの一つとされる大谷崩があり，ここでは山体の崩壊により一度に1億2千万 m^3 の土砂が生産された。このような豊富な土砂生産により，安部川は静岡平野で網目状の天井河川となり，沿岸域ではややデルタ状の海岸地形を形成している。一般的に，河口部付近に供給される土砂は，開放性の海域であれば，ひじょうに細かな成分は沖合に動し，砂は沿岸流により沿岸方向に移動・堆積する。このように，河口部から適切な量の土砂が沿岸流の下手側海域に輸送され堆積することで，沖積平野および砂浜が発達する。図2には，Bに上述の大谷崩，Lに静岡平野，そして，Mに沿岸漂砂系の末端部で土砂が堆積してできた三保の松原 (砂浜) の様子も示した。なお，自然による土砂供給に加えて，前述の鉄穴流しや，水利ダムおよび堰の設置，そして河道での土砂浚渫のような人為的な河川の利用形態も変遷するため，同一流域であっても，時代により土砂供給量は異なる。

砂浜の形成および維持に関しては，適切な量の土砂 (沿岸漂砂) が沿岸漂砂系の末端部まで供給されることが重要であり，源流域，河川，海岸の全体を通した総合土砂管理が重要である。しかしながら，現時点で，実際に総合土砂管理が実行され，砂浜が維持されている例は存在していない。砂浜および砂浜生態系の保全のためには，源流域から沿岸漂砂系の末端部までの円滑な土砂供給をいかに確保できるかが重要な問題として残されている。

河川から供給される土砂量はダムの建設や護岸工事により減少し，また，海食崖の多くは侵食防止のためにその多くが消波ブロックで保護されているため，海岸への土砂供給量は過去に比べると減少している。ただし，河川からの土砂供給量が減少したのは必ずしも人為的作用だけが原因ではなく，地球規模の気候変動も原因となる可能性がある。日本においては，旧石器時代 (約2万年前) から平成の時代にかけてのさまざまな流域を対象に，その流れに関わる気候・地形・海岸線などの自然現象の変化および流域内の人間活動の変遷が，例えば，中部地方の古地理に関する報告書「天竜川・菊川　川の流れと歴史の歩み」(国土交通省中部地方整備局・国土交通省国土地理院，2009) のようにとりまとめられており，人為的な圧力が増加するにつれて海岸線がいかに変化してきたかの概要を理解することができる。

2.3 砂浜を構成する底質の物理的性状

2.3.1 底質の粒径

砂浜を構成する底質は，その供給源により色，比重，粒径，組成，粒度分布などがさまざまであるが，砂質性材料（砂）かどうかは，基本的に粒径に基づいて判断する。JIS 基準では，粒径とそれに対応する名称を，表1に示すように定義している。砂浜は，主に粒径 0.075 mm 以上～2 mm 未満の底質（細砂・中砂・粗砂）で構成されている。

全国各地の砂浜で，例えば日本海に面する石川県の千里浜はなぜ遠浅で後浜は車でも通行できるほどの硬さがあり，あるいは太平洋に面する静岡県の三保の松原はなぜ急深で前浜付近の海水の濁りが少ないのかという事象は，基本的に底質の粒径に支配される。砂浜の内部に棲む間隙生物は，間隙の大きさよりも大きく成長できないので，結果として，底質の粒径により生息域が制限されることが知られている。

さらに，満潮時に砂浜内部に浸透し滞留した海水は，干潮時に徐々に砂浜表面から滲出し海中に放出される。砂浜内部での海水浄化や栄養塩の供給は，砂浜の透水性（透水係数，2.3.2 項）に支配される。この透水係数の算定には，底質の中央粒径とふるい分け係数が重要なパラメーターとなる。これら2つのパラメーターはふるい分け試験かレーザー式粒度分析器を用いて求められる粒度分布に基づいて，以下のように定義される。

- 中央粒径（d_{50}）

図3に示すような粒径加積曲線では，横軸は粒径（mm），縦軸は対応する

▼表1 JIS 基準による粒径と名称の定義

粒径	< 0.005 mm	0.005 mm ≦, < 0.075 mm	0.075 mm ≦, < 0.25 mm	0.25 mm ≦, < 0.85 mm	0.85 mm ≦, < 2 mm	2 mm ≦, < 4.75 mm	4.75 mm ≦, < 19 mm	19 mm ≦, < 75 mm	75 mm ≦, < 300 mm	300 mm ≦
名称	粘土	シルト	細砂	中砂	粗砂	細礫	中礫	粗礫	粗石	巨石

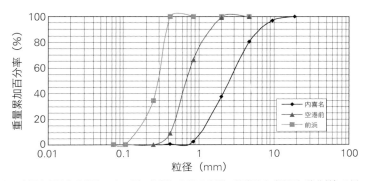

▲図3 鹿児島県沖永良部島の3ヵ所の海岸における底質の粒度分布（粒径加積曲線）の例
粒径加積曲線と重量累加百分率 50％との交点を読み取ると，3ヵ所の中央粒径値（d_{50}）は内喜名が約 0.3 mm，空港前が約 0.7 mm，前浜が約 0.5 mm である。

粒径以下の底質が重量比率でどれくらいの割合含まれているかを示す重量累加百分率（％）となっている．この粒径加積曲線で，縦軸の重量累加百分率50％に対応する粒径が中央粒径（d_{50}）である．底質の最も細かい粒径と最も大きな粒径の平均（中央値）とは異なるので，誤解することがないように注意が必要である．

- ふるい分け係数（淘汰係数）（S_0）

底質の大きさが均一で単一粒径に近いのか，あるいは粒径が細かなものから大きなものまで幅広く分布しているのかといった，底質サイズの分布状況を示す指標である．粒子が均一になるほど1に近づく．淘汰係数ともよばれる．ふるい分け係数（S_0）は次式で定義される．

$$S_0 = \sqrt{\frac{d_{75}}{d_{25}}} \tag{2.1}$$

ここで，d_{75}，d_{25} は粒径加積曲線でそれぞれ重量累加百分率が75％，25％に相当する底質の粒径である．

この2つのパラメーター以外にも，平均粒径や偏歪度があるが，生物学的な重要性が明らかでないので本章では説明を省く．

一般に，底質の供給源である河口や海食崖から供給先の砂浜まで，底質が移動する距離が長くなるほど砂浜を構成する底質の粒径が細かくなるといわれる．しかし，沖側に細粒分が流出しやすい条件下では，沿岸方向の移動距離が長くなるほど底質の粒径が大きくなることもあり注意が必要である．また，底質はすべての粒子が中央粒径と同じ大きさになるわけでなく，粒径の小さなものや大きなものが混在することが普通である．例えば，図3に示される鹿児島県沖永良部島の3ヵ所の海岸で採取した底質の粒径加積曲線をみると，底質が単一粒径ではなく，細砂から礫まで含んでいることがわかる．

底質はその鉱物組成に起因して色や密度，そして粒径が異なる．日本の砂浜では，風化した花崗岩起源の底質（石英，長石，雲母など）が一般的である．一方，亜熱帯や熱帯の海域では，地質性の底質材料ではなく，生物起源の炭酸カルシウム性底質の一種である有孔虫の殻が堆積してできた砂浜もある．すばらしい海岸景観を表す言葉に「白砂青松」という言葉があるが，日本には完全に白い砂浜は存在せず，石英ないしは炭酸カルシウム性底質の含有量が高いと白く見える．なお，鉱物組成は底質特性を表す重要なパラメーターであるが，生物や生態学的には粒度組成の方がより重要な調査項目である．

底質は一般に粒径が大きいほど流体力に対して安定しやすい（動きにくい）が，同様のことは比重に関しても当てはまる．一般的に砂の密度は 2.65 g/cm^3 程度とされるが，砂浜が侵食傾向にあるときに最後まで残りやすい砂鉄性の底質は密度が 3.0 g/cm^3 程度になる場合もある．

2.3.2 底質の透水性

　一般的に，砂浜保全の観点からは，底質の粒径が大きいほど砂浜は安定しやすく，透水性が高くなると予想される。また，前浜から外浜にかけての水質環境保全の観点からは，透水性が高いほど海水浄化機能が高いと推測できる。さらに，砂浜の地中に棲む間隙生物にとって重要な栄養塩と酸素を含む海水がそれらの生物の周辺にどれくらい供給されるかは，底質の透水性によっても支配される。

　そこで，砂浜や砂丘の浄化機能・物質循環を支配する要因の一つで透水性を表す透水係数 (k) に関して，定水位透水試験（透水性が高い3種の砂質性の底質を対象にした）を行った（デレオンら，2008）。その結果，水温20℃の透水係数 (k_{20}) は，それぞれシリカ性材料（石英性の砂浜底質）で 0.0024〜0.0198 cm/s，炭酸カルシウム性材料（サンゴ礁内の生物起源の砂浜底質）で 0.0098〜0.1071 cm/s，そして，黒砂（砂鉄）で 0.0090 cm/s という値を示した。本実験では炭酸カルシウム性材料の方がシリカ性材料よりも粒径が大きかったために，透水係数が大きく，海水の浄化機能が高い傾向があるといえる。

　透水係数は一般に，大きなものから順に砂礫性の底質，砂質性の底質，シルトや粘土性の底質である。透水係数は底質粒子間の間隙サイズに依存するために，中央粒径 d_{50} よりもより小さい d_{10} の方が透水係数への対応がよいと推測されるが，砂浜保全工事や環境アセスメントなどでは一般的に d_{50} が使用され，公開される調査報告書などでも d_{50} 以外の粒径パラメーターが記述されることは少ない。

　図4左には上記の実験による中央粒径 d_{50} と実測された透水係数 k_{20} の相関を示す。データは比較的線形の傾向を示しているが，d_{50} が最も大きい領域でばらつきが顕著であり，相関係数 R は 0.76 であった。一方，d_{10} と透水係数の相関を調べると（図4右），d_{50} ではうまく表現されなかった粒径の大きい領域が，d_{10} を用いると相関係数 R は 0.87 となり比較的良好に表現されてい

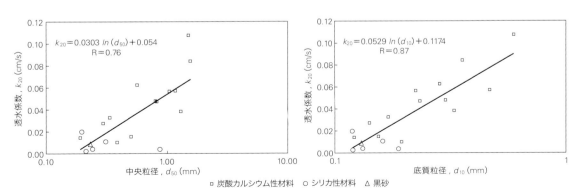

▲図4　透水係数 k_{20} と中央粒径 d_{50}（左）および底質粒径 d_{10}（右）の相関
デレオンら（2008）をもとに作成。

ることがわかる。

　図4の回帰直線は，それぞれ，式 (2.2) と式 (2.3) により表される。砂浜の浄化機能や栄養塩の移動機構を解明するために透水係数を推定しなければならない場合には，現実的には d_{50} を用いることが多いと思われる。しかし，底質サンプルが入手できるなどして d_{10} の値が特定できる場合には式 (2.3) を用いることを推奨する。

$$k_{20} = 0.0303 \, ln(d_{50}) + 0.054 \tag{2.2}$$

$$k_{20} = 0.0529 \, ln(d_{10}) + 0.1174 \tag{2.3}$$

　式 (2.2) あるいは式 (2.3) を用いると，粒径だけに基づいて透水係数を推定することが可能である。しかしながら，透水係数は，粒度分布，間隙比，水温，飽和度，表面張力などに依存しているので，科学的にはそのような要因をすべて取り込んだうえで，係数の推定を行うことが望ましい。加えて，式 (2.2) と式 (2.3) の適用範囲は，透水係数の推定値が正となる場合のみである。

　さらに，砂浜内部での海水の浄化や，間隙生物への栄養塩の供給機構や，地下水の湧出に関しては，透水係数に加えて，水を流す力を示す動水勾配 (i) を知ることが重要である。動水勾配は，地下内部で水道となっている2点間の水頭（水のもつエネルギーを高さの単位で表したもの）差を2点間の距離で割った無次元数であり，この値が大きいほど多量の水が流れることになる。砂浜では，水は砂中の間隙をぬって流れ，断面積 A (cm^2) を通過する流量 Q (cm^3/s) は，一般にダルシーの法則，式 (2.4) で求めることができる。

$$Q = k \times i \times A \tag{2.4}$$

　なお，砂中の間隙を通過する水の移動速度は，河川などの流れと比べると数桁以下の速さであり，とても遅いことを理解する必要がある。

2.4　砂浜の岸沖縦断地形

　砂浜では，図5に示すように岸から沖に向かい徐々に水深が深くなる。一般的に，底質の粒径が細かいと遠浅の砂浜になり，粗いと急勾配の砂浜になる。図をみると，汀線近傍から水深25m程度までは1/120と緩やかな勾配で水深が深くなり，水深25m以深では約1/467とひじょうに緩やかな勾配になっていることがわかる。1/120および1/467の勾配とは，沖側に120mおよび467m進むとそれぞれ水深が1m深くなるということを意味しており，いずれも遠浅な砂浜であることを示す。一方，静岡海岸の沿岸漂砂系の末端部になる三保の松原は，宇多ら (1993) によれば約1/2ととても急なまま駿河湾の沖合海底につながっていることが知られている。

2.4.1 平衡海浜断面形状

図5に示した縦断形状は，平衡海浜断面形状という概念を用いて近似的に表現できる。この平衡海浜断面形状に関しては，数種類の数式的表現が提案されている。現在では Bruun (1954) により提案され，Dean (1977) により米国東海岸およびメキシコ湾岸の海岸地形でさらに実証され，加えて浅海域での波エネルギー減衰現象に基づいて理論づけが行われた以下の表現がよく用いられている。

$$h = Ay^{2/3} \tag{2.5}$$

ここで，h は水深 (m)，y は離岸距離 (m)，A は砂浜地形の岸沖方向の緩急を表す断面形状係数 ($m^{1/3}$) である。断面形状 A は中央粒径値 d_{50} (mm) によって以下のような値をとる。

$$\begin{aligned} A &= 0.41(d_{50})^{0.94} & d_{50} < 0.4 \\ A &= 0.23(d_{50})^{0.32} & 0.4 \leq d_{50} < 10.0 \\ A &= 0.23(d_{50})^{0.28} & 10.0 \leq d_{50} < 40.0 \\ A &= 0.46(d_{50})^{0.11} & 40.0 \leq d_{50} \end{aligned} \tag{2.6}$$

砂浜の平均勾配 ($\tan\beta$) は以下の式で求められる。

$$\tan\beta = \left(\frac{A}{D_{LT0}}\right)^{1/2} \tag{2.7}$$

ここで，D_{LT0} (m) は沖合で波が砕けるあたりから波打ち際までの距離（砕波帯幅）に相当する指標である。

式 (2.5) は，砂浜だけでなく，礫浜に関しても適用可能である。式 (2.5) では A の値が大きいほど水深がより深くなりやすいことを示し，式 (2.6) に基

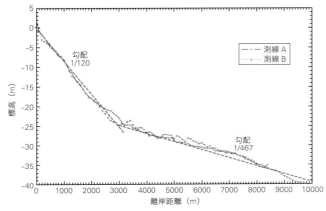

▲図5 鹿児島県吹上浜における北部海域の砂浜の岸沖縦断形状の例

づけば，A は底質の粒径が粗くなるほど大きくなる。

Dean (1977) によれば，平衡海浜断面形状の概念が適用できるのは，波浪の作用により有意な水深変化が生じる水深として定義される地形変化の限界水深（移動限界水深）より浅い領域である。この概念は，例えば，長くても数日程度しか継続しない高潮による砂丘と砂浜の侵食予測計算や，数十年から数百年にわたる海水準上昇に伴う砂浜の侵食予測にも用いられており，ひじょうに有用であり応用範囲が広い。しかし，実際に平衡海浜断面形状が形成されるのに必要な時間に関しては未解明である。

2.4.2 砂浜地形の季節変動

砂浜の地形は，外洋から砂浜に打ち寄せる入射波浪が比較的大きな季節には，汀線近傍の砂が侵食され浜幅が狭くなり，沖側にはこの砂が堆積し沿岸砂州（バー）を形成する。このようにしてできた地形を，侵食地形（bar-trough地形）とよぶ。一方，入射波浪が比較的小さな季節には，沿岸砂州付近の砂が徐々に汀線近傍に移動，堆積し，自然の堤防状の地形（浜堤，berm）となる。堆積現象がさらに進行すると，浜堤幅が広がり，見かけ上は幅広い砂浜が形成される。このようにしてできた地形は，堆積地形（berm地形）とよばれる。水理実験室内で再現された侵食地形と堆積地形を図6に示す（西ら，1999）。図6左では砕波点付近に形成される沿岸砂州に砂が堆積し，図6右では汀線近傍に形成される浜堤に砂が堆積する。また，砂浜の硬さや柔らかさを示す締まり度が異なる条件下での沿岸砂州や浜堤の形成の相違も図示されており，一般的には，砂浜が硬い（締まり度が高い）ほど沿岸砂州や浜堤の規模が小さくなる。

日本においては，太平洋沿岸では夏から秋の台風の襲来時期に入射波浪が大きくなり侵食地形が形成され，日本海沿岸では冬の季節風の時期に侵食地形が形成されやすい。また，それぞれ反対の静穏な季節に堆積地形が形成されるという地域特性がある。年間を通して，汀線近傍の砂浜の侵食量と堆積

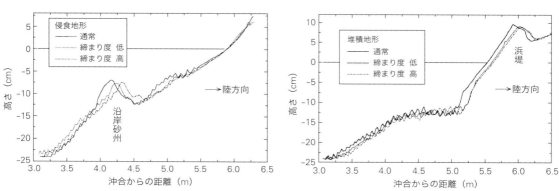

▲図6　小型実験水槽内で再現された侵食地形の断面（左）と堆積地形の断面（右）

量が釣り合っていれば,砂浜は安定しているといえる。このような現象を,砂浜地形の季節変動とよぶ。

2.4.3 侵食・堆積予測のためのパラメーター

砂浜の侵食・堆積現象は,主に,砂浜勾配,底質の粒径や密度,入射波浪の波長に対する波高の比である波形勾配などのパラメーターにより支配される。表2に代表的な,侵食・堆積推算を予測するパラメーターを示す。なお,H は波高,T は波の周期,L は波長,D は底質粒径,ρ は底質密度,w は底質の沈降速度,g は重力加速度,A と C および M は経験的な定数,$\tan\beta$ は砂浜勾配,添え字の 0 は深海波条件 (2.7 節) を示す。

2.4.4 短期間の汀線変動

一般に,底質が波などの流体力を受けて移動し堆積した結果として目の前に広がる現況を,われわれはその場所の砂浜地形として認識する。しかし,前述のように砂浜地形は常に変化しており,一定の形をとどめることはまれである。また,陸地と海洋の平均的な境界となっている汀線も,外洋の平均水位や波によるセットアップ,さらには潮汐による平均水位への効果で,一定の位置にとどまっておらず常に変動している。波によるセットアップとは,汀線近傍の平均水位が入射する波の影響を受け,入射する波の高さの約1割から3割程度上昇する現象であり,入射する波の高さが変化するとこのセットアップの高さも変化することになる。潮汐による汀線変化とは,例えば干満差が 2 m ある砂浜を想定すると,砂浜の勾配が 1/100 と緩やかな場合は満潮時と干潮時の間に汀線が 200 m も前進・後退するが,1/10 と比較的急な場合は 20 m だけ前進・後退するということである。

このように,自然状態の汀線は固定したものでなく,ある種の変動幅をもつ領域 (潮間帯) として認識する必要がある。

▼表2 砂浜の侵食・堆積を予測するパラメーターの例

著者	パラメーター	基準
Johnson (1949)	H_0/L_0	$H_0/L_0 > 0.03$　暴風断面形状 $H_0/L_0 < 0.025$　通常断面形状
Iwagaki and Noda (1963)	H_0/L_0, H_0/D	図を参照に判別する手法
Dean (1973)	H_0/L_0, $\rho w/gT$	$H_0/L_0 > A\rho w/(gT)$,　バー型 $H_0/L_0 < A\rho w/(gT)$,　バーム型
Kriebel, Dally and Dean (1987)		$A = 1.7$, 実験室スケール $A = 4〜5$, 原型 (実物) スケール
Sunamura and Horikawa (1975)	H_0/L_0, D/L_0, $\tan\beta$	$H_0/L_0 > < C(\tan\beta)^{-0.27}(D/L_0)^{0.67}$ $>$ バー型,$<$ バーム型
Sunamura (1980)		$C = 4$　小スケール実験,規則波使用 $C = 18$,現地条件
Kraus, Larson and Kriebel (1991)	H_0/L_0, H_0/wT	$H_0/L_0 < M(H_0/wT)^3$,　バー型 $H_0/L_0 > M(H_0/wT)^3$,　バーム型 $M = 0.0007$ (室内規則波実験)

2.5 砂浜の平面形状と汀線変動

上述のように，砂浜を岸沖方向にみると水深が数 m 程度までの浅海域以浅では，沖に向かうにつれて水深が深くなる。そして，入射波浪の大きさにより，沖合に沿岸砂州（バー）あるいは汀線付近に浜堤が形成される。それでは，沿岸（水平）方向にはどのような形状をしているのであろうか。これを把握するには，鳥の視点（鳥瞰的視点）で，上空から砂浜を見渡すことがよい。従来，砂浜上空を鳥のように飛んでその様子を調査することは困難であったが，現在はインターネットを介した Google earth や国土地理院の空中写真が利用可能であり，砂浜の平面形状の時空間的な変化を調べることも容易になりつつある。

2.5.1 河川流入や海食崖の侵食による平面形状の変化

砂浜の平面形状は，一般に河口など海への底質供給源付近で幅広く，沿岸漂砂系の末端部に向かうにつれて幅が狭くなる。また，突堤や離岸堤など沿岸漂砂の移動を阻止あるいは抑止するような海岸保全構造物があると，構造物の沿岸漂砂系の上手側で砂浜の幅が広くなり，下手側で狭くなることが知られている。このような自然の機構で形成された形状と人工構造物の影響で形成された形状が混在している砂浜の例として，鹿児島県薩摩半島の吹上浜における汀線位置を図 7 に示す（西ら，1998 a）。ここでは，吹上浜の南側に位置する万之瀬川河口の左岸側に原点を置き，吹上浜の北端側にあり人工化が顕著な江口漁港周辺までを対象領域としている。

1996 年 4 月 5 日の干潮時に撮影された鹿児島県吹上浜の空中写真を用いて，海浜植生境界，満潮時と干潮時の汀線位置を判読し，海浜植生境界と満

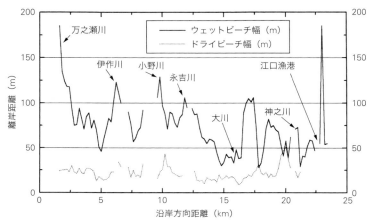

▲図 7　砂浜の平面形状を表す汀線の空間分布（鹿児島県吹上浜）
西ら（1998 a）をもとに作成。

潮時の汀線位置で挟まれる領域（潮間帯）の幅をドライビーチ幅，満潮時と干潮時の汀線位置で挟まれる領域の幅をウェットビーチ幅とした。これら2種類の浜幅の分布を沿岸方向に200m間隔で読み取り，その結果を図7に示してある。

　測定領域の平均ドライビーチ幅は22mで，神之川から大川にかけてはこれより広くなり，神之川河口南側で最大の52mであった。そして，大川から永吉川にかけて若干狭まり，永吉川以南でまた増加する。ドライビーチ幅は底質の供給源の一つである河口部では，大川を除き全体的に突出傾向を示した。また，神之川と大川間にある直接河口に面していない領域にも浜幅の極大値がみられるが，これは砂浜背後にみられるシラスとよばれる火山噴出物でできた海食崖による底質供給に起因したものである。

　ウェットビーチ幅もドライビーチ幅と同様に，吹上浜の沿岸漂砂の卓越方向である南方向に向かって平均的に増加する傾向がある。ウェットビーチの平均は74mとドライビーチ幅の3.4倍で，万之瀬川河口前面で最大185mの浜幅を有し，この付近に大量の土砂が堆積している。これは岸沖縦断地形の測量結果とも一致する。一部データの欠測はあるが，ドライビーチ幅の沿岸分布に比べて，ウェットビーチ幅の分布は河口前面で明瞭な極大値を示している。ウェットビーチ幅が流入河川の土砂供給能力に関係していると考えれば，河川からの土砂供給量は万之瀬川が一番大きく，次いで伊作川，小野川と永吉川はほぼ同じ程度，そして，神之川の順である可能性が高い。ただし，大川については河口前面にウェットビーチ幅の極大値が存在しない。加えて，神之川から大川間には河口に対応しない極大値が2ヵ所あり，そのピーク値が神之川河口前面のものより大きい。これは，前述のようにこの領域におけるシラス性の海食崖からの底質供給や，地表面が大雨などの降水により削り取られるガリー侵食とよばれる現象による底質供給が，河川に匹敵するものであることを示している。

2.5.2　浜幅と海浜植生帯

　浜幅は各河川の河口付近で広く，河口から遠ざかるにつれて狭くなる。浜幅が広いということは，一般に汀線位置がより沖側に存在し，陸側の地形が波の影響を受けにくいことも意味する。これを理解するための一つの例として，同じく吹上浜における汀線位置の変動と海浜植生の境界の変動状況を図8に示す（西ら，1998a）。図中では，汀線変動量と海浜植生の海側境界の変動量との相関関係を●印で，同じく汀線変動量と砂丘林（防潮林）の海側境界の変動量との相関関係を▽印で示している。

　1974〜1992年の期間で，砂丘林（防潮林）の海側境界線変動量の平均値は10.6mであり，汀線変動量および海浜植生の海側境界線変動量の平均値もほぼ同じであった。本図より，汀線が陸側に後退すれば海浜植生帯も後退し，汀線が海側に前進すれば海浜植生帯も前進する傾向にあることがわかる。つま

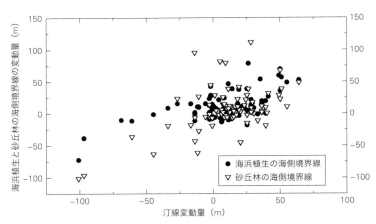

▲図8 吹上浜での1974〜1992年の期間における汀線と海浜植生および砂丘林(防潮林)の海側境界線の変動の相関図
変化量は，＋の値が海側に前進，−の値が陸側に後退を表している。西ら（1998a）をもとに作成。

り汀線が後退すると，遡上波や塩分を含む飛沫が海浜植生帯に影響を与えやすくなり，その結果，海浜植生帯が後退する。反対に，汀線が前進し浜幅が広くなると，遡上波や飛沫の影響が海浜植生帯に及びにくくなるので，海浜植生帯が前進する。砂丘林（防潮林）の前進や後退も同様であると考えられる。

2.5.3 トンボロ地形

　沖合に岩礁や島が存在すると，これらの岩礁や島の背後（陸側）では波高が小さくなる。また，波の屈折現象により，岩礁や島の背後に波が回り込んでくる。その結果，背後の海岸に砂が堆積するようになり，砂浜が沖側に徐々に延伸し，やがて図9に示すように砂浜と岩礁や島がつながるトンボロ地形（tombolo，陸繋砂州）が形成されることがある。また，砂浜と沖合の岩礁や島が完全につながらない場合は舌状砂州またはサリーエント（salient）とよばれる。トンボロ地形は大小さまざまであるが，大型のトンボロ地形には，秋田県の男鹿半島や鹿児島県の上甑島の里村があり，大型の舌状砂州の例として，インド亜大陸南端付近とスリランカ島の海域，中型の例として，鹿児島県指宿市の知林ヶ島（図9右）などがあげられる。自然に形成されたトンボロ地形は安定しているが，海岸沖合の離岸堤などで人工的にトンボロ地形が作られた場合には，トンボロ部分に堆積した砂につり合う量の砂が周辺の砂浜から供給されるので，周辺部では侵食が発現することに留意する必要がある。

2.5.4 バリアーアイランド

　トンボロ地形は砂浜から沖側に砂が堆積して形成される砂浜地形であるが，これとは対照的に，図10に示すように砂が沿岸方向に伸長して形成されるバリアーアイランド（barrier island）とよばれる砂浜地形がある。これは，

▲図9 唐浜海岸の離れ岩背後のトンボロ地形（左）と干潮時に知林ヶ島につながる海の道（舌状砂州）（右，右下は上空から見たもの）
左：鹿児島県薩摩川内市．右：鹿児島県指宿市．

▲図10 海鼠池のバリアーアイランド

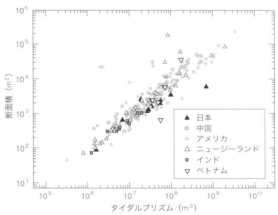

▲図11 タイダルプリズムと湖口の断面積の相関

海跡湖の湖口（感潮狭口，インレット，inlet），閉鎖性の高い湾や入り江の開口部付近でみられる沿岸方向に細長く伸びた砂州状の砂浜であり，日本では鹿児島県上甑島の海鼠池のほか浜名湖やサロマ湖などでみられる．湖口付近の砂州の成長は，先端部付近の沿岸流と沿岸漂砂，そして，海跡湖や湾の開口部における入退潮（上げ潮・下げ潮）の流れと底質移動の複合現象に支配される．なお，海跡湖の湖口からどれだけの海水が内湾側に流入するか，すなわち海水交換量（タイダルプリズム，tidal prism）は，内湾の生態系や水質保全にとり重要な問題であるが，概略であれば式(2.8)に示す Global A − P 式で推算が可能である（図11）．

$$A = 4.176 \times 10^{-4} P^{0.904} \tag{2.8}$$

ここで，A は湖口（インレット）の断面積（m^2），P は入退潮に伴う海水交換量（m^3）である．湖口付近の砂州上の砂浜は，この関係を満たせば比較的安定するものと思われる．

2.6 人為的な理由による砂浜の平面形状変化

図12に示すように,沿岸域に海岸保全構造物や港湾および漁港などの人工構造物を築造すると,周辺海域の波浪場や流れの状況が変化し,新たな底質移動(漂砂現象)を引き起こすので,砂浜の平面形状と汀線位置が変化する場合が多い。砂浜の底質移動に影響する海岸保全構造物には,主に突堤や導流堤のように汀線に直交するタイプのものと,護岸や堤防そして離岸堤や潜堤のように汀線に平行するタイプのものがある。どちらのタイプが築造されても,原則として,底質移動の状況が変化して汀線変動や地形変化,すなわち砂浜生物の生息環境条件の変化が生じると考えるべきである。

以下に人工構造物の建設が大規模な海岸の地形変化や汀線変動をもたらした具体的な例を紹介する(西ら,1998b)(図13)。鹿児島県の志布志湾では石油備蓄基地建設に伴い,人工島が建設された。図では,1985年7月の汀線を基準とした1986年6月～1992年6月までの期間における汀線変化量の沿岸分布が示されている。図中の沿岸方向距離が0kmのところは,志布志湾中央寄りの田原川河口から北側約700mの位置であり,人工島建設の影響が軽微と思われる地点である。また,4.9km付近,および,6.4km付近で縦方向に引いてある点線は人工島の両端の位置を示しており,ドットで示す領域は砂が堆積して砂浜が前進している領域を,そして斜線で示す領域は砂が消失し砂浜が後退している侵食域を示している。

1986年6月には人工島の外郭施設が完成し,その背後(砂浜側)の海域で波の遮蔽効果が発現し砂が堆積し始めた。図によると,人工島背後の4.75kmの地点より南側(図では右側)で汀線の前進がいちじるしいが,主な堆積域

▲図12　川尻漁港背後(左)および離岸堤背後(中央)での土砂堆積と隣接海浜の侵食状況の例　鹿児島県指宿市。

は2つの区域からなる。人工島が完成した直後（1986年6月）の舌状砂州状の堆積域のピークはそれぞれ4.9 km, 6.3 kmに位置している。これらのピークのうち南側の舌状砂州は，人工島の南端に位置する波見港の防波堤が砂の動きを阻害する境界となるため，位置は変わらず規模だけが増大した。しかし，北側の舌状砂州は規模の増大に加えて，図中に▼印で示すように，そのピーク位置が経年的に南側へと移動する現象が生じた。

北側の舌状砂州を1986年6月と1992年6月の2時期で比較すると，突出量は1986年の17 mから1992年の173 mへと156 m前進する一方，沿岸方向のピーク位置は1986年の4.75 kmから1992年には5.2 kmへと移り，波の作用で南側へ450 mも押し込まれたことがわかる。加えて，図中に矢印で示す南側と北側の2つの舌状砂州の境界位置は350 mほど南に移動していることがわかる。

この期間における北側の舌状砂州のピーク位置の移動速度は，1年あたり75 mもの速さである。このような，人工島背後の波の遮蔽域における堆積現象とは対照的に，人工島の北側隣接部では侵食域が北側へ拡大し，1992年には汀線の後退域の沿岸方向の長さが約2 kmに，また，汀線の最大後退量が約

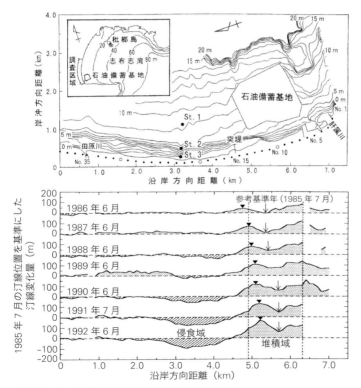

▲図13　人工島建設に伴う隣接海浜の汀線変動の例
左が北，右が南方向。西ら（1998 b）をもとに作成。

60 m に達している。このような大規模な侵食現象を抑制するために，1993 年 5 月には岸沖方向の長さ 230 m，先端水深約 2.3 m の T 字型の防砂突堤が 4.6 km 地点に建設された。また同時に，人工島背後に堆積した土砂 115 万 m³ を北側の侵食砂浜に運搬して養浜するという対策工事が行われた。このため工事完成後の 1993 年 11 月には人工島背後の汀線が後退している。

志布志湾においては，湾の南端部に人工島が，そして，湾の北端部には大型港湾が築造された結果，湾の両側で大規模な汀線変動が進行している。侵食域では砂浜が減少するだけでなく沖合の海底の水深もより深くなるために，砂浜を生息場所とする生物への負の影響が危惧される。

2.7　砂浜にみられる波と流れ

2.7.1　波とうねりの性質

図 14 に外洋で伝搬中の波と沿岸域に入射するうねりの様子を示す。波とは，低気圧などによる風が外洋などの広い水面を長時間継続して吹くと水表面に擾乱（凹凸）ができ，ここにより多くの風のエネルギーが作用して成長したもので，一般に風波（wind waves）とよばれる。海上で風が継続的に吹いている風域では，波高（1 つの波の峰から谷までの高さ）や周期（1 つの波の峰から次の波の峰がある地点を通過するのに要する時間）がさまざまな波が混在し，さまざまな方向に伝搬していく。

波は周期によって移動速度（位相速度）が異なり，発生域（出発点）では多様な波高と周期をもつ波が混在しているが，外洋を長距離にわたり伝搬する過程で，周期が長い波は伝搬する波の集団の先頭に集まり，中くらいの波は伝搬する波の集団の中ほどに，そして，短い波は移動速度がかなり遅いために，伝搬する波の集団の後方に位置しながら進行することになる。これを波のふるい分け現象（周期分散，周波数分散）という。また，海の表面を伝わる波が海底面からの影響を受けないほど十分に深い水深であるという条件（深海波条件）

▲図 14　外洋の海面の様子（風波）（左）と浅海域で砕けるうねり（右）

が成り立つ外洋においては，波の波長（1つの波の空間的な長さ。例えば峰から峰の長さ）と周期は一対一の関係をもち，周期の2乗に比例して波長が長くなる特性をもつ。

波のふるい分け現象により，沿岸域に波高も周期も波長も比較的に大きく，かつそれらの大きさがほぼ一定の波が継続して入射することがあり，この波をうねり（swell）とよぶ。うねりは，上記のように波高・周期・波長そして伝搬方向がほぼ一定なので，規則波（regular waves）ともよばれ，これに対して風水で発達中の波は，波高も周期も波長も伝搬方向も多様であるために，不規則波（random waves）とよばれる。

砂浜に打ち寄せる波の特性を示す波高と周期は実測することが望ましいが，波高に関しては，天気予報の「波の高さ」を参考にすることもできる。また，周期がわかると浅い海域での砂の移動や波の変形（屈折や回折）にとり重要なパラメーターである波長や波速（1つの波が伝搬する速さ）が式(2.9)と式(2.10)で求められる。

$$L_0 = 1.56T^2 \tag{2.9}$$

$$C = 1.56T \tag{2.10}$$

ここで，Tは波の周期(s)，L_0は深海波条件の波長(m)，Cは（位相）速度(m/s)であり，水深が波長の2倍以上の深さをもつ領域，つまり深海波条件のもとで適用可能である。

2.7.2 有義波

波の性質を表現するために，図15に示すようなある地点で得られた水面変動のデジタル記録を用いて，波高と周期をコンピューターのプログラムで計算することができる。波は波高と周期が1波ごとに異なるのが普通であり，記録紙上のすべての波（個々波）の波高と周期を明らかにするだけでなく，観測された波の集団（波群）全体の平均的な特性を示す指標が必要である。このような指標は統計波解析手法で求める。天気予報で出されている波

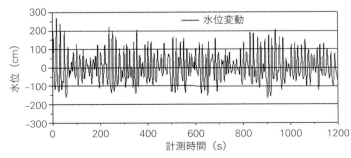

▲図15　海の波の観測記録の例

の高さは，個々の波を波高の高い順に並び替え，高い方から数えて全体数の1/3 までの個数の波の波高の平均を取ったものと同等であり，これを有義波高とよび，波の周期の平均を取ったものを有義波周期とよぶ（1/3 最大波の波高および周期とよぶ場合もある）。外洋で発生する波の有義波高や有義波周期を，風域の距離（風の吹送距離）や風の吹く時間（吹送時間）および風速に基づいて求める手法は，第 2 次世界大戦のノルマンディー上陸作戦時に開発応用されたともいわれており，後に，開発者および代表的な改良者の名前を取り SMB（Sverdrup and Munk および Bretschneider）法（Bretschneider, 1951）とよばれるようになった。現在では，より高度化された数値計算手法で，波の予報が行われている。

2.7.3 浅水変形と砕波

外洋で発生し浅海域に伝搬してくる波が，その波の波長の半分以下の水深領域に達すると，波の軌道粒子（水粒子）運動が海底面に作用するように

▲図 16 浅海域での砕波現象（巻波砕波）

▲図 17 浅海域の海底地形に応じた砕波の様子

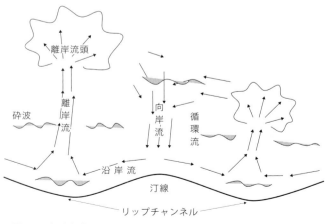

▲図 18 海浜流系図

なり，その結果，波の形（波高）が変化する浅水変形が始まる．例えば，周期10 s の波が外洋から浅海域に伝搬するときには，式 (2.9) から波長が 156 m になり，その波長の半分の水深である 78 m で水粒子の運動が海底面に到達し，波と海底地形との相互作用・影響が出始める．そして，波高が水深と同じ程度のさらに浅海域に近づくと，波の峰部分が立ち上がり，峰先端で白波（ホワイトキャップ）が立ち始めて次に峰部分が砕け，砕波が生じる．形態によっては砕波が前面に突っ込む場合もあり，これを巻波砕波とよぶ（図16）．波の砕波形態はほかにも，海底勾配や入射波浪の波形勾配に応じて，崩れ波型，巻寄せ波型などがあり，その砕波形態の分類はイリバーレン数（surf similarity parameter ともよぶ）により可能なことが Battjes (1974) により示されている．

2.7.4　海浜流系

とくに，波が砕けるあたり（砕波点）から波打ち際の間では，波浪の入射に起因する海浜流系（沿岸流と離岸流）が発生し（図17, 図18），砂浜の砂を動かし，浅海域での卵稚仔魚や漂流物などを含む物質の輸送に関与するため，ここに生息する生物との関連を調べることはとても重要な意味をもつ．また，これらの流れは海水浴客や釣り人が溺れる原因ともなり，砂浜で生物調査を行う場合には，細心の注意を払う必要がある（BOX② 参照）．一方，離岸流に対する補償流となる向岸流が発生する場所はホワイトキャップがみられる浅瀬になっており，サーフィンを行うには格好の場所である．

2.8　砂浜の3次元地形・カスプ

砂浜では，沿岸方向に海底地形が波打ち，汀線や沿岸砂州の位置が岸側や沖側にサイン関数で示される曲線のように屈曲する場合があり，これをカスプ地形とよぶ．汀線位置を指標にして，汀線の波状の屈曲スケール（波長）が数十 m 規模のものをビーチカスプ，数百 m 規模のものをメガカスプ，数 km 規模のものをジャイアントカスプとよぶ．

図19左に波長が 140〜180 m 程度のメガカスプを示す．図では沿岸砂州が水中に没しているが，砕波状況から，汀線の屈曲と対応するように離散的に存在していることがわかる．破線の矢印で示す沿岸砂州が切れているように見える箇所は，リップチャンネルとよばれる溝状の地形（図18）で，砕波帯内の物質が沖側に輸送される場合の輸送経路となり，沿岸砂州上で砕波している箇所は物質が岸側に輸送される領域である．カスプ地形のタイプにかかわらず，輸送される物質には粒状有機物（POM）やプランクトンなど生態学的に重視すべき物質も含まれることを理解する必要がある．メガカスプが発達すると，カスプ地形の湾入部（bay, embayment）では汀線が後退する砂浜

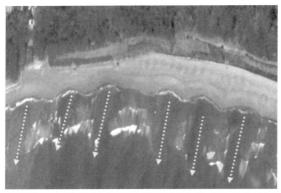 

▲図19 メガカスプと前面の波浪場（左）とビーチカスプと引き波（右）
左：鹿児島県指宿市の物袋海岸。右：鹿児島県錦江町の大浜海岸。

侵食や，海岸保全構造物の沈下や被災が発現することがある。
　図19右はビーチカスプの例である。図では，波が白くなっているところと，砂浜表面が露出しているところが，沿岸方向に交互に現れている。これは，地盤の高さが低い湾入部に引き波が集中し，地盤の高さが高い突出部（apex, horn）の砂浜が干出しているためである。同一海岸の踏査を定期的に繰り返すと気がつくが，ビーチカスプは，砂浜が堆積過程にあるときに形成されやすい。
　カスプ地形の発現や発達に関する現地調査や理論的な研究は，沿岸方向に進行する波であるエッジ波起源のものを含め数多く行われているが，すべてのタイプのカスプ地形を統一的に予報可能にする理論は，現状ではないようである。

2.9　砂浜と砂浜生物を取り巻く環境 ― 中長期スケールの視点

2.9.1　土砂収支と土砂管理

　砂浜生態系の生物生息領域として砂浜は重要であり，適切な管理のもとで後世に残される必要がある。巨視的に見れば，(1) 砂浜を造る底質が河川や海食崖から十分に供給され，(2) それが対象とする砂浜に輸送され，(3) その砂浜から底質が過剰に流出しなければ，砂浜は保全される。このような土砂（底質）の流入量と流出量のバランスを土砂収支とよぶ。土砂収支がマイナスであれば侵食（砂浜の減少）され，プラスであれば堆積（砂浜の拡大）し，ゼロであれば一定の状態で保全されることになる。
　河川を介しての底質供給に関しては，水利ダムの建設に伴うダム湖内の堆砂現象や，現在は原則禁止されたものの以前は行われていた砂利採取などに

より，砂浜への供給量は減少した。このほかの底質供給源として重要であった海食崖も，基部が消波ブロックにより保護され侵食防止が図られたことから，供給量は減少している。一方で，河口や海食崖などの底質供給源と対象とする砂浜の間には，土砂（沿岸漂砂）の移動を阻止する港湾，漁港，離岸堤や突堤のように底質の一部しか通過させない海岸保全構造物が多数築造されている。これらの人工構造物や，漁港や港湾内の航路や泊地を維持するのに行われる浚渫は人間生活や国土を守るためのものであるが，砂浜生態系との調和が求められる。そのための技術的な手法として，流域の総合土砂管理（2.2節）という概念が提唱されている。しかし，この概念に基づいて必要十分な土砂管理が行われ，環境と調和した砂浜の保全が実際に図られている事例を筆者は知らない。

2.9.2 中長期的な気候変動と水温変動

将来的に，総合土砂管理が適切に行われて砂浜の侵食が抑止され，適切な規模の砂浜が各地に残されたとしても，多様な砂浜生態系の保全を継続して図るには，地球温暖化のような百年以上の時間スケールをもつ長期的な現象や，十数年程度の中期的時間スケールをもつ気候変動が砂浜に及ぼす影響に関する知見を蓄積する必要がある。

そのような例として，鹿児島地方気象台により観測され，気象庁のウェブサイト（http://www.data.jma.go.jp/gmd/risk/obsdl/index.php）で公開されているデータをもとに作図した鹿児島市の19世紀後半からの年間平均気温を図20左に示す。1945年前後で年平均気温の変化の傾向が異なり，1946年以降は，地球温暖化やヒートアイランド現象が顕著に現れ，約0.037℃／年の割合で気温が上昇している。また，1945年以前は年平均気温の平均値を中心に変動していることがわかる。1945年は第2次世界大戦終了の年であり，敗戦前後でヒートアイランド現象を引き起こす都市造りの手法や，CO_2などの温暖化ガスの排出傾向が大きく変わったためかもしれない。数十年以上にわたるこれらの気温上昇に影響を与える要因（トレンド）を除去した年平均気温の変動をみると（図20右），20年程度の時間スケールで，平均的に暖かい時期と寒い時期を交互に繰り返している。

気温と同様の温度変化が砂浜付近の海水温に生じるかを調べるため，鹿児島県提供の鹿児島湾の表面水温のデータを図示してみると（図21），海水温が気温と同様に約0.043℃／年の割合で上昇していることがわかる。海水温の観測期間の関係で，気温と同様の20年程度の変動があるかは明らかではないが，沿岸域の海水温と沿岸域に近いところの陸地の気温の相関の高さは気象庁のデータなどで確認できるので，砂浜生態系では百年以上の時間スケールに加え，季節変動や年変動よりは長い数十年スケールの環境変化も考慮する必要があることがわかる。

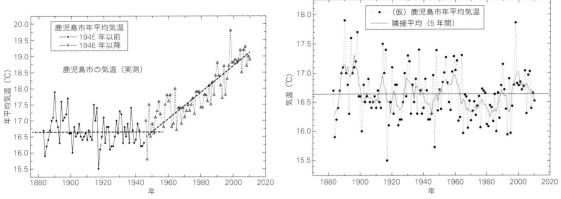

▲図20　鹿児島市の年平均気温（左）とトレンドを除去した年平均気温の変動（右）
気象庁のデータより作成。

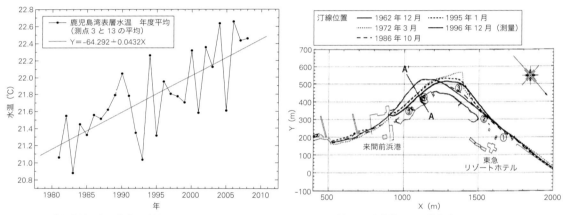

▲図21　鹿児島湾の年平均表面水温
鹿児島県のデータより作成。

▲図22　沖縄県の宮古前浜の汀線変動

2.9.3　中長期的な環境変動と砂浜の侵食・堆積現象

　このような数十年スケールでの環境変動と砂浜の侵食堆積現象に関しては，沖縄県の宮古島の砂浜を対象とした菊池ら（2002）の研究がある。そのなかの宮古前浜における1962～1996年までの汀線位置の変化（図22）をみると，時期によっては図中右側の砂浜が堆積しかつ左側の砂浜が侵食，また，時期によっては右側の砂浜が侵食で左側の砂浜が堆積といったように，中期的な時間スケールで汀線の振動現象が生じていることがわかる。砂浜全体の面積はほぼ一定であるが，砂浜の右側と左側で砂浜生態系における生物の生息領域が増えたり減ったりしていることになる。このような中期的な時間スケールの砂浜の変動に関する調査事例は少なく，砂浜生態系への影響を含めてより知見を高める必要があろう。

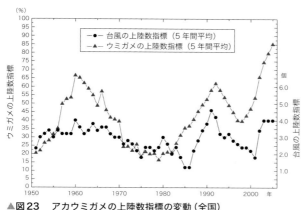

▲図23　アカウミガメの上陸数指標の変動（全国）
比較のため台風の上陸指数を示した。

2.9.4　アカウミガメの上陸数の変動

　日本の沿岸域で海岸保全事業を行う場合に，環境面で十分に配慮することが求められる代表的な生物の一つにアカウミガメがいる（第8章参照）。アカウミガメは母浜回帰をするといわれ，日本では春から夏にかけて砂浜に上陸・産卵する。表面から数十 cm の砂中に産み落とされた百数十個の卵は，自然に温められ，日平均気温の累積値が約 1,800℃ になると孵化して，砂浜内部から表面に出て海へ向かい，北米大陸西岸で成長すると，再度，日本の沿岸域に回帰するといわれている。したがって，日本の沿岸域から，侵食により砂浜が消失してしまうと，再生産に関わる領域がなくなり，絶滅が危惧される事態となる。

　図23には1950年以降のアカウミガメの上陸数を指標化したものを示した（西ら，2012）。図中には，参考のために砂浜の侵食要因の一つである，台風の上陸数も指標化して示してある。

　▲印で示すアカウミガメの上陸数指標は，上述した気温変動と同じような中期的な時間変動を示すことがわかる。また，台風の上陸数指標とも 0.66 という比較的高い相関係数を示し，なぜか変動傾向が連動する。つまり，アカウミガメの上陸数が多いと多数の卵が砂中に存在することになるが，その年は台風の来襲も多く，卵が水没したり砂浜が侵食されて巣ごと海に流出する可能性が高まることを指し示している。当然ながら，台風の上陸数が多いからアカウミガメの上陸数が増えるわけではなく，アカウミガメの上陸数を増やす要因と，台風の上陸数を増やす要因が重なっている可能性が高いが，まだ解明されていない。このような，中期的な時間スケールでの砂浜環境の変化と，砂浜を生息領域として利用する生物の相互作用に関しては，多様な生態系保全の観点から研究が進められることに期待する。

最後に，初学者向けの砂浜の物理環境に関して参考になる良書として，Willard Bascom の「Waves and Beaches」(Bascom, 1964) をあげる。本書は，吉田耕造と内尾高保による翻訳書「海洋の科学－海面と海岸の力学－」(ウィラード・バスカム, 1977) があり，砂浜に関する専門的な内容を英語と日本語で学ぶことができる。

(西隆一郎)

BOX ❷　　　　　　　　　　　　　　　　　　　　　離岸流に要注意

　砂浜で生物や生態系の調査を行う場合には，当たり前であるが，「安全な」現地調査が必要である。安全管理のためには最低でも2名以上の人員が必要である。例えば，一方がウミヘビやクラゲなどの海洋危険生物に襲われたり，離岸流（第2章参照）で沖合に流されても，同行者が関係機関に適切な連絡を行うことで，被害者のリスクが低減される。また，服装に関してもできるだけ露出を避け，第三者が見つけやすい色合いのものを着用するなどの配慮が必要である。研究者であろうが，学生であろうが，一般市民であろうが，無事に職場や家庭に帰ることが重要であり，自分を救えないものは同行者も救えないということを理解したうえで，安全な現地調査を心がける必要がある。

　砂浜で発生する死亡や行方不明などの海浜事故は，陸上で発生する事故に比べると，格段に危険性が高い。西（2007）を参考にすると，（財）日本海洋レジャー安全振興協会の昭和61（1986）～平成16（2004）年の報告書のデータを解析した結果，海浜事故者数は過去19年間に年間510～963人の間で変動し，平均すると年間776.5人が事故に遭遇している。なお，同期間中に合計14,753人の利用者が事故に遭遇し，このうち6,075名が死亡あるいは行方不明となっている（図1）。いったん海浜事故と認定されるような事態に陥ると，約4割にものぼる割合で死亡ないしは行方不明になることを理解して，現地調査や海浜利用を図らねばならない。

　海浜事故の要因の一つとして，離岸流が指摘されることが多い。ここでの

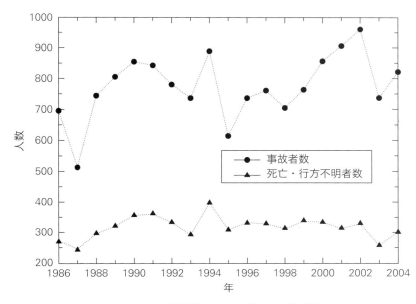

▲図1　国内の砂浜で発生した海浜事故件数と死亡・行方不明者数の推移

離岸流の定義は，波打ち際から沖に向かうすべての流れとする。砂浜では主に波浪の作用に伴う離岸流が発生するが，河口付近では河川流が原因で生じる場合もある。また，サンゴ礁に囲まれた砂浜では，潮汐の上げ下げに伴い，リーフの切れ目付近で干潮時に強い離岸流（リーフカレント）が発生することがよくある。砂浜での調査時には，基本的に離岸流に入らないことである。しかし，稚仔魚や栄養塩の分布を知るために離岸流域での調査が必要になる場合もあるので，離岸流の見つけ方と離岸流からの退避方法を知ることが望ましい。

　現地で離岸流を見つけるには，一般に，高台に立ち砂浜を見渡すのが基本となる。砂浜近くの山頂や，砂丘の頂部，あるいは砂浜でもとにかく高い場所を探す必要がある。なお，近年は，離岸流探査にマルチコプター（UAV：Unmanned aerial vehicle）を使用することもある。海域で漂流物や沖合に伸びる濁りがある場合には，離岸流そのものを目視できる。なお，流れを直接目視できない場合には，浅海域の海底地形（カスプ地形，第2章参照）を判読して，離岸流の発生箇所を予測することが可能である。砂浜では，メガカスプやジャイアントカスプになると大規模な離岸流を引き起こしやすい。離岸流の発生箇所はリップチャンネル（第2章参照）になっており，沖に流されやすいだけでなく，足が海底に届かないなどの問題があるので，現地調査時には格段の注意が必要である。ビーチカスプのような規模でも，湾入部（bay）を流下する沖向きの流れは，幅が狭く体を浮かせるような流れではないものの，足元を引きずるような流れになる。ビーチカスプの沖方向への長さは長くないが，足をすくわれるようにして足の立たない深さまで流され，その後，遊泳能力のない海浜利用者の場合には溺れてしまうこともある。沖向きの流れがありそうだと思った場合には，周辺の漂着物を拾い，流れに投入しその移動状況を把握してから，行動を開始することが推奨される。

　原則として離岸流に入らないで避けることが重要であるが，もしも離岸流に巻き込まれてしまうとどうなるのであろうか。筆者の研究室で水泳の達者な学生が調査中に強い離岸流に遭遇したときの体験談は，「強い離岸流からの自力脱出は困難だった。また，最終的には危険な状況に気づいた地元サーファーにより運よく救助され，流され始めてから20数分後に砂浜に何とか帰還できた。救助してくれたサーファーに感謝している」というものであった。彼は，「流され始めた最初は，陸も見え沖へ流される実感があった。しかし，砕波帯付近では，頭上で波が砕けると波に飲み込まれてしまい，上下左右の感覚がなくなり一瞬パニックに陥った。波に巻き込まれ，海水を飲み込むということを繰り返し続け，体力を消耗した。この経験を通し，離岸流に流される危険性を強く感じた」とも述べていた。筆者も20数分間，大規模な離岸流に流されたことがあり，その最中に，生還をあきらめかけたことがある。また，筆者の目の前で一般の海浜利用者2名が浮き輪1個だけで離岸流で漂流するのを見たことがある。そのケースでは，うまく海浜流系の循環流

（第2章図18参照）に乗り15分程度で浜に押し戻されていた．別の例としては，米国の著名な海岸工学の研究者夫妻が離岸流に流されたことがあり，そのときは約15分間無理をせず浮いていることで，最終的に砂浜に自力で生還できたという話を直接聞いたこともある．サンゴ礁海域の砂浜での沖向きの流れにより利用者が流された事例では，リーフ外の外洋側に流された後，リーフ内の砂浜に安全に帰るために，暗い時間帯と沖向きの流れの強い干潮の時間帯を避けたために，砂浜への帰還に24時間程度も要したということもあった．

これらのことから，砂浜で離岸流を見きわめて，安全に現地調査を行うための注意点をまとめると以下のようになる．

(1) 調査は1人で行わず，必ず複数人で行う．
(2) 調査で浅海域を泳ぐ必要がある場合には，必ず浜に沿って泳ぎ，沖向きには泳がない．
(3) もしも離岸流で沖に流された場合は，パニックにならない，流れに逆らわない，浮き輪や救命胴衣などを用いて最低でも数十分間（20〜30分間）は浮く能力（手段）を保持することで，リスクを低減できる．

離岸流に関してより詳細が知りたければ，「離岸流，西」でインターネット検索すると参考になるウェブサイトが見つかる．あるいは，rip current などで検索すると，英文情報に接することができるので参考にされたい．

（西隆一郎）

第 3 章
砂浜海岸の物質循環

3.1 物質循環の基礎

3.1.1 砂浜海岸における物質循環の駆動要因

　物質循環を駆動する物理要因は，環境媒体（大気，海水と淡水，砂）による物質の運搬である。生物化学要因は，有機的または無機的な物質の生成と分解である。これらの駆動要因によって物質が環境中を運搬されて拡散し，生物化学的に変質する。その結果，物質や生物がいかに時空間的に分布するようになるのかということが物質循環の主題である。

3.1.2 砂浜海岸の地形

　外海に開けた砂浜海岸では，沖合からの海水と風波の影響が圧倒的に優勢な反面，陸からの影響も無視できない。砂浜海岸の範囲は，沿岸砂州の浅所で波浪が砕ける砕波帯に続くサーフゾーンから，潮間帯を経て陸側の海岸砂丘に至るまでである（口絵2）。ここにはさまざまな動植物が生息する砂浜生態系（sandy shore ecosystem）が展開し，その砂浜生態系に相応する物質循環が生じている。図1は鹿児島県薩摩半島の吹上浜に基づいた海岸断面の模式図であるが，沖合から砂浜海岸に至る区域をさらに細分して，沖浜，外浜，前浜，後浜とよび，おのおのは潮下帯に発達する沿岸砂州，潮下帯から潮間帯に発達するリッジやラネル，潮間帯，潮上帯に対応している（Brown and McLachlan, 1990；McLachlan and Brown, 2006）。

3.1.3 砂浜海岸の主要構成物

　図2に示すように，砂浜海岸の媒体（大気，海水，砂泥）には多種類の物質が含まれる。このうち砂泥を構成する砂の中央粒径は多くの場合，ウェントワース（Wentworth）の粒度区分によると，中砂（250〜500μm）や細砂（125〜250μm）で，砂粒の間隙（約10〜100μm）は，間隙水（interstitial water，または pore water）で満たされる。ただし，間隙水が存在しない場合は間隙内の大気と接している。媒体に含まれる物質は大きく水に溶存するものとしないものに分けられ，後者を総称して粒状物（PM：particulate material），または懸濁物（SS：suspended substance）とよぶ。一方で，天然における物

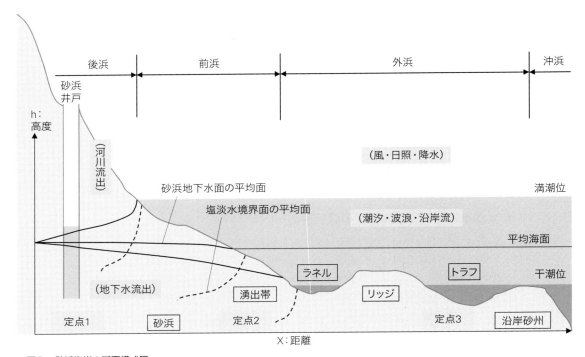

▲図1　砂浜海岸の断面模式図
満干潮位における砂浜地下水面(実線)と塩淡水境界面(破線)および平均海面におけるそれらの平均面は想定図。カッコ内は外的影響。

質は生物体を構成する有機物と，無機物の媒体自身を構成する鉱物や大気などの無機物に分けられる。そこで，これらを以下に解説するように，溶存(dissolved)・粒状(particulate)と無機(inorganic)・有機(organic)の区分を組み合わせた4つの物質カテゴリーで代表させることが整理して理解するうえで便利である。溶存・粒状の差は，実用上は孔径1〜2μmのろ紙を通過したろ液とろ紙上の残渣として区分することが多い。

第1の溶存無機物(DIM：dissolved inorganic material)のカテゴリーには，大気中の窒素ガス(N_2)，酸素ガス(O_2)，二酸化炭素ガス(CO_2)などがあり，海水や間隙水に溶存している。海水中では水分子(H_2O)の水素と緩やかに水素結合してイオン化した多くの溶存無機イオンが溶解している。代表的な溶存無機イオンとしては，重量組成比の多い順に塩素イオン(Cl^-)，ナトリウムイオン(Na^+)，硫酸イオン(SO_4^{2-})，マグネシウムイオン(Mg^{2+})，カルシウムイオン(Ca^{2+})，カリウムイオン(K^+)などがあり，世界の海水組成はほぼ一定なので，海水と間隙水の主成分組成も基本的に同じである。海水の塩分量は海水の蒸発残量に由来するが，現在の塩分量は電気伝導度測定から換算式を用いて実用塩分単位(psu；practical salinity unit，単位はつけない)で表記する。よって，塩分量は電気伝導性のある上記イオン類の総計を示す指標といえる。

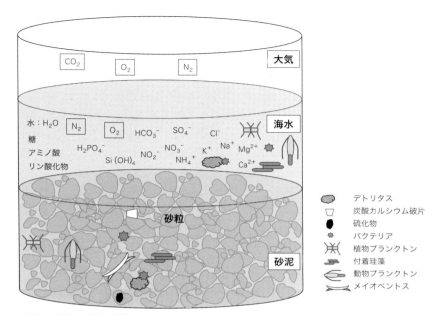

▲図2　砂浜生態系の環境
大気，海水，砂泥の主要物質と微小生物を示す．枠内はガス状物質，化学式と物質名は水媒体中と砂粒の間隙水中の溶存物質，右記シンボルは粒状物質と微小生物．

　これら主成分より量的には少ないが，生物活動と関連する炭素（C），窒素（N），リン（P），珪素（Si），鉄（Fe）などの化合物やそれらのイオンも重要な DIM の構成物質で，栄養塩（nutrient）とよばれる．例えば，重炭酸イオン（HCO_3^-），硝酸イオン（NO_3^-），亜硝酸イオン（NO_2^-），アンモニウムイオン（NH_4^+），リン酸二水素イオン（$H_2PO_4^-$），オルト珪酸（$Si(OH)_4$）があげられる．水中の炭素は二酸化炭素ガスのほかに，水分子と化合した遊離炭酸（H_2CO_3），重炭酸イオン，炭酸イオン（CO_3^{2-}）も共存する炭酸平衡の状態として溶存しているが，海水中ではほとんど重炭酸イオンとして存在する．なお，これらのイオンを含む化合物は，重炭酸塩，硝酸塩，亜硝酸塩，アンモニウム塩，硫酸塩など塩をつけてよぶ．リンもオルトリン酸（H_3PO_4），リン酸二水素イオン，リン酸水素イオン（HPO_4^{2-}），リン酸イオン（PO_4^{3-}）としてリン酸平衡しているが，海中で大部分はリン酸二水素イオンとして存在している．これら各種の無機リンの化合物を総称してリン酸塩とよぶ．珪素もオルト珪酸のほかにポリ珪酸イオンなどとして溶存するが，これらの化合物を総称して珪酸塩とよぶ．とくに，窒素，リン，珪素は，一次生産（基礎生産）の役割を担う植物プランクトン（珪藻）が必要とする元素であるが，表層の有光層では相対的に少量であり増殖の制限要素となるため，栄養塩という言葉を狭義に用いるときはこれら3つの元素を含む水溶性の塩類を指す．
　第2の溶存有機物（DOM：dissolved organic material）のカテゴリーには，糖，アミノ酸，リン酸化物やそれらの化合した多種多様な有機物が存在する．こ

れらの物質は生物化学的過程の排泄・排出や死骸などの分解によって生成されることが多い。

　第3の粒状無機物（PIM：particulate inorganic material）のカテゴリーには，貝殻，サンゴの骨格，脊椎動物の骨格や歯に由来する炭酸カルシウムやリン酸カルシウムの破片や粉末がある。波浪が大きく海底が攪乱されている場合には，微細な粘土やシルト粒子（風化した珪酸塩鉱物）とともにこれらの物質が海中に存在するが，静穏になると沈殿する。海底が還元的な場合は，生成した硫化水素と金属類が化合して硫化鉄（FeS）など粒状の硫化物となったものが底泥に固着して黒色泥の外観を呈する。

　第4の粒状有機物（POM：particulate organic material）のカテゴリーには，生物の排泄物や死骸などが分解を受けている途中の有機物があげられ，総称してデトリタス（detritus）とよぶ。バクテリアや微小生物（植物プランクトン，付着珪藻，動物プランクトン，メイオベントスなど）は，ろ過残渣から肉眼的に除去できずデトリタスと区別できないので，生物であるがPOMに含まれてしまう場合がある。

　砂浜海岸の物質循環を分析するには，上述のように環境中の物質を大まかに4つの物質カテゴリーに区分すると同時に，生物も一次生産者と消費者に区分し，さらに生態に応じて，一次生産者を植物プランクトンと付着珪藻，消費者をバクテリア，動物プランクトン，遊泳生物，底生生物などの生物カテゴリーに区分する。このように区分すると，環境中からおのおのの生物体内に取り込まれた構成物質としての視点から生物をみることになる。つまり生物＝物質のかたまりとみるのである。おのおののカテゴリーは，上記した具体的な個々の物質の総和である。ある元素の物質循環を解明する場合，例えば炭素ならば，物質カテゴリーとして溶存無機炭素（DIC），溶存有機炭素（DOC），粒状無機炭素（PIC），粒状有機炭素（POC），生物カテゴリーとしては植物プランクトンやメイオベントスなどに区分して，植物プランクトンとしてのPOCなどと生物体内の含炭素物質を表現する。また，実用上の炭素分析では，ろ過残渣を前処理なく分析して粒状全炭素（PC）とし，希塩酸で前処理（炭酸カルシウムなどの粒状無機炭素を除去する）したサンプルを粒状有機炭素とする。両者の差を粒状無機炭素（PIC ＝ PC － POC）とする。窒素の場合は，物質カテゴリーを溶存無機窒素（DIN），溶存有機窒素（DON），粒状無機窒素（PIN），粒状有機窒素（PON），生物カテゴリーは各生物体内の含窒素物質として区分する。とくに硝酸イオン，亜硝酸イオン，アンモニウムイオンは栄養塩として重要で，これら3者の合計がDIN値である。ただし，PINに属する物質は硝石（KNO_3）を含む鉱物粉末（溶解するまで海中に存在する）しかないので，普通はPINを無視することが多い。

3.2 物質の運搬過程

3.2.1 砂浜海岸における物質の運搬過程

　砂浜海岸の物質運搬は主に海側の海水と陸側の陸水によるが，風も海陸両側からの物質運搬に関与する。海水による運搬は潮汐と波浪と沿岸流によって時空間的に変動する海水流動が関与する。陸水による運搬は降水と蒸発によって変動する河川の表面流出や地下水湧出が関与する。風による運搬では，海域からは漂流物である海藻，動物の死骸，海泡（かいほう）(sea foam) などが海岸に漂着し，海岸砂丘からは飛砂や陸上動植物（落葉，昆虫など）が海岸へと運搬され集積する。

3.2.2 海底地下水湧出

　一般の砂浜海岸では浅所に地下水面 (water table) が透水性の高い地層にあり，地下水面の高さが海に向かって徐々に低下する特徴をもつ不圧帯水層 (unconfined aquifer) に由来するので不圧地下水とよばれ，通常は淡水である。深部に不透水性の岩盤があり，その下の被圧帯水層 (confined aquifer) に由来する被圧地下水が沖合海域で湧出する場合もある。また，海水や湧出水が海底に取り込まれて再び湧出したものを再循環水 (recirculated water) とよぶ。不圧地下水の湧出，被圧地下水の湧出，再循環水の3者を合わせて海底地下水湧出 (SGD：submarine groundwater discharge) とよぶ。前2者は淡水起源であるが，再循環水は潮汐，波浪，対流によって間隙水が海底と海水の間で浸入と浸出を繰り返して循環する（谷口, 2001）。潮汐性の再循環では潮汐によって間隙水が1日2回程度再循環し，波浪性の再循環では波浪の周期に応じて1分間に数回〜数十回程度の頻繁な再循環が生じる。対流性の再循環は，海域深層の低水温・高塩分の外洋水が接岸した場合や，砂浜での蒸発による高塩分が生じた場合など，高密度の海水が生成することによって相対的に低密度の間隙水と交換する。再循環水は，海水が砂泥間隙へ浸入・滞留・浸出したり海水と淡水との混合が生じるので，生物化学的な水質変化も同時に進行する。

　海底地下水湧出量は，低温な湧出水の電気抵抗や高濃度なラドンなどの同位体を指標として計測されてきた (Burnett $et\ al.$, 2006)。これは，低い水温や高いラドン濃度の湧出水を海底地下水とみなして，その測定から湧出量を求める方法である。表1の上欄に富山湾などでの測定例を示す。富山湾沿岸の片貝川扇状地末端の海底の湧水域（256地点，$1024\,m^2$）において，被圧地下水と思われる低水温を指標とした湧出水の測定から，$0.267\,(m^3\,min^{-1}) = 4.5 \times 10^{-3}\,(m^3\,s^{-1})$ の湧出量フラックス（時間あたりの湧出量）が報告されている（小山ら, 2006）。湧水域面積で割ると，年換算で $137\,(m\,y^{-1})$ の平均湧出速度となる。また，大阪湾南部の砂浜の湧出速度は $44 \sim 136\,(m\,y^{-1})$ で，東京湾の

▼表1　海底地下水湧出の測定例および推算例

上欄の富山湾～済州島は測定例,下欄のStinson Beach～Onslow Bayは推算例,①=②+③,③=④+⑤。
●=湧出速度の単位 ($m\,y^{-1}$),▲=線源フラックスの単位 ($m^3\,km^{-1}\,s^{-1}$),■=フラックスの単位 ($m^3\,s^{-1}$),★=世界のフラックスの単位 ($km^3\,y^{-1}$)。

場所（状態）	① 海底地下水湧出	② 砂浜地下水（淡水）	③ 再循環	④ 潮汐性再循環	⑤ 波浪性再循環	適用範囲（面積,海岸長）,フラックス	文献
富山湾	137 (●)	—	—	—	—	富山湾の湧水面積 ($1024\,m^2$), 4.5×10^{-3} (■)	a)
大阪湾（砂質）	44～136 (●)	—	—	—	—	—	b)
東京湾（砂泥質）	0.03～0.42 (●)	—	—	—	—	—	b)
済州島, 韓国	50～300 (●)	10～60 (●) 以下	40～240 (●) 以上	—	—	—	c)
Stinson Beach 米国（小潮）	0.29～0.34 (▲)	0.02～0.08 (▲)	0.27 (▲)	0.15 (▲)	0.12 (▲)	—	d)
（大潮）	0.37～0.38 (▲)	0.002～0.008 (▲)	0.37 (▲)	0.25 (▲)	0.12 (▲)	—	d)
吹上浜 鹿児島県	—	—	—	0.25～0.33 (▲)	—	吹上浜の海岸長 (30 km), 7.5～10.0 (■)	e)
Onslow Bay 米国（開放的）	—	—	0.16～0.62 (▲) 平均0.23 (▲)	0.04～0.07 (▲)	—	世界の開放的砂浜海岸長 ($16\times10^4\,km$), 1.17×10^3 (★)	f)
Bogue Sound 米国（閉鎖的）	—	—	0.17～0.56 $\times10^{-3}$ (▲)	—	—	—	f)
Onslow Bay 米国（開放的）	—	—	—	—	3.48 (●)	世界の大陸棚面積 ($27.5\times10^6\,km^2$), 95.7×10^3 (★)	g)

a) 小山ら, 2006；b) Taniguchi et al., 2002；c) Kim et al., 2003；d) de Sieyes et al., 2008；e) 早川, 未発表；f) Riedl, 1971；g) Riedl et al., 1972。

砂泥部 0.03～0.42 ($m\,y^{-1}$) と比べると,100～1,000倍大きい (Taniguchi et al., 2002)。これは砂質の透水係数が砂泥質よりも大きいためと考えられる。

また,韓国済州島の砂浜海岸で地下水湧出速度が50～300 ($m\,y^{-1}$) で,淡水は少なく再循環水が8割以上を占めることが報告されている (Kim et al., 2003)。

なお本章では,海底地下水湧出が富山湾のように面源的に湧出する場合は湧出速度(単位:$m\,y^{-1}$),スポット的(点源)に湧出する場合は湧出量フラックス(単位:$m^3\,s^{-1}$ や $km^3\,y^{-1}$)を用いて表示した。海岸線に沿ってほぼ均一に湧出する線源湧出の場合は長さあたりの湧出量フラックス(単位:$m^3\,km^{-1}\,s^{-1}$ など)を用いて表示した。

3.2.3　砂浜地下水

近くに河川がなく被圧帯水層もない砂浜海岸では,浅所の不圧地下水(以後は砂浜地下水とよぶ)の影響が無視できない。砂浜地下水は引き潮が始まってから干潮時にかけて,湧出帯 (resurgence zone, または zone of

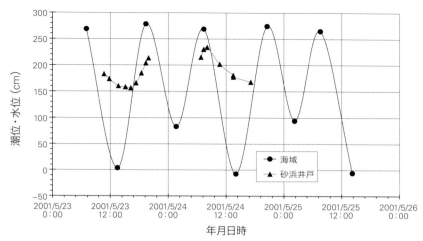

▲図3　砂浜海岸の潮位と砂浜井戸の水位（吹上浜，2001年大潮時）

discharge）から砂浜表面に湧出する場合が多い（口絵6）。この砂浜地下水はほぼ淡水で，その地下水面は潮汐に応じて変動する（図1）。深所では淡水と海水の混合水（汽水）が生成され，相対的に低塩分の混合水と高塩分の海水の間に塩淡水境界面が形成され，潮汐に応じてこの境界面が深部で変化すると考えられる。なお，図1の砂浜地下水面と塩淡水境界面は既往資料（土木学会水理委員会，1985；谷口，2001）に基づいた想定図である。

　吹上浜で砂浜井戸（図1）を掘って調べると（2001年5月23〜24日の大潮時），海域の潮位差約280 cmのときに砂浜井戸に水位差約80 cmの変動が生じた（図3）。ただし，この砂浜井戸水の塩分量はゼロであった。砂浜井戸の水位は海域の干潮から約3時間後に最低水位を示し，以後満潮にかけて急上昇した。海域の満潮から約1時間後には最高水位に達し，その後は緩やかに下降して次の最低水位になった。これは，砂浜井戸の水位は海域より数時間遅れて変化し，塩淡水境界面が深部で変動することを示唆している。

　砂浜地下水の湧出量フラックスについては，表1の下欄に示すように，米国カリフォルニア州Stinson Beachでの推算例がある。そこでは，サーフゾーン海域にボックスモデルを適用し，塩分保存式からボックス内の海水の平均滞留時間を1〜4時間と仮定し，砂浜地下水（淡水）の海岸線に沿った湧出量フラックスが，小潮時に0.02〜0.08（$m^3 km^{-1} s^{-1}$），大潮時に0.002〜0.008（$m^3 km^{-1} s^{-1}$）になると推算した。小潮時の淡水湧出が大潮時より大きいのは，海面と陸側の地下水面の高度差が小潮時に増大し大潮時に減少するためと考察した（de Sieyes et al., 2008）。

　陸水起源の砂浜地下水は砂浜の系外から流入するので，砂浜生態系における湧出量収支は正味プラスとなる。砂浜地下水が高濃度の栄養塩を溶解している場合は栄養塩の物質収支も正味プラスとなるので，物質循環上の重要な役割を担っている。

3.2.4 再循環水

再循環水は，砂浜内部の間隙水が砂浜と海水の間を循環するものである。潮汐性再循環水は，陸側からの淡水と海側からの海水が潮汐で混合するので汽水となる。波浪性再循環水は，前浜の遡上波帯 (swash zone) においては砂浜の間隙水と遡上波 (打ち上げ波；swash, uprush) や引き波 (backwash) が運搬する表層海水が循環するもの，外浜や沖浜においては海底の間隙水と底層の海水が波浪により循環するものである。この再循環水は砂浜海底と海域との相互の海水交換であり，水量的な収支はゼロとなる性質のものである。潮位の上下を繰り返しながら絶え間なく波が打ち寄せるので，潮汐と波浪は同時並行して再循環水を作り出す。と同時に，再循環水の水質は物質循環における生物化学的な物質生成・分解過程に大きく影響される。このため，後述するように，相対的に高濃度の栄養塩を溶解している陸水起源の淡水と混合して海域に流入する潮汐性再循環水は，サーフゾーン海域に対して正味プラスの物質運搬の役割を担う。波浪性再循環水は，砂浜内部の高濃度の粒状有機物，例えば打ち上げ海藻の分解物を砂浜から海域へ，逆に海域の植物プランクトンの分解物を海域から砂浜内部へと両方向に運搬する重要な役割を担っている。

上記した Stinson Beach (表 1) の潮汐性再循環は小潮時 0.15 ($m^3 km^{-1} s^{-1}$)，大潮時 0.25 ($m^3 km^{-1} s^{-1}$)，波浪性再循環は小潮時も大潮時も 0.12 ($m^3 km^{-1} s^{-1}$) と推算され，潮汐と波浪による再循環フラックスの合計は 0.27〜0.37 ($m^3 km^{-1} s^{-1}$) で，小潮時の砂浜地下水 (淡水) 湧出フラックス 0.02〜0.08 ($m^3 km^{-1} s^{-1}$) よりもかなり大きく，砂浜地下水と再循環水を合計した海底地下水湧出フラックスは 0.29〜0.38 ($m^3 km^{-1} s^{-1}$) と推算された (de Sieyes *et al.*, 2008)。また，同じ海岸線で塩分の代わりに陸水の高濃度ラジウムを指標とした湧出量フラックスは乾季に 0.10〜0.13 ($m^3 km^{-1} s^{-1}$)，雨季に 0.63〜0.72 ($m^3 km^{-1} s^{-1}$) と推算された (de Sieyes *et al.*, 2011)。

吹上浜の大潮時における潮汐性再循環フラックス (表 1) は，砂の空隙率 (porosity) を 42％として干潮と満潮の砂浜地下水面の横断面積 (図 1) から，0.25〜0.33 ($m^3 km^{-1} s^{-1}$) と推定された (早川，未発表)。このフラックスは Stinson Beach の大潮時とほぼ等しい。海岸線約 30 km の吹上浜全体に適用すると，潮汐性の再循環フラックスは約 7.5〜10.0 ($m^3 s^{-1}$) で，これは中小河川に匹敵する流量と推定された。

前浜における波浪性再循環は，遡上波帯での遡上波と引き波が砂浜に浸水，滞留，浸出して起こる (図 4)。このとき，砂浜地下水面の上層に残存する水が未飽和の間隙空間 (saturation gap) に浸入し，空気と入れ替わって砂表面に気泡が生じる。波が駆け上がる砂浜斜面と砂浜地下水面の間の楔形の断面を浸水楔 (filling wedge) とよび，波が打ち寄せるたびに浸水して一時的に貯水し，同時に浸出も生じる (Riedl, 1971)。浸水楔を通じた再循環を潮間帯ポンプ (intertidal pump) とよぶ (Riedl *et al.*, 1972)。米国ノースカロライナ

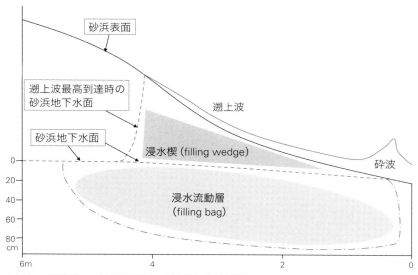

▲図4　砂浜海岸における再循環水の浸水楔と浸水流動層
Riedl and Machan（1972），Fig.14 を改変。

州 Onslow Bay にある開放性海岸における浸水楔の測定から，潮汐性再循環フラックスが 0.04〜0.07（$m^3 km^{-1} s^{-1}$），波浪性を含む再循環フラックスが 0.16〜0.62（$m^3 km^{-1} s^{-1}$），平均は 0.23（$m^3 km^{-1} s^{-1}$）で，波浪性再循環フラックスが潮汐性の 2 倍以上多いと推算した（表 1）。この平均値に世界の開放性海岸長の推定値 16×10^4（km）を乗じて，世界の潮間帯ポンプによる再循環フラックスを 1.17×10^3（$km^3 y^{-1}$）と推定した。また，同州 Bogue Sound にある閉鎖的海岸の再循環フラックス $0.17 \sim 0.56 \times 10^{-3}$（$m^3 km^{-1} s^{-1}$）と比べ，約 1,000 倍多いと報告されている（Riedl, 1971）。

　一方，外浜や沖浜の海底における波浪性再循環については，砂の透水係数，波浪周期や波高などのパラメーターを含む理論式を用いて，米国南東部フロリダ半島からハッテラス岬に至る海岸線 1,170 km と沖合 200 m 以浅の大陸棚全域 106.8×10^3（km^2）の再循環フラックスを，長さあたり 1.117（$km^3 km^{-1} y^{-1}$），面積あたり 12.2（$m y^{-1}$）の再循環速度と推定し，これを潮下帯ポンプ（subtidal pump）とよんだ。ただし，世界の大陸棚（$27.5 \times 10^6 km^2$）に適用する場合は，米国南東部海岸との砂質の違いを考慮した再循環速度の値 3.48（$m y^{-1}$）を適用して，潮下帯ポンプによる再循環フラックスを 95.7×10^3（$km^3 y^{-1}$）と推定した。この潮下帯ポンプと上述の潮間帯ポンプを合計した再循環フラックス 96.9×10^3（$km^3 y^{-1}$）＝約 97×10^{12}（トン y^{-1}）は，世界の淡水流入量 27×10^{12}（トン y^{-1}）より多く，底生生物に及ぼす影響は，陸上の河川・湖沼・湿地に生息する生物や地中生物に陸水が及ぼす影響より大きいと考えられている（Riedl et al., 1972）。

　上述した Onslow Bay の砂浜内部の間隙水の流速について，熱線微流速計

(hot thermistor anemometer）を用いて計測したところ，遡上波に伴い砂浜上層の浸水楔による水圧変化で砂浜下層に10～370（μm s^{-1}）程度の微流速が測定され，この層を浸水流動層（filling bag）とよんだ（Riedl and Machan, 1972；McLachlan and Brown, 2006）。間隙水の流動は砂浜斜面に沿った水平往復方向のみならず鉛直方向の成分もあることから遡上波に応じて脈動しており，浸水流動層は85 cmの深度に及んでいた（図4）。砂の粒径やメイオベントスの体長が約100～500 μm程度で砂の間隙が約10～100 μmであることを考慮すると，メイオベントスの体長くらいの距離を数秒以内で通過しながら酸素や餌を運搬するミクロな浸水流動層内の流れも，砂浜内部における物質の循環において重要である。

3.2.5 間隙水の表面張力

さて，未飽和の砂浜内部では，水の表面張力γ（20℃で約73 dyn cm^{-1}；1 dyn = g cm s^{-2} = 10^{-5} N）による毛細管現象が起き，地下水面より上部に吸収され砂粒間隙に上昇する。間隙水の圧力収支を原理的に考えるため，砂粒と接する間隙水を細い円柱管と想定すると（図5），間隙水圧は，大気圧（P_0）による下向き圧力から表面張力による上向き圧力（以下，表面張力）ΔP（Aγd^{-1}；Aは比例定数，dは間隙円柱の半径 cm）だけ減少するが，地下水面には間隙水が上昇した水柱の高さhに比例する水圧（以下，水柱の水圧）ρgh（ρは水の密度，gは重力加速度）が下向きに加わる。上記の圧力の和＝大気

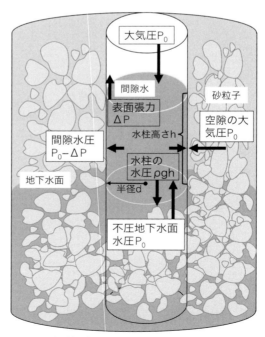

▲図5　毛細管現象による間隙水の上昇とその圧力収支

圧（P_0）−表面張力（ΔP）＋水柱の水圧（ρgh）＝不圧地下水面の水圧（P_0）となる．不圧地下水面の水圧（P_0）は空隙の大気圧（P_0）と同じであるが，間隙水内部の間隙水圧（$P_0-\Delta P$）は，表面張力（ΔP）のぶんだけ空隙の大気圧より低くなる．圧力は鉛直や水平のみならずあらゆる方向に均一に作用する性質がある（等方性）．このため，図5のように砂粒子は間隙水の側へと圧力が作用し，砂粒子どうしが結び付いて硬度が増加する．ここで，空隙の大気圧（P_0）と間隙水圧（$P_0-\Delta P$）の差（ΔP）をサクション（suction）とよぶ．大気圧P_0を基準ゼロにするとサクションのぶんだけ間隙水圧は負圧となる．サクションは表面張力に相当する圧力で，間隙水の上昇した高さと釣り合うようにバランスをとる．間隙水の高さhは間隙半径dに逆比例して上昇するが（$\Delta P = A\gamma d^{-1} = \rho gh$ より），dがいくら小さくなっても砂粒子に摩擦があるため，現実は無限に上昇しない．そこで，現実の間隙水ではサクションや間隙水の高さと関連する砂の飽和・未飽和も実測する必要がある．このように浸水楔においては，水の飽和と未飽和が遡上波に応じて変動するので，砂粒間隙の保水状態やサクション動態（suction dynamics）も変動する．

3.2.6 栄養塩類の運搬過程

　海底地下水の湧出により運搬される高濃度の栄養塩が沿岸生態系に及ぼす影響は，従来から指摘されてきた（Johannes, 1980）．例えば豪州Perth近郊のラグーン水域へ流入する砂浜地下水（淡水）は，海岸長80kmから年間の湧出量フラックス180×10^6（$m^3 y^{-1}$）と推定され，栄養塩濃度は，硝酸態窒素394（μM），珪酸塩225（μM），リン酸塩約2（μM）と測定された（表2）．周辺海域

▼表2　砂浜地下水と後背地および周辺海域の栄養塩濃度測定例
DIN＝①＋②＋③．

砂浜海岸	測定地点	塩分	珪酸塩 (μM)	リン酸塩 (μM)	溶存無機窒素DIN (μM)	① 硝酸態窒素 (μM)	② 亜硝酸態窒素 (μM)	③ アンモニア態窒素 (μM)	文献
Perth, 豪州	砂浜地下水	1.0〜37.0	225	約2	—	394	—	—	Johannes and Hearn, 1985
	周辺海域（冬季）	35.3	2.5	0.4	—	1.5	—	—	Pearce et al., 1985
Stinson Beach, 米国	後背地（井戸MW07）	0.97	447	9.2	530	1.4	1.9	530	de Sieyes et al., 2008
	砂浜地下水（井戸MW10 & 11）	11.86	230	16	210	160	7.6	40	
	周辺海域（サーフゾーン）	32.02	45	1.7	19	15	0.4	4.1	
吹上浜	後背地（陸上井戸）	0.22	198	0.2	301	300	0.1	0.9	早川ら, 2009
	後背地（河川）	0.15	287	0.8	70	66	0.3	3.7	
	砂浜地下水：定点1（砂浜井戸）	1.64	144	1.3	132	130	0.3	2.2	
	砂浜地下水：定点2（湧出帯）	19.38	133	0.9	15	13.5	0.3	1.3	
	周辺海域：定点3（サーフゾーン）	32.25	30	0.2	6.2	5.2	0.1	1.0	

の濃度と比べて硝酸態窒素と珪酸塩はともに約100〜200倍高く,リン酸塩はやや高い程度であった(Johannes and Hearn, 1985)。なお,湧出フラックスを換算すると5.7 $(m^3 s^{-1})$で,吹上浜の海岸長全体からの7.5〜10.0 $(m^3 s^{-1})$と同レベルである(表1)。線源フラックスは0.07 $(m^3 km^{-1} s^{-1})$で,前述の米国Stinson Beach(小潮)の0.02〜0.08 $(m^3 km^{-1} s^{-1})$と同レベルである。

表2には豪州Perthに加えて,米国Stinson Beachと吹上浜における後背地の井戸,砂浜地下水,周辺海域(サーフゾーン)の栄養塩データを比較のために示した(吹上浜の定点1〜3は図1)。栄養塩が後背地の陸水から,砂浜地下水,周辺海域へと運搬される過程において,いずれの地点でも砂浜地下水は低塩分で海水と淡水の混合水(汽水)であり,珪酸塩と溶存無機窒素は後背地が周辺海域より10〜50倍の高濃度で,砂浜地下水はその中間の濃度を示した。リン酸塩は後背地や砂浜地下水で周辺海域よりやや高濃度であるが差は少なかった。溶存無機窒素の組成は,後背地では下水浄化槽や農業肥料の影響を受けたアンモニア態窒素に若干は影響されるが,砂浜地下水では硝化作用によって硝酸態窒素が増加してその大半を占める。なお,窒素とリン酸塩は人間活動の影響が大きいが,珪酸塩は岩石中の珪酸塩鉱物の主成分であり,例えばカリ長石($KAlSi_3O_8$)は炭酸水などで風化されると,シルト・粘土の主成分となるカオリン($Al_2Si_2O_5(OH)_4$)と珪酸塩が生じるため,岩石・土壌を通過する陸水にはもともと珪酸塩が多量に含まれる。

図6に,吹上浜の後背地の陸水から砂浜地下水,周辺海域の各定点(図1)へ至るまでの硝酸態窒素と塩分の散布図(縦軸は対数)を示す(口絵12)。

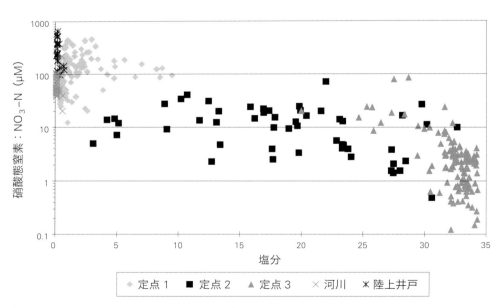

▲図6　砂浜海岸における塩分と硝酸態窒素の分布図
定点は図1。

後背地の陸上井戸は農耕地域にあり，窒素肥料の影響で硝酸態窒素が平均300（μM）の高濃度で存在する．砂浜海岸の後浜に位置する定点1は平均130（μM）で海水混合は少ないが，砂浜地下を通過後のラネルに接する湧出帯（図1）の定点2では平均13.5（μM）の濃度で海域に流入して，サーフゾーンの定点3で平均5.2（μM）である．定点2での広範囲の塩分は海水混合の進行を示している．硝酸態窒素と塩分の関係は，定点1から定点3までの海岸域全体において逆相関があり，相関係数は線形回帰の場合 $r=-0.65$，指数回帰の場合 $r=-0.88$ で，指数回帰の方が高い負の相関を示した．主として定点2の硝酸態窒素濃度が線形回帰の直線より低濃度側に分布し，指数回帰との相関が高かった（図6は指数回帰に対応する散布図である）．指数回帰式は，Δy を栄養塩濃度増分，Δx を塩分増分，k を比例定数として，$\Delta y/y = -k\Delta x$ に基づき（直線回帰式は $\Delta y = -k\Delta x$ に基づく），自らの濃度に対する相対的増分（$\Delta y/y$）が塩分増分（Δx）と負の相関を示す，または，栄養塩濃度増分（Δy）が塩分増分（Δx）と自らの濃度（y）の両方に関係している（$\Delta y = -k\Delta x\, y$）．砂浜地下水は，浸水楔や浸水流動層を脈動しながら海水と混合して栄養塩濃度が減少するが，指数回帰と相関が高いため，栄養塩濃度が高いと大きく減少し低いと小さく減少することを示唆する．このように自らの濃度に依存する増減は生物化学的過程では通常のものであり，砂浜内部における砂浜地下水の栄養塩濃度は物理的混合と生物化学的過程の影響を受けている（早川ら，2009）．

3.3 物質循環モデルの基礎概念

3.3.1 基本ユニット

　数量的な物質循環を取り扱う際に，物質を前述したような物質カテゴリーや生物カテゴリーに区分して同種類ごとにまとめると，砂浜生態系の複雑な物質循環を理解しやすい．そこで，生態系の構造をモデル化して，構造モデル（ecological structural model），または，関係性ダイヤグラム（relational diagram）とよばれる物質循環の概念図を示す．この生態系の構造モデルの基本ユニットは，図7に示す物質の現存量 A（単位：重量）と流出入フラックス（単位：重量／時間）である．図中の現存量とは一つの物質カテゴリー（または生物カテゴリー）を表している．現存量は時間とともに流入フラックス F_1 によって増加し，流出フラックス F_2 によって減少する．物質の現存量

▲図7　物質循環における現存量と流出入フラックス

A (x, y, z, t) は時空間で変化するが，空間全体の平均を取り扱う場合は時間変化だけ考慮すると，空間平均の現存量 A (t) について次式の生態系の物質循環における基本式（常微分方程式）が成り立つ．

$$\frac{dA(t)}{dt} = F_1(t) - F_2(t) \quad \cdots\cdots\cdots\cdots\cdots\cdots\cdots\cdots\cdots\cdots\cdots\cdots\cdots\cdots\cdots (1)$$

$$A(t) = A_0 + \int_0^t \{F_1(t) - F_2(t)\} \cdot dt \quad \cdots\cdots\cdots\cdots\cdots\cdots\cdots\cdots\cdots\cdots (2)$$

式 (1) は質量保存式ともよぶが，これを積分した式 (2) は，現存量の初期値 A_0 に流出入フラックス収支の増減分が加わって現在の現存量が算出されることを意味する．経済学で資産増減（貯金・不動産などのストック増減）が支出収入（消費・給料・配当などのフロー）の合計値となるのと同じである．生態学 (ecology) と経済学 (economics) は基本的な考え方が同じである．なお，流出入フラックス収支がゼロの場合を定常状態とよび，現存量は一定を保つ．定常状態とは，現存量を構成する物質が入れ替わりながら収支がゼロとなる動的平衡状態である．物質循環が定常状態のとき，このカテゴリー内部の物質が入れ替わるまでの時間を平均滞留時間 T（現存量／流入（流出）フラックス），その逆数 (1/T) を回転率とよび，物質循環の速さの指標となる．

3.3.2 生態系モデル

生態系は複数の物質カテゴリーや生物カテゴリーが関係するので，上記の基本ユニットが相互に関係した複雑な物質循環が成り立っている．図 8 は，砂浜生態系における物質循環の構造モデルの一例である．砂浜海岸では，波浪の影響が大きく，大気と海水の間の溶入・溶出フラックスも大きい．また，沿岸・沖合水域や陸水・都市排水，陸上動植物など外部生態系からのフラックスも大きく，養殖や定置網など水産業によるフラックスも無視できない．これらの系外フラックスに加えて，海水内部では DIM, DOM, PIM, POM などの物質カテゴリー間や生物カテゴリー間で相互に流出入フラックスが生じている．海水と砂泥の間では，海水や風波の水平的輸送による打ち上げなどの集積に加えて，鉛直的な沈降，再懸濁，溶入・溶出などのフラックスによって物質循環し，砂泥内部でも間隙水を通じて海水内部と基本的に同じ流出入フラックスが生じている．

これらの物質循環は時空間的に変動するので，物質運搬による海水中での空間分布を表現するために拡散方程式（偏微分方程式）を用いて次式のように現存量を推定できる（拡散方程式は前記の式 (1) に流動による移流や拡散の運搬効果を取り入れたものである）．この拡散方程式は，おのおのの物質カテゴリーや生物カテゴリーに対して，水平・鉛直方向の微小格子ごとに計算されるものであるが，表層と底層と複数の中間層に区分した実用的な 3 次元多層モデルを用いて計算されることが多い (Nakata and Kuramoto, 1992)．

3.3 物質循環モデルの基礎概念

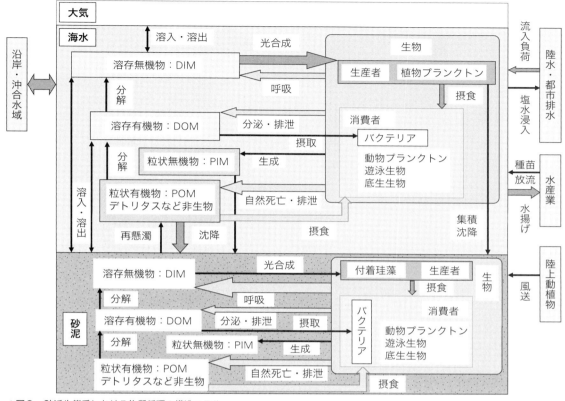

▲図8　砂浜生態系における物質循環の構造モデル
長方形は現存量，矢印はフラックスを示す．

$$\frac{\delta A}{\delta t}(x,y,z,t) = -u\frac{\delta A}{\delta x} - v\frac{\delta A}{\delta y} - w\frac{\delta A}{\delta z}$$
$$+ \frac{\delta}{\delta x}\left(K_x \cdot \frac{\delta A}{\delta x}\right) + \frac{\delta}{\delta y}\left(K_y \cdot \frac{\delta A}{\delta y}\right) + \frac{\delta}{\delta z}\left(K_z \cdot \frac{\delta A}{\delta z}\right)$$
$$+ 種々のフラックス合計 \qquad \cdots\cdots\cdots (3)$$

　物質 A の時間的増減には，種々のフラックス合計のほかに水平・鉛直方向の 3 次元の海水流動（u, v, w）と渦動拡散係数（K_x, K_y, K_z）および自らの濃度勾配（$\delta A/\delta x$, $\delta A/\delta y$, $\delta A/\delta z$）などの項を含むが，種々のフラックス合計項は式（1）を踏襲している．さらに，海水流動の既往データがない場合は，別途に運動方程式（緯度によるコリオリ力，塩分・水温による圧力傾度力，渦動粘性係数を含むナヴィエ・ストークスの式），塩分と水温の拡散方程式などから海水流動を計算する必要があるが，海洋物理学や流体力学の知識が必須となるので，ここでは詳細は省略する．
　なお，式（3）の第 1 行は流動による移流項，第 2 行は渦動による拡散項，第 3 行は物質循環における種々のフラックスの合計項である．これは，例え

ば溶存無機炭素（DIC）の場合（図8海水のDIMカテゴリー），大気・海水間のCO$_2$の溶入・溶出，溶存有機炭素（DOC）の分解や生物呼吸で生成した重炭酸イオン（HCO$_3^-$）の流入，植物プランクトンの光合成による流出，海水・砂泥間の重炭酸イオンの溶入・溶出のフラックスの合計となる。

海水と砂泥の両方を含む生態系モデルは，泥質間隙水の流動が無視できる泥質干潟において先駆的研究がなされている（安岡ら，2005）。しかし，砂浜生態系では，前述のように砂質内部の流動やサクション動態が無視できないので，間隙水での各種パラメーター推定を含めたさらなるモデル開発が必要であろう。

3.4 砂浜海岸における物質生成・分解過程

3.4.1 酸化分解

一般に砂泥質の化学環境は酸化還元条件と有機物の供給量に左右される。粒状有機物（POM）は，生物の死骸や排泄物の分解途上物であるデトリタスが主体で，物質循環に大きな影響を与える。粒状有機物の代表的な化学組成は$(CH_2O)_{106}(NH_3)_{16}H_3PO_4$とすることが多い。この化学組成式は海洋プランクトンやデトリタスの元素分析から導出したもので，この組成式から得られる炭素：窒素：リンの比＝106：16：1はレッドフィールド比（Redfield ratio）とよばれる。なお，珪藻類の必須栄養塩である珪素を含む粒状有機物の化学組成式として，$(CH_2O)_{18}(C_8H_{12}O_3N_2)_4(H_3PO_4)(SiO_2 \cdot H_3O)_4$が報告されている（眞鍋，1989）。この式の炭素：窒素：リン：珪素の比＝50：8：1：5はレッドフィールド比に近い。

開放的な砂浜海岸は，波浪に暴露されるため，海水と間隙水に溶存酸素が十分に存在する酸化条件下にある。このため，粒状有機物は好気性細菌によって次式のような酸化分解作用を受け，最終的に二酸化炭素，硝酸，リン酸と水が生成する（Richards et al., 1965）。生成物はイオン化して重炭酸イオン，硝酸イオン，リン酸イオンとして海水に溶存する。

$$(CH_2O)_{106}(NH_3)_{16}H_3PO_4 + 138\,O_2 \rightarrow$$
$$106\,CO_2 + 16\,HNO_3 + H_3PO_4 + 122\,H_2O \quad \cdots\cdots (4)$$

分解途中でアンモニアが生成しても，酸素が十分にあれば硝化細菌による硝化作用（nitrification）を受けて，以下のように亜硝酸イオンから最終的に硝酸イオンになる。

$$2\,NH_3 + 3\,O_2 \rightarrow 2\,NO_2^- + 2\,H^+ + 2\,H_2O,\ \text{および},\ 2\,NO_2^- + O_2 \rightarrow 2\,NO_3^-$$

もし，後述するように還元的条件で生成した硫化水素が一時的に砂浜に運搬されても，酸素が十分ならば硫黄酸化細菌によって以下のように硫黄や硫

酸イオンになる。

$2H_2S + O_2 \rightarrow 2S + 2H_2O$，および，$2S + 2H_2O + 3O_2 \rightarrow 4H^+ + 2SO_4^{2-}$

　このように酸化条件下の砂浜海岸では，酸化分解作用と硝化作用が優占的であるので，供給された有機物中の窒素やリンは分解後に栄養塩として再利用される。

　いま海水1トン（約1,000 L）にデトリタス1gが存在するPOM濃度1 ppmの場合を想定すると（この濃度は海域の通常値である），式(4)は，1モルのデトリタスが138モルのO_2を消費して酸化され，16モルの硝酸イオンと1モルのリン酸イオンを生成することを意味する。デトリタスの分子量3,550を考慮すると，O_2が38.9×10^{-3}モル＝1.2 g消費され，硝酸イオンが4.5×10^{-3}モル，リン酸イオンを0.28×10^{-3}モル生成する。海水1トン中の濃度に換算すると，デトリタス濃度1 ppmが完全に酸化分解されると溶存酸素が1.2 ppm減少し，硝酸イオンが4.5 μM，リン酸イオンが0.28 μM増加することになる。海水中の溶存酸素飽和量は約8〜10 ppmであり，酸素供給がないとデトリタスの酸化分解によって容易に低酸素や無酸素が生じる。また，生成した栄養塩は周辺海域の通常の濃度と同レベルである（表2の周辺海域）。このように有機物の酸化分解は，海水および間隙水の水質環境にきわめて大きな影響を及ぼす。

3.4.2　還元分解

　砂浜と対照的に泥質干潟では酸素供給が十分でなく，表層数mm以深では有機物の酸化分解で速やかに無酸素化する。この還元条件下では嫌気性の硫酸還元菌によって，次式のように酸素の代わりに硫酸イオン（硫酸塩）を消費して有機物の還元分解が生じ，最終的には二酸化炭素，アンモニア，リン酸，硫化物イオンが生成する（Richards et al., 1965）。

$$(CH_2O)_{106}(NH_3)_{16}H_3PO_4 + 53SO_4^{2-} \rightarrow$$
$$106CO_2 + 16NH_3 + H_3PO_4 + 53S^{2-} + 106H_2O \quad\quad\quad (5)$$

　アンモニア（NH_3）は水と化合したアンモニウムイオン（NH_4^+）と平衡状態にある。海中では大部分がアンモニウムイオンとして存在するので生物毒性は小さいが，水温上昇とpH上昇（アルカリ性）につれて毒性の大きな遊離アンモニアが増加する。アンモニウムイオンが高濃度に存在するようになると平衡状態が遊離アンモニアが増える方向へ移るので有害となる。なお式(5)の硫化物イオン（S^{2-}）は，生物毒性が大きい遊離の硫化水素（H_2S）や硫化水素イオン（HS^-）と平衡状態にある。硫化物イオンが砂泥の重金属類と化合して固体の硫化物として沈積し間隙水から除去される場合は生物毒性が小さくなる。例えば砂泥間隙水中の鉄と化合して黒色の硫化鉄（FeS）が生じると，砂泥も黒色に変じる。ただし，硫化物として沈積除去されずに硫化物イオン

が増加すると，硫化水素イオンや遊離の硫化水素が増え，砂泥間隙水は硫化水素臭を発し生物毒性も大きくなる。

3.4.3 脱窒素過程

砂泥表層付近の還元条件下では，通性嫌気性（酸素があれば好気的呼吸で，酸素がないと解糖系と発酵でエネルギーを得る）の脱窒素細菌が溶存酸素の代わりに硝酸イオンを消費して有機物を分解する。硝酸イオンは亜酸化窒素（N_2O）を経て窒素ガス（N_2）まで式 (6) のように還元される。これを脱窒素作用（denitrification）とよぶ。

粒状有機物 + NO_3^- → (N_2O) → 脱窒素細菌 + N_2 + CO_2 + H_2O .... (6)

この分解過程で得られたエネルギーは，細菌体内のエネルギーや増殖に利用される。亜硝酸イオンも硝酸イオンと同様に利用され，アンモニウムイオンも表面付近の酸化条件下で生じる硝化作用を経て利用される。結局は砂泥中の窒素化合物は間隙水中の溶存窒素ガスとなり，海水中に運ばれ空中へと除去される。このように，表層付近の酸化層から還元層に至る砂泥層は窒素の物質循環において重要な役割を演じている。

砂泥の還元層では生物に有毒な化学環境が優占するが，供給された有機物は，砂泥表面の酸化層から表面下の還元層にかけて生化学的な過程を通じてさまざまな無機イオンに分解された後，再び海水中に供給される。窒素化合物は脱窒素作用によって窒素ガスとして除去される。

3.4.4 砂泥質の化学環境

酸化条件下の砂浜と還元条件下の泥質干潟では，海底表面直上から砂泥内部にわたる環境要因の鉛直分布に特徴的な差がある。砂と泥は粒径の差が数十〜数百倍あり，体積（粒径の3乗）あたりの表面積（粒径の2乗）の比は泥が大きい（粒径に反比例する）。両者の比重（2〜3程度）は差が小さく，重量あたりの表面積も泥が大きい。POCなどの有機物は砂泥粒子表面に吸着することが多いので，泥の有機物含有量も砂と比べて大きい。このことが化学環境にも深く関連する。図9は溶存酸素，酸化還元電位，硫化水素・硫酸塩，図10は溶存無機窒素と塩分の鉛直分布の概念図である。溶存酸素，酸化還元電位，無機態窒素，硫化水素・硫酸塩は総説（McLachlan and Brown, 2006；左山・栗原，1988；左山，2014），塩分は後述する実測例の文献を参考にした。ただし，海底付近で貧酸素層が発達すれば底泥はほとんど無酸素となるように，底泥中の環境要因の絶対値は海底付近の水質にも影響されるので，図は相対的な鉛直分布を示している。

図9に示すように，溶存酸素は海水中だけでなく，砂浜表層の間隙水中でも飽和量に近い。一方，泥質干潟では海底表面直上の海水中で低酸素状態であるが，さらに底泥表面上 0.5 mm 内の拡散境界層（海底との摩擦で底層流

3.4 砂浜海岸における物質生成・分解過程

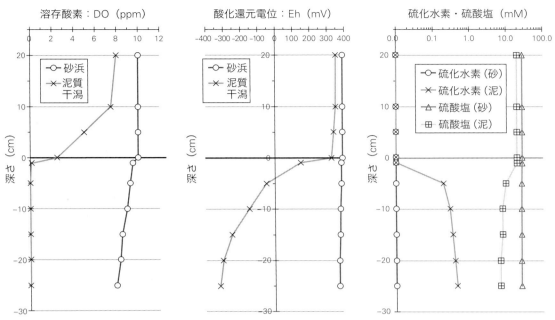

▲図9 砂浜と泥質干潟における環境要因（溶存酸素，酸化還元電位，硫化水素・硫酸塩）の鉛直分布
砂：砂浜，泥：泥質干潟。参考資料（本文参照）に基づく想定図。

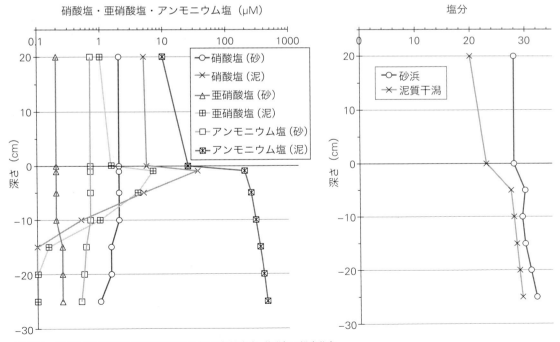

▲図10 砂浜と泥質干潟における環境要因（溶存無機窒素，塩分）の鉛直分布
砂：砂浜，泥：泥質干潟。参考資料（本文参照）に基づく想定図。

速がほとんどゼロとなる層；diffusive boundary layer）で急減し，底泥表面下数 mm 〜 10 mm 以内では無酸素となる。この詳細な鉛直分布は，微小電極針を用いた酸素測定によって可能となった（Sørensen et al., 1979；Revsbech et al., 1980；Jørgensen and Revsbech, 1985）。

酸化還元電位（redox potential）は，砂浜において海水中からプラス数百 mV を示し，一貫して酸化層であることがわかる。泥質干潟では海水中が酸化的でも底泥の表面直下でプラス数百 mV からマイナス数百 mV の還元層へと急激に低下する。この急変する層を酸化還元電位の不連続層（RPD：redox potential discontinuity）とよぶ。酸化還元電位は，別称 ORP（oxidation-reduction potential）ともよばれ，酸化型イオンと還元型イオンの比に比例する。波浪が強く礫質や砂質の場合は海底表面から深さ数十 cm 以上まで酸化層となるが，波浪が弱く泥質の場合は海底表面から数 mm の間に不連続層が形成され，それ以深では還元層が発達する。

硫化水素は，砂浜も泥質干潟も酸素があれば測定不能なほどの微量でしか存在しない。しかし，無酸素になる干潟の底泥表面下では，式（5）が示すように海水に多量に溶存する硫酸塩（硫酸イオン）を消費して有機物の還元分解によって硫化水素が多量に生じる。硫化水素の生成に応じて硫酸塩は減少する。このように，砂浜と泥質干潟において砂泥内部の溶存酸素，酸化還元電位，硫化水素・硫酸塩の鉛直分布はきわめて対照的である。

とくに，硫化水素については，硫黄の物質循環（Jørgensen, 1977），海底表面下層数 mm 厚の付着珪藻や硫黄細菌マット（Jørgensen et al., 1983）などの詳細な研究がある。日本での硫化水素の層別測定例は少ないが，近年は間隙水の抽出法を改良して有明海干潟でも実測されている（菅原ら，2010；荒巻・大隈，2013）。また，底泥環境と底生生物の鉛直分布の関係について，北米の内湾や北欧の泥質干潟での先駆的研究がある（Fenchel, 1969；Fenchel and Riedl, 1970）。

溶存無機窒素は，図 10 に示すように，砂浜では海水中から砂浜の内部まで鉛直的な変化は少ない。泥質干潟では海底表面直上の底層において高濃度で存在する傾向があり，海底表面直下の低酸素層では酸化分解で硝酸塩や亜硝酸塩が増加し，それに続く低酸素から無酸素層では脱窒素作用によって窒素ガスが生成し硝酸塩を消費する。その直下の無酸素層では還元分解によって高濃度アンモニウム塩が生成する（de Beer et al., 1991）。

塩分（図 10）は，砂浜と泥質干潟における平均的な鉛直分布図を示す。これは実測（Reid, 1930, 1932；Smith, 1955）に基づいて概念化したものである。海水中は汽水，砂泥内部は高塩分海水の浸入による影響があり，下層ほどやや高塩分となる。砂泥内部が一時的に汽水に覆われる場合は，海水中と砂泥内部の塩分差は大きくなるが，砂泥内部の塩分変化は緩和され，とくに泥質干潟での泥質内の変化は少ない。砂浜では沖合からの高塩分水の浸水や砂浜表面からの蒸発の影響で，砂質内部間隙水においてむしろ高塩分水が低塩分水の上部に分布することが観測されている（Johnson, 1967）。

3.5 溶存物質と粒状物質の物質循環

3.5.1 粒状物質の生成

　砂浜海岸における栄養塩供給は，河川の表面流出と砂浜地下水の地下流出によっている。栄養塩などの溶存無機物は，砂浜表面では付着珪藻類（図11），砂浜地下ではバクテリアなどによって消費され，粒状有機物が生産される。砂浜内部では，上述のように生産された有機物のほかに，荒天後の多量の打ち上げ海藻や漂着動物の死骸など系外から流入した有機物が迅速に酸化分解され，栄養塩として再循環する。この再循環する栄養塩と陸水起源の栄養塩を含んだ湧出水（図1および図6の定点2）は，サーフゾーン海域の植物プランクトンの一次生産に貢献する。すなわち栄養塩は，砂浜表面，砂浜内部，サーフゾーン海域で利用され，粒状有機物が生成される。

　砂浜海岸のサーフゾーン海域で生産された粒状有機物とともに，海泡も波浪や風によって汀線に輸送されて集積し，砂泥間隙でろ過されて滞留する（口絵9，図12）。顕微鏡写真（図13）が示すように，海泡には球形や不定形のデトリタスが観察されるが，このように海泡は動植物プランクトンの分泌物や排泄物と無機物微細粒子を含む。このため，海泡は生物由来の溶存有機物の界面活性作用によって生成されると考えられる。なお，海泡が発達して冬期の日本海側の海岸に泡沫塊として打ち寄せる現象を「波の花」とよび，生成要因や物理的性質などについての先駆的報告がある（阿部，1975，1979）。また，豪州や南アフリカなどの海岸に打ち寄せる大規模な現象は，コーヒーのカプチーノの泡に見立ててカプチーノ・コースト（Cappuccino coast）現象

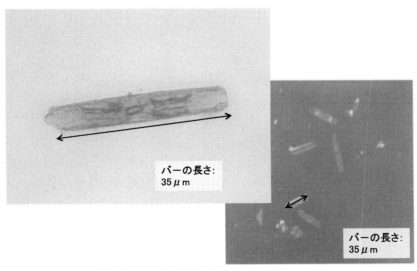

▲図11　砂浜海岸の前浜表面における付着珪藻類

▶図12　砂浜海岸に打ち寄せる海泡
吹上浜干潮時。

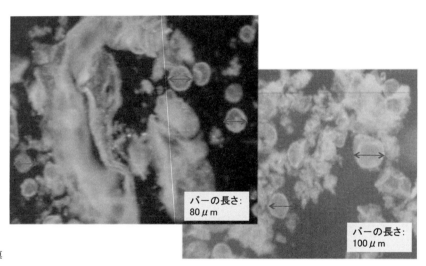

▶図13　海泡の顕微鏡写真

とよばれている。

　吹上浜の測定例では（早川ら，2009），定点2の湧出水と定点3の海水中の粒状物（PM）濃度はおのおの11 ppm, 16 ppm, 全炭素（PC）濃度は0.33 ppm, 0.50 ppm, 全窒素（PN）濃度は0.05 ppm, 0.07 ppmでいずれも海域で多く，砂浜より相対的に高い海域の一次生産を反映している。また，定点2と定点3の砂泥間隙でろ過された残渣粒状物の指標として，再懸濁物（RSS：re-suspended solids）（砂サンプルをろ過海水中で人工的に再懸濁した上澄み海水中の粒状物）の重量を測定すると，乾燥砂サンプルあたりのPC濃度はおのおの，

34 ppm, 42 ppm, PN 濃度は, 4.7 ppm, 6.3 ppm となった. 海水 1 L と乾燥砂 1 kg が含有する全炭素と全窒素を比較すると, いずれも砂の方が約 100 倍多い. 全炭素には貝殻粉末などの粒状無機炭素が含まれているので粒状有機炭素としてはこれを差し引く必要があるが, 全窒素は粒状有機物を反映していると考えられる.

また, 定点 2 と定点 3 の海水中の粒状物における全炭素含有率 (PC／PM) は, 5.5％, 4.6％, 全窒素含有率 (PN／PM) は, 0.8％, 0.7％ であった. 一方, 乾燥砂サンプル中の再懸濁物の炭素含有率 (PC／RSS) は, 2.3％, 2.3％, 全窒素含有率 (PN／RSS) は, 0.3％, 0.4％ で, 海水中の粒状物の含有率よりやや低く, 有機物の酸化分解や生物摂取による減少を示唆した. ただし, 海泡サンプルの炭素含有率は, 7.6％, 全窒素含有率は, 1.1％ となり, 海泡を含まない海水中の粒状物よりも高く, 生物餌料としての可能性を示唆した.

3.5.2　砂浜海岸の物質循環

図 14 は, 吹上浜の例に基づいた砂浜海岸の物質循環模式図である (口絵 13). 砂浜生態系への栄養塩は, 河川の表面流出と陸水起源の地下流出に加えて, 砂浜内部で分解された有機物起源の再循環栄養塩を含む砂浜地下水によって運搬され, 湧出水として海域へ供給される. 供給された栄養塩は, 汀線近くの砂浜表面やサーフゾーンおよび沿岸海域では付着珪藻類や植物プランクトンに利用され粒状有機物が生産される. これらの有機物はデトリタス, 打ち上げ動植物死骸, 海泡として砂浜に輸送され集積する. 砂浜は波浪によって絶えず溶存酸素が供給される. 潮汐や遡上波によって砂浜内部の間隙水は脈動し, 海水と絶えず再循環して有機物をろ過する. 砂浜内部で

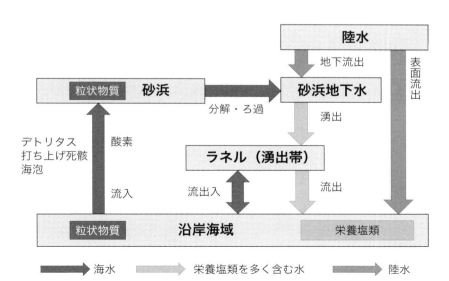

▲図14　砂浜海岸での栄養塩供給フラックスと粒状物質の生成・集積・分解

は豊富な溶存酸素を消費してバクテリアや底生生物の作用によって，有機物が迅速に酸化分解される。分解産物の溶存無機物や溶存有機物は砂浜地下水を通じてラネルから海域へと流出して，再利用される。このように砂浜から海域へ，海域から砂浜へと物質循環が生じている。

3.6 おわりに

3.6.1 砂浜海岸の特徴

　泥質干潟は，有機物の貯蔵庫 (sink)，無機物の供給源 (source) の役割があるとされる。式 (1) が示すように，流入フラックス＞流出フラックスならば，現存量が増加し貯蔵庫となり，逆ならば供給源となる。泥質干潟は有機物の流入が多い一方で無機物の流出も多い。しかし，有明海における海域と底泥を総合した全体の生態系モデル計算では，無機窒素は流入＞流出，有機窒素は流入＜流出となった。これは，底泥から溶出した無機窒素が海域での一次生産に利用された結果として生産された有機窒素の流出が増加したため，有機窒素に関して有明海は供給源つまり一次生産の場と示唆された（安岡ら，2005）。この全体の計算では，海域での有機窒素は流入＜流出だが，底泥域では有機窒素は流入＞流出である。要するに，干潟の底泥部にだけ着目すれば，有明海の干潟はやはり有機物の貯蔵庫であり，有機物分解や脱窒素作用が大きければ無機物の供給源となる。

　では，砂浜はどうであろうか。南アフリカ，ポートエリザベス近郊の砂浜での1年間にわたる研究から，砂浜内部の砂浜地下水，バクテリア，メイオベントスの全窒素現存量の収支がマイナスとなることから，全窒素に関しては流入＜流出であり，多量の打ち上げ海藻による流入よりも分解流出が大きいことが考えられ，この例から砂浜は全窒素の貯蔵庫ではなく供給源であると示唆された (McLachlan and McGwynne, 1986)。なお，南アフリカの砂浜では脱窒素作用の生態系における影響は小さいと考えられた。

　これらの研究例からは一見干潟と砂浜では，貯蔵庫と供給源と機能が対照的であるように考えられるが，いずれの場所でも流出入収支の差は小さいと報告されている。砂浜も干潟も，一次生産に由来する有機物の貯蔵と分解による無機物の流出は同時に進行する。ある期間でこれらの機能が入れ替わることはないので，砂浜と干潟は貯蔵と供給の機能に差があるというのではなく，現存量と流出入フラックスの数量的な差と平均滞留時間（現存量／流入（流出）フラックス）の差によるものである。干潟は海域から鉛直的に沈降してきた有機物の還元分解を特徴とし，フラックスに対する現存量の比が大きく滞留時間が長い（数年以上）。砂浜は海域から水平的に集積してきた有機物の酸化分解を特徴とし，フラックスに対する現存量の比が小さく滞留時間が短い（数日〜数週間）。干潟と砂浜の有機物分解過程を，もし埋設型と焼却型

がある廃棄物処理場に例えるならば，干潟は埋設型，砂浜は焼却型といえるであろう。砂浜海岸では，物質は砂浜地下水，潮汐，風浪，沿岸流に駆動され，バクテリアや底生生物に分解されて循環が迅速に進行する。早朝に砂浜を散歩すると体感できるが，昨日の砂浜とは異なりひと晩で一新していることに気づくであろう。

3.6.2 今後の課題

内湾の泥質干潟には生物の餌となる有機物が貯蔵されているが，低酸素や硫化水素・アンモニアなど有害な要因もある。棲管や巣穴によって環境に適応した生物（多毛類，大型貝類など）の生息に適している。一方，砂浜は酸素は豊富であるが，餌となる有機物があっという間に分解され，砂質内部は絶えず波浪による攪乱や遡上波による脈動にさらされている。砂質間隙の摩擦に適応し迅速に餌を摂取できる生物（アミ類，小型二枚貝類など）の生息に適している。生物と生息環境の研究のために，砂浜内部における熱線微流速計による流動測定や微小電極針による溶存酸素，硫化水素，無機態窒素，塩分などの詳細な層別測定が必要である。砂浜表層での光合成細菌の一次生産や深層での脱窒素作用の測定も必要であろう。

砂浜海岸は何事も開放的なため，大気，外洋，砂浜地下水，陸上動植物，人間活動など系外からの影響を受けやすい。一方，波浪を人工的に緩和すれば，内海水域で減少しつづけているクルマエビやアサリの養殖場の代替地として有力視されるであろう。総合的な砂浜生態系の研究にシミュレーション研究が必要であるが，その前提となる基本的知見の充実が求められている。

〈早川康博〉

BOX ❸ 砂浜海岸の地下水

　森は海の恋人といわれるように，沿岸域の生物生産にとって，森・川・海の連繋が重要であり，陸域から海域への栄養塩供給機構として河川の評価が多くなされている．しかし，陸域から海域への淡水流入は，河川だけではなく地下水も存在し，近年，この地下水が評価されつつある．

　沿岸域における地下水流出は，海底地下水湧出（SGD：submarine groundwater discharge）とよばれ，被圧帯水層（不透水層に挟まれた帯水層）や不圧帯水層（自由地下水面を有した帯水層）（第3章参照）を通じて海域に流出している（Johannes, 1980）．日本では，富山湾の海底湧水が有名であり，海底湧水が，富山湾に流入する主要河川からの量の約1.4倍の栄養塩（窒素）を供給しているという報告もある（中口ら，2005）．

　海底湧水のように，比較的沖合から流出する地下水（被圧地下水）に加えて，海岸の汀線付近からも地下水（不圧地下水）が流出している．筆者は，この海岸線付近からの地下水の流出が沿岸域生態系に及ぼす影響を調べるために，鹿児島県内の2つの砂浜海岸で調査を行った．

　薩摩半島の西岸に位置する吹上浜は，総延長が40 kmにも及ぶ日本でも有数の長大な砂浜海岸である．同海岸では，下げ潮時から上げ潮時にかけて，満潮時に滞留した海水と背後地砂丘内を通じた地下水が混合した砂浜地下水が滲出している（口絵6）．砂浜地下水は高濃度の栄養塩類を含むため，サーフゾーン内における一次生産に寄与していると考えられている（早川ら，2009）．また，滲出面の砂表面には付着珪藻が確認できるが（口絵8），砂浜地下水による栄養塩類との関連性はまだ明確にされていない．吹上浜一帯に流出する地下水量は，概算値として，年間約 $4.0 \times 10^8 \mathrm{m}^3$（$= 12.7 \mathrm{m}^3\mathrm{s}^{-1}$）と推定されている（加茂ら，2013a）．この推定量は，吹上浜に流入する最大河川の万之瀬川（流域面積 $372.3 \mathrm{km}^2$）の年平均流量 $13.3 \mathrm{m}^3\mathrm{s}^{-1}$（鹿児島県の河川台帳をもとに算定した1991～2011年の年平均値）に匹敵する量である．吹上浜の位置する南薩地域における地理的条件（降水量の多さやシラスで代表される火砕流台地など）によって，海岸へ流出する地下水量が多く存在することが推察される．

　一方，同じく薩摩半島の南岸に位置する松ヶ浦は，岩礁地帯の間に挟まれた，いわゆるポケットビーチとよばれる長さ100 m程度の小さな砂浜である．松ヶ浦の潮間帯からは，地下水が滲出しており，場所によっては明らかに多量の地下水湧出が目視で確認でき，渇水期の調査で，口径12.5 cmの塩ビパイプ管内から $12.6 \mathrm{m}^3\mathrm{day}^{-1}$ の湧出量が推定された（加茂ら，2013b）．また，松ヶ浦からの湧出地下水の硝酸態窒素は $300 \mu\mathrm{M}$ と高濃度であり（加茂ら，2013b），背後地一帯に広がる茶畑への施肥の影響を受けた地下水が流出している可能性が示唆された．

このように，地域によっては相当量の地下水が沿岸域に流出している可能性があり，栄養塩濃度が高濃度の場合は，栄養塩供給機構として河川に加えて，地下水も無視できない存在である。

(加茂崇)

第4章
砂浜海岸のマクロファウナ

4.1 はじめに

　筆者が砂浜海岸汀線域における生物調査を始めた経緯は，1997年1月にロシア船籍のタンカーが日本海で沈没し，周辺の沿岸を大量の重油で汚染したいわゆる「ナホトカ号重油流出事故」との関わりであった。当時新潟県にある水産庁日本海区水産研究所（現国立研究開発法人水産研究・教育機構日本海区水産研究所）に在籍していた筆者は，沿岸に漂着した重油が生物や環境に与える影響についての緊急調査のうち，主に砂浜海岸汀線域を担当することとなった。重油流出事故発生直後のある北陸地方の砂浜海岸では，延々と続く砂浜海岸線が汀線を境として積雪の白と漂着した重油の黒に二分された異様な光景が広がっており，強烈な印象となって現在でも記憶に残っている。

　さて，実際に砂浜海岸汀線域の調査を始めてみると，同じような砂浜であっても，おびただしい個体数の生物が出現する砂浜やほとんど生物が採集されない砂浜など，じつにさまざまな特徴があることがわかってきた。また，生息する小型底生生物（マクロファウナ）についてアミ類・ヨコエビ類を中心とするフクロエビ類が優占していたり，明瞭な帯状分布を示したりしているなど，これまでの砕波帯以深の沖合浅海域の堆積物底における知見と共通の傾向が認められた。そのため，潜砂や管棲など底質への依存が高い生活様式をもつ小型の底生生物の分布調査には，底質を構成する堆積物，とりわけ砂質堆積物の粒径や粒度分布などの堆積型と関連づけられて解析してきた手法（Sanders, 1958；Gray, 1974；Rhoads, 1974；Biernbaum, 1979；東ら，1985）が応用できると予想していた。さらに，沖合浅海域で底生生物と底質の同時採集・調査において観察される，底質の粒度分布や堆積型による近縁種の棲み分けについても，種ごとの潜砂および棲管作成能力の範囲とその差異によって説明できることが同時期に明らかとなったこともあって（Kajihara, 1999），砂浜海岸汀線域においても迅速な解析が進むと思われた。ところが，砂浜海岸汀線域では，生物が明確な帯状分布を示しながらも，底質の粒度や海岸勾配などの要素とは明瞭な相関を示さない場合が認められたために，好適生息環境とその要因が不明であると結論づけざるを得なかった（奥村ら，2001）。

結局，帯状分布をもっぱら帯域の定義と生物相の符合に終始し，分布の規定要因を明らかにできなかった Brown and McLachlan (1990) の結果を一歩も進めることができなかったのである。

次節からは，上述のようなこれまでの底質－分布の一般則が適用できないことが明らかとなった砂浜海岸汀線域において，底質環境と生物との新たな関係を追求してきた事例を紹介する。

4.2　新たな発想に基づく底質環境要因

　砂浜海岸汀線域における生物調査をしていた際に，ある不思議なことに気づかされた。砂浜海岸汀線域では，ヨコエビ類の一種ナミノリソコエビ (*Haustorioides japonicus*) が数万個体 m^{-2} の高密度で出現することも珍しくなく（奥村ら，2001；佐々ら，2010a），明瞭な帯状分布を示すことから，底質の粒度や海岸勾配などの要素とは異なった好適生息環境要因の存在が強く疑われていた。ところが，採集されたナミノリソコエビがまさにその高密度分布域の底質表面（底表）に落下した際，潜砂することがままならずもがいているのである。そして次の瞬間，波がナミノリソコエビに届くやいなや迅速に潜砂してみせたのだ。ナミノリソコエビは一般に汀線域の摂餌行動において，遡上波と引き波で底表での潜砂状態を変えるなど波の動きに反応し積極的に利用した生活を行っていることが知られている（上平，1992）。このような生活型をもつ生物が一時的とはいえ，自らの高密度分布域における潜砂が手に余るなどという事象は，大きな違和感を持たざるを得ない。しかし，実際に砂浜の同じ場所が冠水した際と引き波時では，指で触れただけでわかるほどに砂の硬さが異なることは，海水浴や砂浜で遊んだ経験のある人なら誰でも理解できることだろう。つまり，同じ場所でありながら潜砂の可否に大きく影響するであろう砂の硬さが激しく変動することが予想できる。それを踏まえて上述の上平（1992）の記述を読み替えれば「波に反応し積極的に利用した生活を潮間帯で行っている」というよりも，「波に反応・対応することで潜砂が不可である硬さの部分に取り残されることを避けている」という理解になるのではないか。

　このような思考を経て，筆者が砂浜海岸汀線域においてまず取り組むこととなったのは，底質の硬度（硬さ）とナミノリソコエビの潜砂の可否との関係を解明することである。これについては後で詳述するが，その前にこれまで底生生物の生息環境として大きく取り上げられることが少なかった「底質の硬度」について，基本的な知見に触れておく必要があるだろう。

4.3 底質の硬度とは

　底質の硬度が底生生物の生息環境として関連づけられ始めたのは，おおよそこの20年程度と比較的最近のことであり，とくに近年10年程度で急速に知見が増加し，多くの成果を上げている（阿久津ら，1995；岩尾，1996；上月ら，2000；梶原，2001；奥宮ら，2001；上田ら，2003；佐々・渡部，2006；佐々・渡部，2007；水産庁・マリノフォーラム 21，2007；梶・高田，2008；佐々ら，2008；Sassa and Watabe, 2008；中山ら，2009；佐々ら，2009 a, b；Sassa and Watabe, 2009；梶原ら，2010；佐々ら，2010 b；梁ら，2011；Sassa et al., 2011；梶原・高田，2013；Sassa et al., 2014）。

　筆者が最初に底質の硬度を測定したのは，水深100 m付近の陸棚域，しかも泥底であった。泥底は粒径がひじょうに細かいため，Kajihara（1999）が示した，底質の粒径と生物の潜砂および棲管作成能力の関係が適用できないにもかかわらず，小型底生生物の密度が泥底内でも大きく異なることが経験的に知られていた（林，1984；梶原・藤井，2001）。つまり，従来の粒度分析などによる解析が不可能という点で，砂浜海岸汀線域とは共通していることになる。泥底における採泥調査を経験すれば思い当たるところがあると思うが，ひとくちに泥といっても含水量の多寡，ふるいの抜けやすさなど種々の状態のものが存在する。これらを生息する生物の目線で「硬さ」という総合的な指標として比較することにより，主に潜砂・管棲性の小型底生生物の好適生息環境の解明につなげようと試みたのである。本論とは外れるので詳細は割愛するが，陸棚域の泥底において，底質の硬度測定が一定の成果をあげたことから（梶原，2001；梶原ら，2010），これを砂浜海岸汀線域における解析にも応用することとなったのである。

　ところで，底質の硬度を測定するにはいくつかの注意点がある。そもそも底質の硬度とは何を測定してそうよんでいるのか理解する必要があり，状況に応じて使い分けや併用する必要もある。底質の硬度の測定はまず，垂直的な測定と水平的な測定に大別され，前者はさらに，底表から一定の深さに貫入させる場合に必要となる力を測定するものと，一定の重量のものの貫入量を測定するものに分けられる。後者は主にベーンせん断試験とよばれる，一定の径・深度の羽根を底表に刺し，水平方向に底質がねじ切れた値を指標とする測定法となっている。底表を繊細に調べるには水平的な測定が適しているし，底質をある程度の土塊として解析する必要がある場合には垂直的な測定も必須である。いずれの測定法においても，測定の際には慎重に時間をかけて，できる限り余分な力をかけないことが肝要である。力んだり急いで測定したりすると確実に硬度を過大に測定する。可能であれば水槽やコンテナに湿った砂などを敷き詰め，測定の練習を重ねることが望ましい。垂直的・水平的な測定のいずれについても，硬度を過小に測定することは原理的に考

えられないので，できるだけ低い測定値で安定するまで測定の練習を重ねるとよい結果が得られるだろう。また，底質硬度の測定機器に関する詳細や，全体的な研究の推移については梶原（2013）の総説も参照いただきたい。

4.4 底質硬度と飽和水位（地下水位）

4.2で取り上げたナミノリソコエビのエピソードは，後述するナミノリソコエビと底質硬度との関係を調べる実験を設定するにあたって大きな役割を果たすことになるのだが，そもそも砂浜海岸汀線域における底質の硬度は波の引き方とどのような関係にあるのかを知っておくべきであろう。ここでは，主に梶原・高田（2013）の結果を引用して理解を深めたいと思う。

砂浜を走った経験のある人なら誰しも思い当たる事象の一つに，砂浜の部分によって走りやすさがずいぶんと違うということがあげられる。あまり岸寄りの砂が乾燥したエリアでは足が沈んで走りにくいが，常時冠水しているエリアでもやはり足が沈んで走りにくい。その中間部である，砂は湿っているが冠水はしていないエリアでは足が沈まず最も走りやすい。つまり，先述のナミノリソコエビが潜砂できずにもがいたエリアである。この現象を端的に考えると，砂浜は，海水で満たされていても乾燥に近い状態でも柔らかいが，その間では固い，ということになる。もう少し細かく考えてみよう。水面が砂面と同等かそれ以上である状態，つまり，砂粒子間の隙間がすべて海

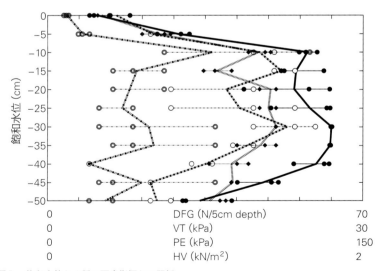

▲図1　飽和水位と4種の硬度指標との関係
DFG：デジタルフォースゲージ（●），VT：ベーンテスター（○），PE：汚泥用硬度計（◎），HV：ハンドベーン（◆）。梶原・高田（2013）。

水で満たされている状態（これを飽和状態とよぶ）から波が引いて砂粒子間の隙間からどんどん海水が抜けていき（これを不飽和状態とよぶ），砂も硬くなっていくが，やがて乾燥に近い状態になるに従って再び砂が柔らかくなっている，ということである．

　梶原・高田（2013）では，新潟県の四ツ郷屋浜の砂を使った実験を行い，4種の硬度測定器を使って底質硬度と地下水位との関係を調べた（図1）．その結果，地下水位が飽和状態から-10 cmまでは4種の硬度指標とも直線的に測定値が増加した．さらに地下水位を低下させると硬度指標の測定値はばらつきが大きくなるが，垂直的な測定法（デジタルフォースゲージ：DFGと汚泥用硬度計：PE）ではおよそ-40 cm，底表を浅く測定する水平的な測定法（ベーンテスター：VTとハンドベーン：HV）では-30 cm程度から測定値が減少傾向となった．実際の砂浜において地下水位の変化は，海岸勾配による差があるものの汀線から陸方向への距離に置き換えられるので，砂浜で体感できる硬さの変化を説明することが可能である．

4.5　ナミノリソコエビの分布と底質硬度

　砂浜海岸汀線域においてはそもそも生態や生物に関する研究そのものの遅れが指摘されているが（Brown and McLachlan, 1990），とくに底生生物の生態学的知見が日本では少ない．能登半島西岸の砂浜海岸で行われた底生生物調査では（奥村ら，2001），砂浜海岸汀線域に典型的な少数種による高密度の帯状マクロベントス群集形成（McLachlan, 1983）が認められている．しかし，同時に底質の粒度組成や海底勾配はこれら帯状分布の成立を説明できるものではないことも明らかとなっていた（奥村ら，2001）．このようななか，砂浜海岸汀線域において高密度分布を示すことがあるナミノリソコエビについて，高密度分布している砂浜海岸汀線域の砂を用いた室内実験が行われた（梶原・高田，2008）．この実験は，砂面と同一高さの水面から1 cmずつ水位を下げていき，それぞれの水位でナミノリソコエビの潜砂の可否とデジタルフォースゲージ（図2），ベーンテスター（図3），汚泥用硬度計（図4）による3種の底質硬度指標を記録するものであった（図5，図6）．その結果，砂面から水位が下がるにつれて3種の底質硬度指標の値は直線的に増大し，ナミノリソコエビの潜砂できる個体数は少なくなっていった．最終的には砂面から10 cm下の水位でナミノリソコエビは1個体も潜砂することができなくなり，その底質硬度指標は新潟県四ツ郷屋浜の汀線域において引き波により不飽和となった状態とほぼ一致した（図5，図6）．また，砂浜海岸汀線域では飽和か不飽和かによって約4～8倍の底質硬度指標の変動がみられることも明らかとなり（図5），潜砂性の底生生物にとって大きな環境勾配の一つと考えられた．これらのことから，汀線から岸に向かって水位が下がることにより底

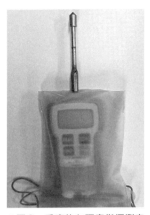
▲図2 垂直的な硬度指標測定器であるデジタルフォースゲージ

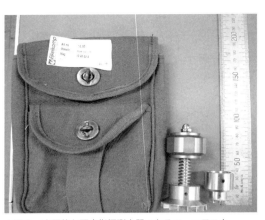
▲図3 水平的な硬度指標測定器であるベーンテスター

▲図4 垂直的な硬度指標測定器である汚泥用硬度計

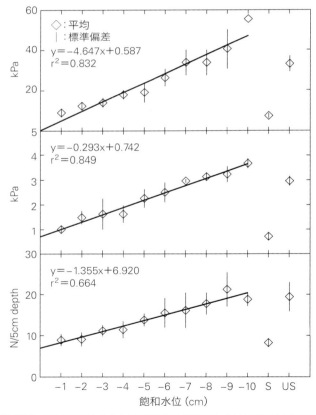
▲図5 実験容器における飽和水位および新潟県四ツ郷屋浜における汀線域の飽和（S）・不飽和（US）状態での3種の硬度指標の変化
上段：汚泥用硬度計，中段：ベーンテスター，下段：デジタルフォースゲージ。梶原・高田（2008）。

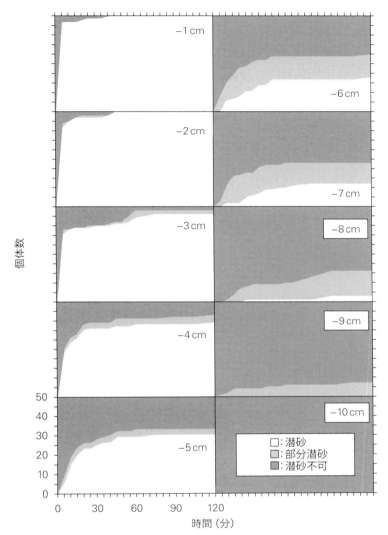

▲図6　飽和水位とナミノリソコエビの潜砂成功個体数との関係
梶原・高田（2008）。

質硬度指標が増大し，ナミノリソコエビの潜砂を阻害するために帯状分布の上限が規定されていると考えられた。地下水位−10 cmにおける表砂は表面張力で水分が上昇するため未飽和ではなくほとんど水分が保持された実質飽和状態である。このとき砂面では地下水位が下がるにつれてサクション（砂粒子間に働く水分の表面張力，次項，第3章参照）は増加する。このように，地下水位の低下（範囲0〜−40 cm）と砂面のサクション増加には一対一に対応する線形関係が成立することが報告されており（佐々ら，2007），新潟県下の砂浜海岸におけるナミノリソコエビの分布ともよく一致していることが明

らかとなっている (佐々ら, 2010a)。このように, ナミノリソコエビの帯状分布の岸側の上限は, サクション上昇に連動した底質硬度によって統一的に説明できることが解明され, 砂浜海岸汀線域における帯状分布の成立要因の一部が初めて合理的に示されることとなった。底質硬度とサクションの関係や, それに関連する底質物理的指標については後述する。

4.6 サクションを軸とした砂浜海岸の底質環境

サクションとは, 土質工学的には毛管水がその圧力差によって飽和水面以上に水を吸引する力, とされる (久野, 1966) (第3章参照)。サクションがもっともなじみ深いのは, 農業分野において作物の根が利用できる水分の指標とした pF 値である (Schofield, 1935)。砂浜海岸汀線域における物理指標としては, 主に不飽和状態の地盤が吸水する力を圧力で示した値として用いられている。よって, 基本的には地盤が飽和状態 (冠水している) の場合にはサクションは消失するかごくわずかなものとなる。特徴としてはきわめて微細な測定が可能であり, 透水性が大で不飽和状態が出現しやすい砂浜海岸汀線域における調査に適している。潮上帯から汀線域までの砂浜海岸汀線域においては, その粒度組成や海岸勾配にかかわらず, サクションの測定値から生息する底生生物の帯状分布を推定することが可能である (図7) (Sassa *et al.*, 2014; 梶原・高田, 2014)。ただし, サクション自体はほぼ純粋な物理測定

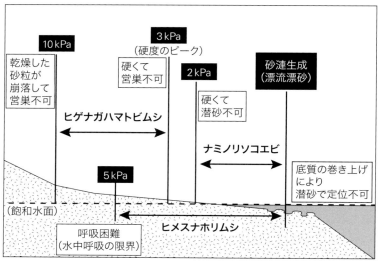

▲図7　新潟県の砂浜海岸におけるマクロファウナの帯状分布とサクションおよび土砂環境との関係
■内の数値はサクション値を表す。Sassa *et al.* (2014) と梶原・高田 (2014) を改変。

値であって，生物分布への作用機序は，サクション測定値に同調した，例えば底質硬度の増大による潜砂阻害というように別途考慮する必要がある。底質硬度はサクションにして 2 〜 4 kPa 程度までの実質飽和領域で連動しているが，それ以上ではサクションの上昇に伴い底質硬度は減少する（佐々ら，2010 a）。ナミノリソコエビの分布上限は，底質硬度が連動して上昇する 2 kPa となっており，底質硬度の増大による潜砂阻害のためであることは先述のとおりである。ナミノリソコエビが潜砂できないことによるリスクは生存に直結するほど高く，主に乾燥による死亡と鳥類による捕食などがあげられている（上平，1992）。日本海側では冬季に季節風が卓越して波浪が強まるうえに，砂面を歩行して索餌する冬鳥のシギやチドリに対しては，短時間の砂面への露出でも捕食される危険が伴う。夏季においては，波の引いた後の高潮亜帯（平均高潮面と最大大潮時高潮面の間の区域）での砂の表面温度が 40 〜 50℃になることがあり（上平，1992），ナミノリソコエビにとって砂面への露出は季節を問わず致命的な要素となりうる。また，サクションにして 5 kPa 以上ではヒメスナホリムシ（*Excirolana chiltoni*）が生息できなくなるが，上述のように 5 kPa では底質硬度のピークを超えてしまっており，底質硬度が潜砂阻害を引き起こしているとは考えられない。ヒメスナホリムシは水中呼吸者であるので，サクションが 5 kPa に上昇して砂中の水分と砂粒子の結びつきが強くなると，その結果呼吸に砂中の水分を利用できなくなることによって分布が阻害されていると考えられている（Sassa *et al*., 2014）。このように，ヒメスナホリムシの場合は，サクションの上昇が鰓の毛管力を超えることによって直接呼吸を阻害している可能性がある。これは，サクション自体が分布の阻害要因になり得る可能性を示すものであり，今後専門分野による進展と解明が強く望まれる。潮上帯に生息するヒゲナガハマトビムシ（*Talorchestia brito*）については，サクションが 3 〜 10 kPa のエリアに巣穴を作成して生息しているが，サクション 3 kPa では底質硬度のピークであり巣穴を作成できないこと，サクション 10 kPa では砂粒子が乾燥しすぎて崩落し，やはり巣穴を作製できなくなることが分布の阻害要因と考えられている（Sassa *et al*., 2014）。ヨコエビ類においては営巣の可否が生存に直結する事例がみられ，例えばスガメソコエビ科のスガメ属（*Ampelisca*）では，潜砂して棲管を作成できないと摂餌姿勢がとれずに摂餌が行えず，数日で死亡する例が観察されている（Kajihara, 1999）。このように，砂浜における土砂の物理環境，とりわけサクションに連動した生物の分布を阻害する作用機序は，生息する底生生物の生存を直接脅かす可能性がある過酷なものであり，そのことが潮上帯から汀線域までの底生生物における帯状分布を比較的明瞭に説明することを可能としているのであろう。

4.7　冠水域（飽和域）における底質環境

　先述のとおり，底質の硬度にしてもサクションにしても飽和状態ではその変動がきわめて小さなものになるため（梶原・高田，2013），これらが汀線域以深のマクロファウナ帯状分布を規定しているとは考えられない。砂浜海岸では，砕波帯以深の浅海域においても帯状分布が認められ，底質の粒径による種ごとの潜砂および棲管作成能力の範囲とその差異によって，近縁種の棲み分けまで説明できることが明らかとなっており（Kajihara, 1999），汀線域から砕波帯までの海域についても何らかの物理的要因によって帯状分布が規定されていると考えるのが自然である。潮上帯から汀線域（Sassa et al., 2014），底質の安定した沖合浅海域（Kajihara, 1999）双方において帯状分布の成立要因は，おのおので最も変動が激しい，あるいは性質が変化する物理環境に規定されるという点で共通している。したがって，汀線域から砕波帯までの海域についても同様に，これに準ずる物理環境によって帯状分布が成立していると考えるべきである。そこで，汀線域沖側に接続する冠水域に帯状分布の下限をもつナミノリソコエビについて（奥村ら，2001），その成立要因を探るために砂浜土砂の最も変動が激しい，あるいは性質が変化する物理環境を推定，計測し，分布下限との対応と比較を試みた（梶原・高田，2014）。

　さて，砂浜海岸の冠水域において，最初に目視で確認できるほどの土砂環境の変動とは何であろうか。汀線から砂浜海岸を沖に歩いて行くと，まず平面の傾斜があってそのさらに沖に段差や波状の規則的な起伏が認められる場合が多いのではないかと思う。前者の段差をステップとよび，後者を砂漣（されん）とよぶ。この両者に共通する土砂環境上の特徴がある。それは，汀線から底面の傾斜に沿ったほぼ平面上に限られてきた土砂の動きが，段差や波状の規則的な起伏を伴う立体的な動きに変化することである。もう少し専門的に述べれば，漂砂の挙動が2次元的から3次元的に変動する境界と考えることができる。この部分がナミノリソコエビの分布下限と一致しているかどうかを新潟県佐渡島の3海岸において調査した（梶原・高田，2014）。

　まず，ステップや砂漣の存在が現象として目視で確認できるだけでなく，実際の底層における漂砂の挙動について，明らかに変動していることを物理的な測定値で示す必要がある。そのため，ステップや砂漣の生成域を挟んで岸沖方向の底層の流速と漂砂量を測定し，差があるかどうかを確認した。なぜこのような選択を行ったかというと，ステップや砂漣より岸側では，ほぼ平面的な岸沖方向の流速と漂砂の動きに限られると考えられるため，沖側ほど流速も漂砂量も増加すると考えられるのに対し，ステップや砂漣を挟んだ沖側においては流速も漂砂の動きも3次元方向となるから，ステップや砂漣生成域至近の岸側と比較して底層では流速・漂砂量とも減少するか少なくとも増加量が減少すると考えられるからである。また，できるだけ同じ規模の

波での測定・比較が必要なことから，波の駆け上がりが到達した部分がほぼ同じ位置の波を選ぶ必要があるため，1m間隔で砂浜に設置されたポールを目安として波が最も岸に打ち寄せた位置がほぼ同じ波を選んだ．流速は波が最も岸に打ち寄せた瞬間から最も沖に引くまでの間の引き波1ストロークで測定することとし，測定器を1番高い値を保持しておくことのできるピークホールドモードに設定して，定点の底層（ほぼ底面）における流速の最高値を記録した．同様に，底層の漂砂についても波が最も岸に打ち寄せた瞬間から最も沖に引くまでの間の引き波1ストロークで採集することとし，波が最も岸に打ち寄せた瞬間に底面にトラップを置き，最も沖に引いた時点でトラップを水面上に引き上げた．これらの測定とともに，直径10cm深さ10cmの円型コアによるナミノリソコエビの定量採集を各ポールにおいて3回ずつ行った．その結果，各砂浜海岸とも砂漣の生成点を境界として底層における引き波の流速が半分程度に低下していた（表1）．漂砂の重量についても，各砂浜海岸において砂漣の生成点を境界にいちじるしく減少していた．ナミノリソコエビの平均出現個体数は，3ヵ所の砂浜海岸のうち，佐和田では分布自体が少なく，明瞭な傾向が認められなかったが，ほかの2ヵ所の砂浜海岸では，砂漣の生成されたすぐ沖側のポールでコアあたりの平均採集個体数が減少した．今回の結果から，底層における引き波の流速の大幅な減少により砂漣の生成点，すなわち漂砂の動きが2次元的な掃流漂砂域と3次元的な浮遊漂砂域の境界を定義できると考えられた．また，ごく底層の漂砂採集量においても砂漣の生成を境に沖側で大幅に減少し，同じく掃流漂砂域と浮遊漂砂域の境界を定義できると考えられた．ナミノリソコエビの分布との関係では，少なくとも砂漣が生成される点が主分布域とはならず，砂漣の生成点は沖側の分布下限に近いことが明らかとなった．ナミノリソコエビは，波の動きに反応し波を積極的に利用した生活を潮間帯で行っており，例えば摂餌行動も，波の動きにすばやく反応した潜砂行動を伴うものであった（上平，1992）．その摂餌行動は，潜砂しながらも遡上波あるいは引き波に向かって体の位置を

▼表1　新潟県佐渡島の3海岸における底層流速 (cm/s)，底層漂砂量 (g/wave) およびナミノリソコエビの平均採集個体数 (No./core)
梶原・高田 (2014) を改変．

砂浜海岸	沢根			佐和田			長石		
	底層流速	漂砂量	平均個体数	底層流速	漂砂量	平均個体数	底層流速	漂砂量	平均個体数
岸側			3.33			0.33			2.33
			11.67			2.00			16.33
	13		4.67	33	3.7736	0.00	49	3.6341	9.00
	19	1.049	10.67	*16	0.523	2.33	*13	0.3541	2.33
	*8	0.351	4.00	11		2.00	19		1.33
	8		1.00	8		1.33	5		1.00
沖側				8		0.00	2		0.00

*：砂漣生成点

変え頭胸部を露出し，懸濁物を捕食するろ過食（filter feeding）であり，掃流漂砂域に適応したものといえる。浮遊漂砂域では，潜砂の姿勢が不安定で制御困難になること，ろ過食が非効率的になること，ナミノリソコエビを捕食可能な魚類が侵入可能なこと，より沖合に漂流し，汀線域に復帰できないなどのリスクが考えられ，砂漣の生成点である浮遊漂砂域以深でナミノリソコエビの出現個体数が減少する本結果は合理的であるといえる。本結果を，佐々ら（2010a），Sassa et al.（2014）および梶原・高田（2008）の結果と考え合わせれば，ナミノリソコエビの沖側の分布限界は，上述の理由で砂漣の生成点付近に決定され，岸側の分布限界は，底質の不飽和に連動する硬度の上昇により潜砂が不可能になること，およびそれに付随する土砂の乾燥，陸生の生物による食害，夏では高温などの死亡リスクが高まることから決定されていると解釈することができ，ナミノリソコエビの帯状分布が成立する環境要因が説明できる（図7）。

このように，飽和状態で底質の硬度が大きく変動しない状態においても，その場において最も変動の大きい土砂環境を精査することによって，その環境が分布の規定要因として機能している場合があることが明らかとなった。砂漣の生成点以深の潜砂性生物の帯状分布においても，最も変動の激しい土砂環境を追跡することによって，分布の規定要因をさらに探求できる可能性もある。

4.8　礫における底質環境

これまで記述してきたように，砂浜海岸汀線域においては，サクションに連動する種々の土砂環境や漂砂の動態が潜砂性小型底生生物の分布を規定していることが明らかとなっている。一方，瀬戸内海の島嶼部では礫相当の粒径で構成された浜も多いが，生物の生息環境に関する礫浜の物理的性質に関する知見は砂浜海岸のそれよりさらに乏しく，体系づけられたものはほとんどない。

そもそも，粒径以外に砂と礫を分ける性状とは何であろうか。砂礫の粒径による分類には種々の規格があるが，おおむね粒径2mm程度より大型のものを礫と規定する部分は共通している。国際土壌学会によれば，粒径2mm以上を礫とする根拠として，粒子間の間隙に保水ができなくなることをあげている。であるとするなら，砂に関する先述のような事象は礫浜においてほとんど応用できなくなることを意味している。これは，同じ海岸線に砂浜と礫浜が混在する場合，位置的に連続していても土砂環境は劇的に変化する可能性も示唆している。このように，単に礫浜に関する知見が少ないというだけでなく，砂浜海岸の土砂環境を明確にする意味においても礫浜の土砂環境を早急に明らかにすることは重要なのである。

そこで，礫浜における汀線域での物理的性質が砂浜とどのように異なるのかを解明するため，まず礫相当の粒径のグラスビーズを用いて飽和水位を変動させ，サクションおよび4種の測定器における底質硬度を測定し，礫浜の汀線域における基本的な物理的性質の把握を試みた。

具体的には最下部に目合63μmのふるいを装着した直径（φ）15 cmの塩ビ管に5段階の礫相当粒径のグラスビーズを投入し，飽和水面を0 cm，-5 cm，

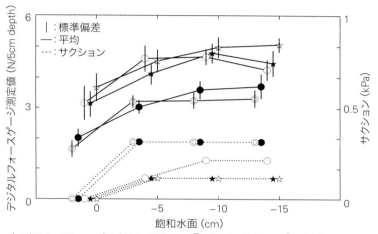

☆：Φ6.3〜7.8mm ★：Φ5.6〜6.7mm ○：Φ4.7〜5.6mm ●：Φ4.0〜4.7mm
◎：Φ2.5〜3.5mm

▲図8　5段階の礫相当粒径のグラスビーズにおける飽和水位ごとのデジタルフォースゲージ測定値とサクション

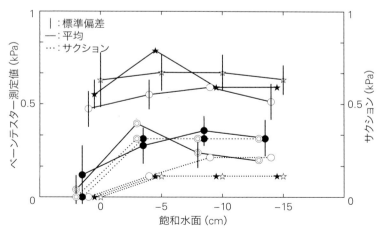

☆：Φ6.3〜7.8mm ★：Φ5.6〜6.7mm ○：Φ4.7〜5.6mm ●：Φ4.0〜4.7mm
◎：Φ2.5〜3.5mm

▲図9　5段階の礫相当粒径のグラスビーズにおける飽和水位ごとのベーンテスター測定値とサクション

−10cm,−15cmの4段階に設定したうえで,各粒径,飽和水位においてサクションと4種の硬度指標を測定した。

その結果,サクションは粒径が小さいほど増加したがその値は砂に比べはるかに小さかった(図8～図11)。また,不飽和状態になると,飽和水面が変動してもほぼ一定の値であった。4種の硬度指標は,ほぼすべて粒径が大きいほど増加したが,不飽和状態では,飽和水面が変動してもほぼ一定の値であった。これらのことから,礫相当の粒径では飽和水面の変動によるサクションや

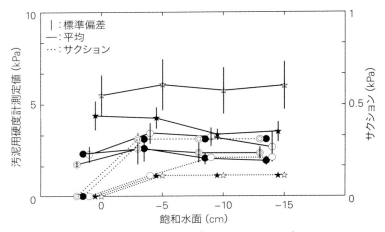

☆:Φ6.3〜7.8mm ★:Φ5.6〜6.7mm ○:Φ4.7〜5.6mm ●:Φ4.0〜4.7mm
◎:Φ2.5〜3.5mm

▲図10　5段階の礫相当粒径のグラスビーズにおける飽和水位ごとの汚泥用硬度計測定値とサクション

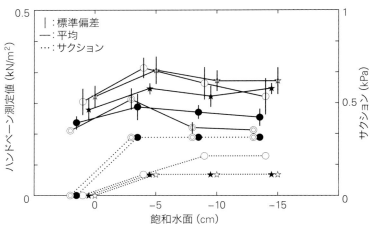

☆:Φ6.3〜7.8mm ★:Φ5.6〜6.7mm ○:Φ4.7〜5.6mm ●:Φ4.0〜4.7mm
◎:Φ2.5〜3.5mm

▲図11　5段階の礫相当粒径のグラスビーズにおける飽和水位ごとのハンドベーン測定値とサクション

底質硬度の値や変動は小さく，粒径（1粒の重量）と飽和・不飽和でほぼ物理的性質が決定されると考えられた。これらの結果から，砂浜相当の粒径でみられるようなサクション動態に連動した土砂環境の劇的な変動は礫浜では観察されず，むしろKajihara(1999)において飽和状態の砂でみられた粒径（1粒の重量）に加えて水中／空中重量の転換点としての飽和／不飽和のみがほぼ絶対的な影響力をもつ，きわめて単純な土砂環境を構成している可能性が高い。

4.9 今後の展開

　これまでの記述で，砂浜海岸における砕波帯以深と潮上帯から砂漣生成域付近までについては，物理的な土砂環境によって小型底生生物の帯状分布の成立要因を示すことが可能であることが理解いただけたと思う。しかし，当然その間にはサーフゾーンの中心部が未知の部分として取り残されている。この海域で調査を試みた経験がある人には理解できると思うが，船を使うにも水深が浅くて危険であり，潜水を行うにも不安定で視界が悪く，採集や測定に相当な困難を伴うエリアである。本章においても，有効な調査方法や知見を紹介することはかなわないが，いくつかのヒントは示すことができよう。これまでに解明された砂浜海岸における小型底生生物の帯状分布の成立要因は，物理的な土砂環境，しかもその場で変動の大きい土砂環境が影響を与えているという意味では共通しているように思える。したがって，サーフゾーンにおける土砂動態を把握することにより，ある程度の成立要因の絞り込みは可能ではないかと考える。また，生息する生物の能力についても，多面的な評価が必要に思える。ひとくちに「潜砂能力」といってもそれは何を表しているのかは，土砂環境の状態によって異なるように思えるのだ。例えば，ほとんど粒径の変化しない砂浜海岸汀線域において，「どの粒径までの底質を掘削できるか」で定義された潜砂能力はサーフゾーンではあまり意味をもたない。このように，変動の大きな土砂環境の把握とその土砂環境に対応した生物の能力とのマッチングが可能となれば，サーフゾーンにおいても帯状分布の成立要因を解明することは不可能ではないだろう。この実現には相当な困難が予想されるが，意欲のある人々と協力し，少しでも解明に向けて前進できるよう努力するつもりである。

　礫質の堆積物や礫浜に関する研究は，砂浜のそれよりもさらに遅れており，基本的な物理的性質や動態の知見すら少なく，共有もされていない。したがって，まずこのような状況の改善を図るとともに，物理的性質の観点からはどの粒径から砂の性質へと実際に変化するのかなど，砂礫の連続性も考慮に入れた知見の充実や研究アプローチも重要となってくるであろう。そのうえで，礫浜の底生生物の生息環境としての評価につながるよう研究を進展させていく必要がある。

4.10 おわりに

　ここまで，主に砂浜海岸潮上帯から潮下帯にかけての底生生物の分布と，それを規定している土砂環境について比較的新しい知見を中心に記述してきた．これまでに「生物」や「生態」を学んできた人には，正直なところ違和感や疑問もあることと思う．ここに記されている分布要因は形は違えど土砂環境にのみよっていて，「生物の相互作用」やそれに類するものがまったくないこともその理由の一つであろう．しかし，砂浜海岸にはほかのフィールドと異なる特徴がある．一つは，砂浜海岸の基質である砂そのものが動的に振る舞うため，形づくられる環境がときに熾烈を極めるということだ．筆者にも経験があるが，小さな入り江の砂浜に多数生息していたナミノリソコエビがたった1回の時化(しけ)で入り江から消失してしまうという魔術のようなことも起こるし，砂浜そのものが時化によって消失し，ある日突然護岸と砕波が直接相対することも珍しくない．かように砂浜海岸の環境は急変し過酷なのである．砂浜に生息する生物は，まずなにをさておいてもこの環境を生き延びねばならない状況にさらされている．もちろん，砂浜海岸においても静穏な状態が続けば，一時的に侵入してくる生物が出現することであろう．しかし，静穏な状態もまた，砂浜海岸における未知の部分が多い環境である．別のエリアから侵入してくる生物はともかく，そもそもその場で生息している生物にとっては侵入種の出現も含めて静穏な状態が好適な環境かどうかは証明されていない．これについても，今後の砂浜海岸における生態研究の大きな柱の一つになり得る．

　今一つは，少なくとも今回紹介した帯状分布を示す底生生物において，潜砂や営巣など底質の土砂に依存している生態であるにもかかわらず，その土砂環境とまともに向き合う研究アプローチそのものがなされてこなかったことによるものだろう．水中を漂うプランクトンにおける水温・塩分・流速などと同等に，底生生物における土砂環境が取り扱われていたとはとてもいえまい．水でも土砂でも生息に必要な能力を超えては生物は等しく分布できないことは明白である．フィールドとしての砂浜の研究の遅れについては，本文中でも再三引用している Brown and McLachlan (1990) だけでなく，調査・研究に携わった多くの人々が骨身に染みていることであろう．砂浜海岸では，現象としては岩礁域と一見同じような帯状分布を示すし，砕波帯以深では砂質堆積物の粒径や粒度分布などの堆積型と関連づけられて解析できること (Sanders, 1958；Gray, 1974；Rhoads, 1974；Biernbaum, 1979；東ら，1985) や，底質の粒度分布や堆積型による近縁種の棲み分けが，種ごとの潜砂および棲管作成能力の範囲とその差異によって説明できる (Kajihara, 1999) という成功体験が，「環境要因をどんどんエレメントに細分化すれば，そのうちどれかが高い相関で分布にフィットする」という先入観を無意識のうちに生んだことは否めまい．自戒の意味も込めて，ここに記述しておきたい．

今回，筆者がこのような執筆の機会を得た理由は，ひとえに新たな発想やアプローチで砂浜海岸の研究に臨んだことに尽きると思う。しかし，研究がさらに発展するということは，ここまでの記述が古びていくということでもあるし，そのためにはここまでの記述とはまた異なる発想やアプローチが必要だということでもある。それゆえ筆者は，今後の砂浜研究の発展のため若い斬新な発想をもつ砂浜研究者の登場を心待ちにしている。そして，いまだ解明されていない部分を含めた総合的かつ合理的な解析をもって，ここまで記述してきたことが「時代遅れ」になる日を待ち望んでいる。

　できることならそれを自ら見届けたいと願うのは，少々贅沢にすぎるであろうか。

（梶原直人）

砂浜調査の苦労　●須田有輔●

　海水浴場として整備されている場所でもない限り，まずアプローチにも苦労するのが砂浜の調査である。現在も継続中である鹿児島県の吹上浜における研究を思い立った20世紀最後の年の暮れ，調査場所を探そうと，学生とともに吹上浜の端から端まで，目についたアプローチとおぼしき小径へ進入を試みた。幅が2km以上にも達する砂丘の樹林帯にある林道を進んでは戻るの繰り返しの末，ようやく前砂丘の基部まで達するルートを見つけた。この踏査で，まず砂丘の広さに驚かされた。

　翌年の5月に最初の調査を試みた。砂丘が立ちはだかる砂浜では，車を降りた後は，すべての器材を抱えて砂山登りをしなければ，浜にたどり着くことができない。たかが知れた高さなのだが，頂上に達したときには息が切れてしまう。しかし，一気に眼前に広がる海が，疲れを飛ばしてくれる。

　砂浜の生物調査には定番といえる器具も方法もないので，試行錯誤の連続である。魚類調査のために作った幅26mの世界でも最大級のサーフネットが予想以上に効果的だったので，さらに大型の網ならより多くの魚が採れるだろうという単純な考えで大きさが2倍の網を作ったが，操作に手間どるだけで，たいした成果を得ることもなくお蔵入りとなった。

　底生生物の調査では，ふるいの目詰まりが悩みの種である。泥浜ならすぐにふるいの目を抜けていくのに，砂では，スタンダードとされている1mmのふるいではすぐに目詰まりする。そこで，まず2mmや4mmの大きな目合のふるいに通すことで，目詰まりを防いでいる。また，学生の人数に余裕があるときは，同じ作業を2系列設けることで，迅速化を図っている。

　ふるい分けには大量の海水を使うが，砂浜とはいえ干潮時には300m以上も波打ち際が遠くの砂浜上部でのふるい分け作業では，波打ち際まで海水を汲みに行くだけでもたいへんである。しかし，そんな場所でも，スコップで大きな穴を掘れば海水がたまり，にわか貯水池ができる。舟にたまった水をくみ出すための道具であるあか汲み（ベイラー）を使えば，水深が浅くても効率よく海水を汲むことができる。

　教科書には載っていないこんなことにも苦労するのが砂浜の調査であるが，同時にそれは新たな工夫の楽しみでもある。

BOX ❹　砂浜海岸の多毛類

　みなさんは多毛類をご存知だろうか（図1）。畑を耕していると土の中から細長い体をくねらせて現れるミミズや，動物の体に噛みついて血を吸い取るヒルと同じ環形動物門に属し，釣り人には通称ゴカイやイソメなどのような釣り餌としてなじみ深い生物である。

　多毛類は主に海に生息しており，干潟や磯などの浅場から深海まで幅広い環境に棲んでいる。磯の岩陰や，干潟の小さな巣穴の中，サンゴ礁から簡単に見つけることができるだろう。実は，みなさんが海水浴などに訪れる砂浜にも生息している。一見，砂の上を歩くカニくらいしかいないように見える砂浜であっても，足下の砂をほんの5 cm掘り返せば，にょろにょろと現れる細長い生きもの，多毛類たちの楽園である。実際，筆者が調査を行った鹿児島県の吹上浜では，8科12種もの多毛類が確認できた（冨岡ら，2013）。

　砂の中から体をくねらせて這い出てくる姿は気持ち悪いと感じてしまうかもしれないが，ルーペや顕微鏡で拡大して観察してみると，意外にも愛らしい。そしてそれらの形態は多様である。細長い体にはいぼ状の小さな足（疣足）の生えた体節が連なっており，一端に頭（前口葉・囲口葉）がある。頭には触手や眼を備え，それぞれのグループによって異なった形をしている。例えば，シロガネゴカイ科（口絵15A）は卵形の頭の前方に2本の感触手をもち，チロリ科（口絵15B）では円錐状で節をなした頭とその先端に4本の触

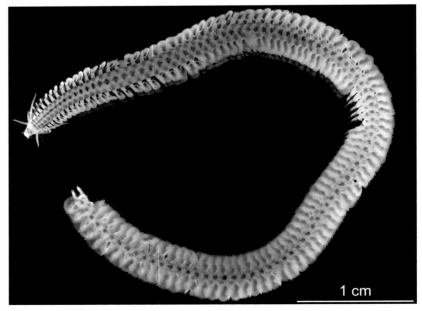

▲図1　サシバゴカイ科の一種

手を備えることが特徴である（Fauchald, 1977）。また，口器の形もじつに多様である。例えば，ナナテイソメ科（口絵15C）は，まるでクワガタムシのオスがもつ大顎によく似た顎をもち，口から出し入れする。それに対し，イトゴカイ科（口絵15D）は顎や歯はもたず，消化管の一部を口から出し入れする。このように頭や口の違いはグループによって一目瞭然である。

　形だけでなく，大きさも多様である。ノラリウロコムシ科（口絵15E）やギボシイソメ科のように体長数cm～数十cmの大型の種ももちろん見ることができるが，なんと300～400μmほどのディウロドリルス科（口絵15F）やノリコイソメ科のような微小な多毛類も砂粒の隙間のわずかな環境にたくさん生息している（伊藤，1985）。

　このように，砂浜には多種多様な多毛類が生息していることが少しずつ明らかにされてきたが，まだ知られていない多毛類が山のように生息していることだろう。また，彼らの生態もまだほとんど知られていないのが現状である。現在，海岸侵食やごみや油の漂着などで砂浜環境の劣化が進んでいるが，砂の中の世界に暮らす生きものたちにも目を向けることが，砂浜生態系の保全において重要であろう。

〔冨岡森理〕

BOX ❺ 砂浜海岸のアミ類

　アミ類（節足動物門，軟甲綱，フクロエビ上目，アミ目）は外見がエビ類に似ているが，エビ類は脚が左右で10対あるのに対して，アミ類は13対であるなど，分類学的にエビ類とは異なる生物である。アミ類はヨコエビやワレカラなどに近い仲間であり，フクロエビ類に含まれる甲殻類の一群である。その名のとおり，成熟した雌の腹面には，袋状の保育のう，別名，育房ともよばれる器官があり，その中に卵が産み出され，成熟個体とほぼ同じ形になるまで育てられる。

　アミ類の大半の種類は，波打ち際（汀線域）などのごく浅海に生息し，海底付近，すなわち，近底層を遊泳する近底層性動物プランクトンとして海底との接触を保ち生活している。そのなかでも，海底の砂の中に潜る種，いわゆる潜砂性の種が存在する。砂浜海岸の汀線域には，潜砂性アミ類が豊富に出現し，稚魚の餌料として重要な役割を果たしている。

▲図1　シキシマフクロアミ（成熟雌）

▲図2　ナミフクロアミ（成熟雌）

▲図3　オオシマフクロアミ（成熟雌）

BOX⑤　砂浜海岸のアミ類

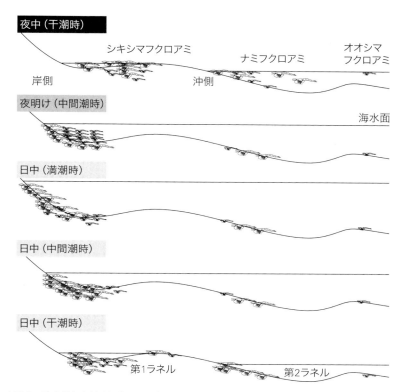

▲図4　吹上浜におけるシキシマフクロアミ，ナミフクロアミ，オオシマフクロアミの分布様式

　日本周辺の砂浜海岸には，体長約6〜8mmの潜砂性アミ類アルケオミシス属 (*Archaeomysis*) やイイエラ属 (*Iiella*) が生息し，とくにアルケオミシス属の分布量が多い。南日本には，シキシマフクロアミ (*A. vulgaris*) (図1)，ナミフクロアミ (*A. japonica*) (図2)，そしてオオシマフクロアミ (*I. ohshimai*) (図3) が分布する。これら3種の外見はひじょうに類似しているため，大量のサンプルの解析が必要となる生態学的な研究が立ち遅れていたが，触角や尾の部分の棘や刺毛の形態により，幼体から成熟個体まで識別できることが明らかにされ (Nonomura *et al.*, 2005)，分布様式などの生態が徐々に解明されてきた。

　鹿児島県の吹上浜をフィールドとして，春，夏，秋に調査した結果，潜砂性アミ類3種が出現し，岸側から沖側にかけて，シキシマフクロアミ，ナミフクロアミ，オオシマフクロアミの順に棲み分けて分布することが明らかとなった (Nonomura *et al.*, 2007) (図4)。なかでもシキシマフクロアミの分布密度は最も高く，春になると最高1m^{2}あたり約3万個体に達した。

　吹上浜は東シナ海に面した遠浅な砂浜であり，大潮時には，満潮時から干潮時にかけて汀線が約100m以上も沖側へ移動する。そのため，最も岸側に分布するシキシマフクロアミは，満潮時から干潮時にかけて，汀線の移動に

ついていけず，潮間帯に取り残されてしまう。干潮時になると，潮間帯にはラネルとよばれる浅い潮だまり状の地形が現れ，シキシマフクロアミの大半はその地形に取り残される。ラネルには地下水がじわじわ滲出するので低塩分水にさらされるが，シキシマフクロアミは環境適応力が高く，ナミフクロアミやオオシマフクロアミに比べて低塩分耐性があるため（野々村，室内観察），再び潮が満ちて来るまでじっとして生きながらえることができるのである。

このように砂浜海岸における潜砂性アミ類の生態は明らかにされてきているが，砂浜海岸に豊富に出現するのは潜砂性アミ類だけでなく，例えばハマアミ属（*Acanthomysis*），モアミ属（*Nipponomysis*），イサザアミ属（*Neomysis*）などの非潜砂性のアミ類も多い。しかし，体が柔らかくて壊れやすいことなどから，研究対象としては扱いが難しく，それらの生態や生態系における役割は十分に明らかにされていない。砂浜海岸に出現する魚類にとってはアミ類が最重要餌料であるため，砂浜海岸の生態系の解明には，今後は，非潜砂性アミ類も含めたアミ類全体の生態や生態系における相互の機能的役割などにも着目した研究が必要である。

（野々村卓美）

第 5 章
砂浜海岸の魚類

5.1 はじめに

　砂浜海岸は，地球上で結氷しない海岸の約 3/4 を占めているが，藻場，サンゴ礁などの沿岸域にみられるほかの環境に比べると，生物に関する研究はかなり遅れている（Brown and McLachlan, 1990）。この主な理由としては，(1) 砂浜海岸はサンゴ礁域，マングローブ域，および岩礁域といったほかの沿岸環境と比べると，構造的な複雑さがないため，単調な環境で，生物の営みに乏しいという先入観が生物学者の間に存在していること，(2) 常に波が押し寄せており，波浪環境が厳しいために，野外調査の実施が困難であることなどがあげられる（Brown and McLachlan, 1990）。

　しかし，近年，砂浜海岸を対象とした生物研究が少しずつ行われるようになり，そこには，数多くの種類かつさまざまな成長段階の魚類が出現することがわかってきた。砂浜海岸に本当にそれほど多くの魚類が生息しているのかと思われる方もいるかもしれないが，実際に多くの魚類が生息する。ただ，その多くは仔稚魚をはじめ小型の個体なので，波の攪拌などによる水中の濁りなどのため，サンゴ礁域のように潜って見つけることは難しい。それでも，国内各地の砂浜海岸で行われている観光目的の地曳網（図1）でマアジ（*Trachurus japonicus*）やコノシロ（*Konosirus punctatus*），スズキ（*Lateolabrax japonicus*）などが採集されているのを見たことがある方もいるかもしれない。そこに出現する魚類のなかには，水産上重要種や遊漁対象の魚種も含まれていることがわかってきており，とくにサーフゾーンに出現する魚類（以下，サーフゾーン魚類）が注目され，国内外で研究が行われるようになってきた。

　砂浜海岸に出現する魚類に関する総括的な研究は，1940年代の北アメリカ大西洋沿岸のノースカロライナ州ビューフォートにおける研究（Pearse *et al.*, 1942）やアメリカ北東部（ニューイングランド）における研究（Warfel and Merriman, 1944）に始まるとされる（千田・木下, 1998）。また，1950年代末から1960年代はじめにかけて，メキシコ湾に出現する魚類に関する報告（Gunter, 1958；McFarland, 1963）や太平洋岸（カリフォルニア南部）でのウミタナゴ科のバードサーフパーチ（*Amphistichus argenteus*）の生態に関する研究（Carlisle *et al.*, 1960）が行われた。これらは北半球の砂浜海岸を対象とした研究であっ

▶図1　観光地曳網の様子
千葉県一宮海岸。

たが，1980年代になると，南アフリカにおいてLasiakらにより魚類群集の季節変動や日周変動，サーフゾーン魚類の食性に関する研究報告がなされた（Lasiak, 1983, 1984a, b, 1986；Lasiak and McLachlan, 1987）。また，オーストラリア西部では，サーフゾーンに漂着した大型海藻に着目した研究が行われ，漂着した大型海藻が魚類の餌場や避難場を提供していることが示された（Robertson and Lenanton, 1984）。日本国内でも1980年代ごろから研究が始まり，西日本の砂浜海岸を中心に仔稚魚の出現や生態について報告が行われるようになった（Senta and Kinoshita, 1985；木下, 1993）。そして1990年には，砂浜生態系についてそれまでに集積された科学的知見をとりまとめた"Ecology of sandy shores"が出版された（Brown and McLachlan, 1990）。その後，1990年代になると，世界各地で魚類群集の時空間変動パターンや物理的環境との関係などについても多くの研究が行われるようになり（例えば，Romer, 1990；Gibson et al., 1993；Santos and Nash, 1995；Harris and Cyrus, 1996；Clark et al., 1996；Clark, 1997；Firedlander and Parrish, 1998），1990年代後半から2000年代になると，サーフゾーンにみられる微細生息場所に着目した研究が行われた（Harvey, 1998；Layman, 2000；Inoue et al., 2008）。近年では，ブラジルでも砂浜海岸の魚類に関する研究事例（例えば，Rodrigues and Vieira, 2010, 2013；Rodrigues et al., 2014）が積極的に報告されているほか，砂浜海岸に設置された海岸保全施設（ヘッドランドや離岸堤）が魚類群集にどのような影響を及ぼすのかを調べた研究も行われている（Mikami et al., 2012；Tatematsu et al., 2014）。

　本章では，これまでに集積された砂浜海岸のサーフゾーン魚類に関する基礎的な知見や国内の研究事例を紹介する。

5.2　調査方法

　波浪環境の厳しい砂浜海岸ではどのような採集具が使われて魚類調査が行われているのか。ここでは，世界各地の研究事例をもとに簡単に紹介する（表1）。

　魚類採集のために利用される採集具のうち，最も多くみられるタイプは曳き網型のもので，そのほかにはビームトロール型，けた網型，そりネット型，プッシュネット型などの採集具も利用されている。また，砂浜海岸のなかでもとくにサーフゾーンにおける魚類研究では，対象となる魚種やそれらの成長段階にあわせてさまざまな大きさやメッシュサイズ（目合）の採集具が利用されることが多い。例えば，筆者らが研究を行った山口県の土井ヶ浜や福岡県の三里松原では，仔魚から成魚までの発育段階のものを採集するために小型（網の長さ5m，深さ1m，目合1mm）と大型（網の長さ26m，深さ2m，目合4mm）の2種類の地曳網（曳き網型；サーフネット）を利用した（Suda et al., 2002；Inoue et al., 2008）。しかし，サーフゾーンにおける魚類調査では標準化された調査手法がなく，研究事例によって手法や結果が異なるため，研究事例間での定量的な比較が困難な状況である。

　定量的な比較のためには，季節的な採集努力量（採集具の大きさ，曳網回数など）を等しくした周年にわたる採集を最低3年間続け，そこから得られたデータを解析するのが理想との指摘もあり（千田・木下，1998），世界各地の調査結果が比較できるような統一的な調査方法（採集具の種類や採集時期・回数など）の確立が望まれる（調査方法はボックス⑥参照）。

5.3　サーフゾーン魚類の特徴

5.3.1　一般的な傾向

　砂浜海岸のサーフゾーンでは，上述したとおり，世界各地でさまざまな手法により魚類が採集されているが，ある海岸において生息する魚類をすべて採集した場合，出現種数は160種程度になるだろうといわれている（McLachlan and Brown, 2006）。また，サーフゾーン魚類の種数は砂浜海岸でみられる反射型，中間型，逸散型の3つの砂浜タイプで異なるとされており（砂浜タイプの詳細は第1章参照），これらの砂浜タイプのうち，サーフゾーンを含め汀線域が比較的静穏になる逸散型の砂浜海岸では，出現種数および個体数がほかの砂浜タイプより多い（Romer, 1990；Clark, 1997；Layman, 2000；Inui et al., 2010；Nakane et al., 2013）。

　サーフゾーンの魚類群集の特徴は，少数種が個体数で優占する場合が多いこと，また，採集方法によって異なる場合もあるが，仔稚魚の出現割合が高

▼表1　砂浜海岸で利用されている採集具

タイプ	長さ×深さ (m)	目合 (mm)	調査場所	出　典
曳き網型	390×3.8	46 s	アメリカ	Schaefer, 1967
	210	9.5 s	オーストラリア	Lenanton, 1982
	130×2.4	10 b	アメリカ	McFarland, 1963
	90×2.5	50 s	南アフリカ	Romer, 1990
	60×1.5	23 s	南アフリカ	Romer, 1990
	60×2	40 s	南アフリカ	Lasiak, 1984 a, b；Romer, 1990
	50×1.8	3.2 b	アメリカ	McMichael and Ross, 1987；Ross et al., 1987
	41.5	9.5	オーストラリア	Ayvazian and Hyndes, 1995
	41	9.5 s	オーストラリア	Lenanton, 1982；Lenanton and Caputi, 1989
	36×1.8	8 s	イギリス	Ellis and Gibson, 1995；Gibson and Robb, 1996；Gibson et al., 1993, 1996
	30×2	12 s	南アフリカ	Clark, 1997；Clark et al., 1994, 1996；Lasiak, 1983, 1984 a, b, 1986；Lasiak and McLachlan, 1987；Romer, 1990
	26×4	8 b	日本	Suda et al., 2004 b, 2005
	26×2	4 b	日本	Suda et al., 2002, 2004 a；中根ら, 2005；Inoue et al., 2005, 2008；和田ら, 2014
	21.5	6 s	オーストラリア	Ayvazian and Hyndes, 1995
	20	8 s	アゾレス諸島	Santos and Nash, 1995
	18×2	3.2 s	アメリカ	Ross and Lancaster, 2002
	16×1.5	4 b	日本	Mikami et al., 2012；Tatematsu et al., 2014
	15.2×1.8	6 b	アメリカ	Wilber et al., 2003 a, b
	15×1.6	10	オーストラリア	Robertson and Lenanton, 1984
	15×1.2	6 s	アメリカ	Gunter, 1958
	15×1	10 s	オーストラリア	McLachlan and Hesp, 1984
	10×2.5	7	ブラジル	Pessanha and Araujo, 2003
	10×1.5	8 s	アメリカ	Harvey, 1998
	10×1.5	20	ブラジル	Zahorcsak et al., 2000
	10×1	1.5	日本	Inui et al., 2010
	9.1×1.8	3.2 b	アメリカ	McMichael and Ross, 1987；Modde, 1980；Modde and Ross, 1981, 1983
	9×1.2	不明	アメリカ	Warfel and Merriman, 1944
	8×1.5	4.8 b	アメリカ	Layman, 2000
	5×1.3	1 b	日本	Senta and Hirai, 1981；Senta and Kinoshita, 1985
	5×1	1 b	日本	須田・五明, 1995；Suda et al., 2002；Nanami and Endo, 2007；Inoue et al., 2005, 2008
	4.5×1.5	0.5 b	南アフリカ	Watt-Pringle and Strydom, 2003
	4×1	1 b	日本	荒山ら, 2002；木下, 1993
ビームトロール型	3	10 b	ベルギー	Beyst et al., 1999
	3	3 b	イギリス	Ellis and Gibson, 1995；Gibson and Robb, 1996；Gibson et al., 1996
	2	3 b	イギリス	Ansell et al., 1999；Gibson and Robb, 1996；Gibson et al., 1996
けた網型	2×0.5	0.6 b	アメリカ	Ruple, 1984
	2×0.5	0.5 b	南アフリカ	Cowley et al., 2001
そりネット型	2×0.35	2 b	日本	静岡県, 1990
	0.6×0.4	0.35, 0.76 b	日本	広田, 1990
プッシュネット型	3		フィリピン	Morioka et al., 1993
	1.8	1 b	日本	Senta and Hirai, 1981
	1.5×0.3	2 b	日本	Amarullah and Senta, 1989；Subiyant et al., 1993
	1.5	1 b	日本	乃一ら, 1993
	1.5×0.6	0.5 b	南アフリカ	Harris and Cyrus, 1996；Harris et al., 2001；Whitfield, 1989
刺し網			アメリカ	McMichael and Ross, 1987

目合のbは脚長，sはストレッチ長を表す．

いことである．多くの場合，優占種はほぼ1年を通じて出現しており，このような種は滞在種とよばれている．このほか，毎年，同じ季節に出現する季節的回遊種や，一時的あるいは偶然に来遊してきたと考えられる一時的来遊種が出現する．一般的に，滞在種は全出現種数のわずか10%程度にすぎないことが多く（McLachlan and Brown, 2006），サーフゾーンにおける出現種数の多寡は，季節的回遊種と一時的来遊種によって決まるといえる．

　McLachlan and Brown (2006) によると，サーフゾーンに出現する典型的な滞在種には，カタクチイワシ科のラプラタトガリイワシ属（*Anchoa*），カタクチイワシ属（*Engraulis*），ゴンズイ科のクニドグラニス属（*Cnidoglanis*），ボラ科のボラ属（*Mugil*），メナダ属（*Chelon*），アジ科のコバンアジ属（*Trachinotus*），マアジ属（*Trachurus*），ニベ科のヒトヒゲニベ属（*Umbrina*），サンカクニベ属（*Menticirrhus*），キス科のキス属（*Sillago*），ウミタナゴ科のアンフィスティクス属（*Amphistichus*），タイ科のアフリカチヌ属（*Diplodus*），リトグナートゥス属（*Lithognathus*），オキスズキ科のポマトムス属（*Pomatomus*），シマイサキ科のペルサルティア属（*Pelsartia*），レプトスコプス科のクラパタルス属（*Crapatalus*）に加え，異体類（カレイ・ヒラメ），板鰓類（例えば，サカタザメ属 *Rhinobatos*，トビエイ属 *Myliobatis*）などがいる．一方，季節的回遊種と一時的来遊種の多くは沿岸回遊性の魚類であり，各海域などで異なっているようである．

5.3.2　日本の砂浜に出現する魚類

　次に，日本国内において外海に面した9つの砂浜海岸（図2）で行われた研究をもとに，日本のサーフゾーンの魚類相をみてみることにする．それぞれの海岸の調査地，砂浜タイプ，調査期間，採集具，曳網回数は表2のとおりである．これらの研究で利用されている採集具は同一のものではないが，全9ヵ所のサーフゾーンで報告された魚類は，合計で22目，115科，350種以上に達し，各海岸の出現種数は，37種以上（三里松原）〜164種程度（土佐湾）であった（付表1参照）．

　採集された魚類のうち軟骨魚類は6種（ホシザメ *Mustelus manazo*，ドチザメ *Triakis scyllium*，スミツキザメ *Carcharhinus dussumieri*，メジロザメ属未同定種 *Carcharhinus* sp.，ウチワザメ *Platyrhina tangi*，アカエイ *Dasyatis akajei*）で，そのほかはすべて真骨魚類であった．科別に出現種数（未同定のものも含む）をみると，最も多かったのがハゼ科魚類の49種以上であり，次いでアジ科の17種以上，カジカ科の15種以上，フグ科の12種以上，ボラ科の11種以上であった．9ヵ所に共通して確認されたのはカタクチイワシ（*Engraulis japonica*）のみであった．また，アユ（*Plecoglossus altivelis altivelis*），クロサギ（*Gerres equulus*），シロギス（*Sillago japonica*），シマイサキ（*Rhynchopelates oxyrhynchus*）は，紋別海岸を除くすべての砂浜海岸，ヒラメ（*Paralichthys olivaceus*）は波崎海岸以外のすべての海岸で確認された．

第5章 砂浜海岸の魚類

　次に，付表1より各砂浜海岸において個体数の多かった上位の10種を抽出し表3に示した。9ヵ所で共通して確認されたカタクチイワシは，土佐湾以外では個体数で最も多くを占めていた。また，アユは北海道の紋別海岸を除くすべての海岸で出現し，土佐湾や波崎海岸では個体数も多かった。そのほか，ボラ（*Mugil cephalus cephalus*），クロサギ，シロギス，クサフグ（*Takifugu niphobles*）も多くの砂浜海岸で出現し，個体数も多かった。

　各海岸における魚類相の特徴をみると，紋別海岸ではカジカ科とカレイ科の種数が最も多く，ツマグロカジカ（*Gymnocanthus herzensteini*），ギスカジカ（*Myoxocephalus stelleri*），ヌマガレイ（*Platichthys stellatus*），クロガシラガレイ（*Pleuronectes schrenki*）など北方系の沿岸魚類が多くを占め（Suda *et al.*, 2005），ほかの砂浜海岸の魚類相とは明らかに異なっていた。一方，最も南に位置する吹上浜では，ニシン科のカタボシイワシ（*Sardinella lemuru*），ヤマトミズン（*Amblygaster leiogaster*），カタクチイワシ科のミズスルル（*Encrasicholina heteroloba*）などの南方系沿岸魚類や，アジ科のロウニンアジ（*Caranx ignobilis*），オニヒラアジ（*Caranx papuensis*），ギンガメアジ（*Caranx sexfasciatus*），コガネシマアジ（*Gnathanodon speciosus*）といったサンゴ礁などの沿岸域に生息する魚類や，遊泳力に富む魚種（例えば，ヒラスズキ *Lateolabrax latus*，ギンガメアジ，イケカツオ *Scomberoides lysan*）がみられた（須田ら，2014 a, b）。

　外海には面しているが小規模な海岸であり，両端を岩礁にはさまれている土井ヶ浜や浦富海岸では，岩礁への依存性が強い魚種（例えば，キュウ

▲図2　国内における砂浜海岸の主な調査場所

5.3 サーフゾーン魚類の特徴

▼表2 日本でサーフゾーンの魚類研究が行われている外海に面した9つの砂浜海岸の調査場所，砂浜タイプ，調査概要

	北海道	茨城県	千葉県	鳥取県	山口県	高知県	福岡県	九州北部（洞海湾～唐津湾）	鹿児島県
調査場所	敏別	波崎	東京湾外湾	浦富	土井ヶ浜	土佐湾	三里松原		吹上浜
砂浜タイプ	反射型	逸散型	反射型	逸散型	中間型	反射型	中間型	反射，中間，逸散型	反射，中間，逸散型
調査期間（年）	2002～2004	1991～1993 2003～2005	1998～1999	2008～2013	1994～1999	1981～1984	2002～2003	2007～2008	2000～2013
採集具	大型地曳網	小型地曳網	小型地曳網	大型地曳網	小型地曳網　大型地曳網	小型地曳網	小型地曳網　大型地曳網	地曳網	大型地曳網
網幅長	26 m	5 m	10 m	26 m	5 m　26 m	4 m	5 m　26 m	10 m	26 m
網高さ	4 m	1 m	1 m	2 m	1 m　2 m	1 m	1 m　2 m	1 m	2 m
目合	8 mm	1 mm	2 mm	4 mm	1 mm　4 mm	1 mm	1 mm　4 mm	1.5 mm	4 mm
曳網回数（回）	75	98, 144	188	36	365	992	72	504	564
出典	Suda et al., 2005	須田・五明，1995 ; Nanami and Endo, 2007	荒山ら，2002	和田ら，2014	Suda et al., 2002	木下，1993	Inoue et al., 2005	Inui et al., 2010	須田ら，2014 a, b

113

▼表3　各砂浜海岸で出現した優占種

各海岸における個体数上位10種。数字は順位（1〜10）を示す。

科	和名	紋別	波崎	東京湾外湾	浦富	土井ヶ浜	土佐湾	三里松原	九州北部	吹上浜
ニシン科	キビナゴ					1				
	マイワシ				3	9				
	サッパ						9			
	ニシン	4								
	コノシロ				2		2			
カタクチイワシ科	カタクチイワシ	5	3	6	5	4		6	8	5
コイ科	マルタ	3								
キュウリウオ科	キュウリウオ	2								
	チカ	1								
アユ科	アユ		4				1	10	7	
シラウオ科	イシカワシラウオ		2	1						
ボラ科	ボラ		1			8		5		3
	セスジボラ						3			
トウゴロウイワシ科	トウゴロウイワシ								10	2
コチ科	マゴチ（クロゴチ）		9							
スズキ科	ヒラスズキ							1		7
	スズキ				1					
アジ科	マアジ									4
クロサギ科	クロサギ				7	5		6	6	
タイ科	クロダイ		10			6	5			
	キチヌ			10			7			
	マダイ				9					
キス科	シロギス			7	2	3		2	3	1
シマイサキ科	コトヒキ		6				8			
	シマイサキ						10			
メジナ科	メジナ		7			7		7		
トクビレ科	シチロウウオ	7								
ニシキギンポ科	ニシキギンポ属			3						
イソギンポ科	イソギンポ		5							
ハゼ科	マハゼ							8		
	アシシロハゼ								4	
	ヨシノボリ属			5						
	ヒメハゼ								5	
	ニクハゼ								9	
	ビリンゴ								1	
	ジュズカケハゼ			8						
	ウキゴリ属				6					
	アゴハゼ属			9						
	ハゼ科魚類		8	4		10				
カマス科	ヤマトカマス									8
サバ科	マサバ				10					
ヒラメ科	ヒラメ				4			9		10
カレイ科	ソウハチ	9								
	クロガレイ	10								
	クロガシラガレイ	6								
	スナガレイ	8								
ウシノシタ科	クロウシノシタ				8			4		9
フグ科	クサフグ					2	4	3	2	6

セン *Parajulis poecileptera*，アナハゼ *Pseudoblennius percoides*，ニジギンポ *Petroscirtes breviceps*）が多かった。浦富海岸では，他地域では確認されていないドチザメ科魚類 2 種（ホシザメ，ドチザメ）が出現したことが特徴的であった（和田ら，2014）。また，太平洋沿岸に位置する波崎海岸と東京湾外湾では，日本固有種であるイシカワシラウオ（*Salangichthys ishikawae*）が共通の優占種で（東京湾外湾では最優占種，波崎海岸では個体数で 2 位），とくに東京湾外湾では唯一の滞在種と考えられている（荒山ら，2002）。

砂浜域内に河川が流入する土佐湾，吹上浜と三里松原では，両側回遊魚のアユ，内湾汽水性のボラ科魚類（例えば，ボラやセスジボラ *Chelon affinis*）の割合が高かった（木下，1993；Inoue *et al.*，2005；須田ら，2014 a, b）。また，近隣に内湾の干潟が存在する東京湾外湾の砂浜海岸や九州北部で湾奥部の逸散型の砂浜では，河口魚であるハゼ科魚類（例えば，マハゼ *Acanthogobius flavimanus*，ヒメハゼ *Favonigobius gymnauchen*，ニクハゼ *Gymnogobius heptacanthus*，ビリンゴ *Gymnogobius breunigii*）が多く出現していた（荒山ら，2002；Inui *et al.*，2010）。

このように砂浜海岸のサーフゾーンの魚類相は，大きくは各海岸の地理的な位置によって決まるが，砂浜タイプに加え，流入河川や岩礁域の存在など周辺環境の状況にも左右される。

5.4　魚類によるサーフゾーンの利用

5.4.1　サーフゾーンの利用形態

サーフゾーンの魚類が，単に受動的に流されてきたり，死滅回遊のように偶然に出現したものばかりなら，生息場所としてのサーフゾーンの価値はそれほど高くないかもしれない。しかし，後述するように，年間を通して出現する魚種，季節的に出現する魚種，あるいは摂餌などのために一時的に来遊する魚種がいたり，また，発育段階の初期にある仔稚魚や幼魚が多く出現することなどを考えると，サーフゾーンは，単なる生息場所ではなく成育場として利用されていると考えられる。

魚類にとって，仔稚魚期を安全に過ごす成育場の存在は重要である。例えば，藻場では海藻・海草の葉によって，マングローブが茂る水域では気根や支柱根によって複雑な構造が形成され，餌となる付着藻類や小型の無脊椎動物が存在し，避難場や餌場を提供している。このため，藻場やマングローブ域は，稚魚の成育場（保育場）として適していると考えられている（佐野ら，2008；Nanjo *et al.*，2011，2014 a, b）。一方，砂浜海岸のサーフゾーンは，避難場になるような構造（例えば，海藻・海草の葉，マングローブの気根や支柱根，岩陰）がないことや，魚類の餌となる生物も少なくみえ，一見すると成育場としての必要な避難場や餌場といった条件を確認することができないよう

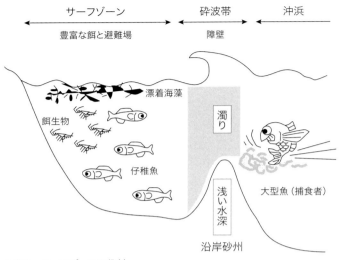

▲図3　サーフゾーンの役割
須田（2002）の図6.7を一部改変。

に思われる。
　しかしサーフゾーンでは，海藻，海草，マングローブ，岩場などの自然の構造物に代わって，砕波によって生じる砂の舞い上がりが捕食者の視覚を遮ったり，また，とくに潮位の低下時には浅くなった沿岸砂州が大型の捕食者の進入を妨げているのではないかともいわれている（図3）（Lasiak, 1986；須田, 2002）。実際，Layman（2000）は，中間型砂浜にみられるラネル内には大型の魚類が侵入しにくく，ラネルは稚魚の避難場になっていることを示した。一方，反射型，中間型，および逸散型という3つのタイプがみられる吹上浜で行われた糸つなぎ法による捕食圧実験および潜水観察の結果（第6章参照）から，砂浜タイプ間で生残率に違いがみられなかったことより，ラネルは捕食者からの避難場にはなっていないことが報告されている（Nakane et al., 2009）。大型海藻が漂着するような砂浜海岸では，サーフゾーンに漂着した大量の大型海藻が季節的な避難場を提供している可能性が示されている（Robertson and Lenanton, 1984）。
　サーフゾーンには，アミ類，端脚類，カイアシ類など多くの無脊椎動物が出現し（Brown and McLachlan, 1990），多くの仔稚魚がそれらの無脊椎動物を餌として利用している（図3）（Modde and Ross, 1983；Robertson and Lenanton, 1984；Lasiak and McLachlan, 1987；DeLancey, 1989；木下, 1993）。
　サーフゾーン魚類の食性を包括的に扱った三里松原における研究によると（Inoue et al., 2005），サーフゾーン魚類の食性は，動物プランクトン食，底生動物食，デトリタス食，多毛類食，魚類食，および昆虫食の6つの食性グループに分けられ，なかでも動物プランクトン食魚と底生動物食魚の占める割合が高いことがわかっている。動物プランクトン食魚と底生動物食魚の2つの

▼表4　サーフゾーン魚類の主な食性グループと主要な餌生物
McLachlan and Brown (2006) を一部改変。

主な食性グループ	主要な餌生物	出典
動物プランクトン食	動物プランクトン	McFarland, 1963
底生動物食, 動物プランクトン食	アミ類, エビ類, 底生動物	Lasiak, 1983
底生動物食	*Scolelepis*, 動物プランクトン, 底生動物	McDermott, 1983
底生動物食	海藻付着性端脚類, 多毛類	Robertson and Lenanton, 1984
動物プランクトン食	動物プランクトン	Romer and McLachlan, 1986
底生動物食	底生動物	Ross *et al.*, 1987
動物プランクトン食, 底生動物食	動物プランクトン, 底生動物, *Emerita talpoida*	DeLancey, 1989
底生動物食, 動物プランクトン食	動物プランクトン	Du Preez *et al.*, 1990
動物プランクトン食, 底生動物食	カイアシ類, アミ類	Inoue *et al.*, 2005
動物プランクトン食, 底生動物食	カイアシ類, アミ類	Nakane *et al.*, 2011

食性グループがサーフゾーンに多いことは,ほかの研究例からも同様に報告されており(表4),動物プランクトンと底生動物はサーフゾーン魚類にとってとくに重要な餌生物である。また,サーフゾーン魚類のうち,シロギス,クロウシノシタ(*Paraplagusia japonica*),クサフグなどは成長に伴い食性が変化することから(Inoue *et al.*, 2005;Nakane *et al.*, 2011),サーフゾーンはこれらの魚類にとって,食性の転換という生活史上の変換点を迎える場所として重要な役割を果たしていると考えられる。このようにサーフゾーンを餌場として利用する仔稚魚が多いなか,サバヒー(*Chanos chanos*)の仔魚は摂食をほとんどせず飢餓状態の個体が多いことが示されている(Morioka *et al.*, 1996)。つまり,サバヒーのような一部の魚類にとって,サーフゾーンは餌場としては機能していない場合もあるようである。

5.4.2　サーフゾーン魚類の類型化

　Brown and McLachlan (1990) は,砂浜海岸に出現する魚類を,①発育段階(稚魚,成魚),②出現パターン(滞在種,季節的回遊種,一時的来遊種),③食性(底生動物食,動物プランクトン食,魚食,雑食),④鉛直空間分布(表層種,底生種)によって類型化した。このほかにもいくつかの視点からサーフゾーン魚類の類型化が試みられている。

　例えば,千田・木下 (1998) は,仔稚魚を対象として,鉛直・水平空間的分類(汀線付近に分布,5 m 水深帯前後に分布)および出現パターンを踏まえた類型を行った。その結果,仔稚魚は表層性回遊型(ヘダイ亜科,ボラ科,シマイサキ科など)と底生性滞在型(シロギス,クロウシノシタ,ヒラメなど)に大きく分けられること,また,表層性回遊型のほとんどの仔稚魚が広塩性魚・通し回遊魚であることを示した。Suda *et al.* (2002) は,2種類の採集具を利用し,サーフゾーンには後期仔魚から成魚までの幅広い魚類が砂浜海岸に出現することを明らかにしたうえで,アユ,ヒラスズキ,クロウシノシタ,シロギ

ス，クサフグなどの優占種の発育段階に基づき5つのタイプに類型化できることを示した。これにより，生活史の多くの部分をサーフゾーンで過ごす魚類がいることが明らかとなった。また，東京湾外湾の砂浜海岸では，生活史型（海水魚，河口魚，両側回遊魚，降河回遊魚，遡河回遊魚），成長段階，成魚が主に生息する場所（砂泥域，岩礁域，表層域）で類型化が行われ，サーフゾーンが主に海水魚（キビナゴ *Spratelloides gracilis*，コノシロ，シロギス，オキエソ *Trachinocephalus myops* など）の一時的な成育場としての役割を果たしていることが示されている（荒山ら，2002）。

このように，サーフゾーン魚類は生態あるいは生活史上の必要性から，サーフゾーンを成育場として，避難場や餌場などの機能を利用していることがわかってきた。ただし，成育場については，従来，仔稚魚の避難場や餌場機能を有する場所のことをよび表していたが，近年，単に仔稚魚が出現するだけでなく，成魚個体群の形成に大きく貢献している場所であるとの定義が定着しつつある（佐野ら，2008）。今後は，サーフゾーン内の仔稚魚個体群とサーフゾーン外の成魚個体群との生態学的な関係を明らかにしていく必要があるだろう。

5.5 サーフゾーンの生息環境

サーフゾーンには，藻場や岩などの自然の構造物が存在しないため，生物の生息環境としては単調にみられがちであるが，実際には，流体と堆積物の物理的な相互作用（地形動態：morphodynamics）の結果としての地形が基盤となっており，その環境は常に変動している。また，サーフゾーンには隣接する河川など，ほかの環境の影響などが組み合わさることで，複雑な生息環境が構築されている。さらに，護岸や海岸侵食対策のために設置される海岸保全施設などの人工構造物（図4，図5）も，その影響が無視できない状況となっている。

5.5.1 砂浜の微小地形

サーフゾーンはけっして一様な環境ではなく，さまざまな特徴的な微地形が形成され，その微細な特徴に対応するように独特の生物分布がみられる。McLachlan and Hesp（1984）は，オーストラリアの反射型砂浜であるソレント海岸のカスプ地形と流れ（循環流）との関係から生物分布を調べ，メイオベントスや二枚貝類のドナックス属（*Donax*），カニ類（異尾下目）のスナホリガニ属（*Hippa*）はカスプ地形にみられる湾入部，突出部などに対応した分布をすること，仔稚魚は流れが緩くなる離岸流（第2章参照）の沖に多いことを報告した。アメリカ，ジョージア州のナニー・ゴート海岸にみられるラネルは，カダヤシ目フンドゥルス属の *Fundulus majalis* にとって餌場であり，捕食者の

▲図4　海岸保全施設（垂直護岸・突堤）

▲図5　海岸保全施設（離岸堤）

ワタリガニ科のブルークラブ（*Callinectes sapidus*）からの避難場となっている可能性が指摘されている（Harvey, 1998）。同様に，Layman（2000）はアメリカ，ノースカロライナ州のラネルが形成される砂浜では，稚魚の種数，個体数ともにラネル内の方が外側のサーフゾーンより多いという傾向を示した。ラネルは沿岸砂州によってサーフゾーンとある程度隔てられているので，稚魚は捕食者から避難場となるラネルを求めて小規模な移動をするのではないかと考えられている。

　福岡県の三里松原では，調査地の砂浜タイプ（横列沿岸砂州型：沖方向から岸側への流れである向岸流と，岸方向から沖側への強い離岸流が生じることが特徴）や隣接するほかの環境（流入河川）を考慮した，異なった3地点（向岸流，離岸流，河口隣接）における魚類群集の違いが調べられた。その結果，地点間で水質（塩分と濁度）や底質（中央粒径と強熱減量），さらには，サーフゾーン魚類の主要な餌であるカイアシ類やアミ類の分布量が異なっていた。しかし，一部の魚種が河口隣接地点に集積するといった現象がみられたものの，魚類群集の構造は地点間で違いがなかったため，これら微小生息環境の違いは，魚類群集の構造に影響を及ぼしてはいなかった（Inoue *et al.*, 2008）。これは，サーフゾーン魚類が，物理環境に対する広い選好性をもっていた可能性があることや，どの地点においても，魚類の餌要求量を上回るほどの餌生物が存在していた可能性などが考えられた。つまり，砂浜海岸にみられる地形や流れの特徴は，魚類の餌となる動物プランクトンや底生動物などの量や分布状況によっては，必ずしも魚類そのものの分布には影響を及ぼさない可能性があることを示している。

5.5.2　海岸構造物の影響

　多くの国々において，海岸侵食を防止するため離岸堤や潜堤・人工リーフなどの海岸保全施設が設置されている（小池，1997；Komar, 1998）。このよう

な構造物が設置されると，本来，サーフゾーンに生息しないような魚類がその構造物に蝟集することはよく知られているが（Peters and Nelson, 1987；木下・石川，1988；日下部，1998），魚類群集に及ぼす影響については研究例がほとんどない。以下では，海岸保全施設と魚類群集との関係を調べた2つの研究事例を紹介する。

千葉県富津市の大貫海岸では，離岸堤が魚類群集に及ぼす影響を調べるために，離岸堤の陸側に位置する区域（離岸堤背後区），隣接する2基の離岸堤の間に位置する区域（開口区），離岸堤のない区域（対照区）の3ヵ所で調査が行われた。その結果，物理環境（波高，濁度，水深）においては地区間に違いがみられたものの，魚類の種数や個体数密度，種組成，体長組成などについてはほとんど差がみられず，離岸堤の設置は魚類群集に影響を及ぼすほどではないことが報告されている（Mikami et al., 2012）。

一方，茨城県の鹿島灘海岸に設置されているヘッドランド（人工岬）が魚類群集に及ぼす影響について調べた研究では，ヘッドランドの周辺区域，隣接したヘッドランドとの中間区域，ヘッドランドのない区域（対照区）の3ヵ所で物理環境と魚類群集の違いが調べられた。ヘッドランドの周辺区域では，ほかの2区域よりも波浪が穏やかになり，粒径が小さくなるなど違いがみられ，それにあわせて魚類の種数と個体数が多くなることが報告されている（Tatematsu et al., 2014）。このことは，ヘッドランドの設置が，周辺海域の物理環境を変化させ，サーフゾーンでみられるはずの魚類群集とは異なったものになることを示している。

以上のことから，海岸構造物の設置は周囲の物理環境を変化させるが，必ずしも魚類群集に影響を及ぼすとは限らないといえる。しかしながら，そのことをもって海岸構造物の設置は影響がないと判断することは早計である。群集構造には影響を及ぼさなくとも出現する個々の種でみるとそうではない可能性がある。また，サーフゾーン魚類の餌となる動物プランクトンや底生動物には，物理環境の変化がより明瞭に現れると考えられる。とくに，付着生物は構造物を設置すれば必ず出現するので，食物連鎖を通して長期的には魚類群集に影響を生じさせることも考えられる。海岸構造物設置による魚類をはじめ底生動物など砂浜生物への影響に関しては研究事例がひじょうに少なく，今後の大きな課題である。

5.6 おわりに

近年，海洋における生物多様性の保全・利用について世界が注目するようになっている。国内においても，海洋の生物多様性の保全への関心が高まっており，平成19（2007）年に成立した「海洋基本法」においては，科学的知見を踏まえつつ，順応的に海洋の生物多様性保全など海洋環境保全に係る措置

を講ずることとされている。2008年に開催された生物多様性条約第9回締約国会議（CBD – COP9）では，海洋における生物多様性を保全するため，生態学的・生物学的に重要な海域（EBSA：Ecologically or Biologically Significant marine Area）を選定することとなった。また，2010年に日本で開催されたCOP10では，愛知目標に掲げられた11番目の目標として，2020年までに少なくとも海域の10％を海洋保護区（MPA：Marine Protected Area）に設定することが決定された。「海洋生物多様性保全戦略（平成23（2011）年3月策定）」および平成24（2012）年9月に閣議決定された「生物多様性国家戦略2012 – 2020」においても，海洋の生物多様性を保全することが明記されている。

このような状況のなか，環境省では，海洋の生物多様性に係る施策として，日本における「生物多様性の観点から重要度の高い海域（以下，重要海域という）」を選定し，平成28（2016）年4月に公表した（環境省自然環境局自然環境計画課 http://www.env.go.jp/nature/biodic/kaiyo-hozen/kaiiki/index.html）。また，これまで主に陸域が対象であった日本の絶滅のおそれのある野生生物の種のリスト（レッドリスト）の海洋生物版の評価作業が行われ，海産魚類をはじめとする海洋生物（サンゴ類，頭足類，甲殻類，その他無脊椎動物）を対象としたレッドリストが平成29（2017）年3月に公表された。このように国内外で海洋生物の保全に対する関心が高まっているなかで，砂浜海岸の保全も進むことが期待されるが，重要海域の選定にあたっては，当初，砂浜海岸を含む海域が重要海域としてあまり抽出されなかった。これは，砂浜海岸を含む海域は重要な場所が少ないということではなく，抽出作業の解析に必要な種の分布情報が，藻場，干潟などのほかの沿岸環境に比べると少ないためで，そのことが重要海域抽出検討会で指摘されている。重要海域は，日本における海洋の生物多様性の保全施策を検討するうえでの基礎資料となるため，今後の活用が期待される一方で，見直しも予定されていることから，次回の見直しまでには，砂浜海岸における魚類をはじめとする生物の分布情報などを蓄積することが喫緊の課題である。

2011年3月11日に発生した東北地方太平洋沖地震およびそれに伴う津波（以降，東日本大震災という）は，東北地方の太平洋沿岸域を中心とする地域の自然環境などに大きな影響を与えた。このため，東北地方沿岸地域では，河川・海岸構造物などの復旧事業が行われており，堤防などの海岸保全施設の設置が進められている。また，この東日本大震災の教訓を踏まえ，今後，南海トラフ地震を想定した防災・減災対策が太平洋沿岸の広範囲で検討されている（内閣府 南海トラフ地震対策 http://www.bousai.go.jp/jishin/nankai/index.html）。日本の海岸事業では，平成11（1999）年の海岸法の改正を受けて，国土保全や人命および財産の防護だけでなく，海岸における良好な景観や動植物の生息・生育環境を維持，回復し，また，安全で快適な海浜の利用を増進するための海岸保全施設整備などを行うこととなっている。例えば，砂浜海岸で産卵を行うウミガメ類については，産卵行動に配慮した緩傾斜護岸が考

案されており（加藤・鳥居，2002），ウミガメ類の産卵地の海岸で整備が行われている事例もある。しかしながら，上述したとおり，砂浜海岸に生息する生物と海岸保全施設との関係について調べた研究例はいちじるしく少なく，不明な点が多い状況である。

　以上のことから，日本において海洋を対象とした保全施策や海岸整備事業にあたって，魚類をはじめ砂浜海岸に生息する多種多様な生物を保全していくためにも，できるだけ自然の砂浜海岸を残しつつ，砂浜生態系の保全に活用できる科学的な知見の集積が急務の課題であるといえる。

（井上隆）

フィールド調査は学生の鍛錬の場　●須田有輔●

　筆者の研究室では，砂浜調査には研究室の学生全員を同行させている。学生たちの研究テーマの調査を行うことが一番の目的ではあるが，泊まり込みの調査を通して学生を鍛えたいという意図もある。

　調査期間中は地元の集会場を借りて，調査基地として利用している。雨風の心配をすることもなく，電気もガスも水道も使え，以前行っていた野営調査に比べれば桁違いに快適さや安全性が増した。野営調査時代を知る卒業生からは，リゾートホテルだとからかわれる。研究が大きく進展したのも，この集会場があったからこそである。一方で，そこは宿泊施設ではないので，当然のことながらいろいろな不便さがある。寝袋とマットを持ち込み広間でゴロ寝をし，食事は施設内の大きな台所を使っての自炊である。

　集会場は静かな農村の一角にあり，周辺ではサツマイモやお茶をはじめとした作物が栽培されている。地元の人たちからは採れたての新鮮な野菜を頂戴することがあり，そんなときは食事当番の腕の見せどころである。それまで野菜嫌いであったが，初めて野菜のおいしさを覚えたという学生もいる。10日以上にも及ぶ調査では，食事や睡眠も含め，自己管理が大切であることを学ぶ。

　調査の合間の休養日には，地元の自然，歴史，地理に触れるため，できるだけ出かけるようにしている。砂浜に限らず沿岸域は海陸双方の影響を受ける領域であり，生態学的なことにとどまらず，社会的，経済的にも互いに密接なつながりをもっている。情報通信機器では得ることのできないその土地の生身の姿を見聞きすることは，研究の背景や意義を理解するうえでも重要な経験となる。

　最終日にはトイレから台所までくまなく掃除する。初めて参加する卒論学生は，掃除の仕方がわからず，めいめいがばらばらに勝手な行動をとろうとするが，大学院生に指導され要領を覚えていく。統率のもときびきび行動することが，結局は，時間短縮や仕事の質の向上につながることを，学生たちは肌身をもって理解する。

　これらはいずれも研究には直接関係のないことである。しかし，見知らぬ土地で，一切合切の生活を自分たちだけで考えなければならないという，キャンパス内にいる限りはできない経験をすることで，学生たちは鍛えられていく。

BOX ❻　　　　　　　　　　　　　　　　　　　　　　　　魚類の調査方法

　波浪によって大きく攪乱される砂浜のサーフゾーンの魚類調査は，砂浜の生物調査のなかでもひときわ困難である。研究の歴史が浅い砂浜での採集にはまだ定番といえるような器具や方法がなく，研究者がそれぞれの目的に応じて自作の採集器具を使うことが多い。

　これまで世界の砂浜の魚類研究で使われてきた採集器具のタイプは，地曳網，ビームトロール，そりネット，プッシュネットに大別されるが，なかでも地曳網型の網（サーフネット）が最も広く利用されている。波浪で攪乱されるような環境では，定量性ではフレームを装着したタイプに劣っても，柳の枝のようなしなやかさをもった器具の方が扱いやすいのである。幅が4～5m程度の小型のものから50m以上に及ぶものまでさまざまで，なかには実際の漁業で使われる地曳網を用いた研究例もある。

　従来，日本のサーフゾーンの魚類研究では小型のものが主流であったが，筆者の研究室では国内最大の幅26mのサーフネット（図1）を1996年に製作し，その後この網を使った調査が日本の数ヵ所の砂浜海岸で行われている。この網はカレイ類のような底魚が確実に採集できるように，網の底に鉄製のチェーンや錘入りのロープを這わせてある。また，網の深さは，調査場所の水深にあわせて海面から海底までカバーするように設計されているので，底生性魚類から遊泳性魚類まで同時に採集することができる。そのため，生息深度の違いによって採集器具を変えていた従来の研究とは異なり，採集方法の違いを考慮することなく，さまざまな水深にいる魚類を比較できるという利点がある。しかし，大型であるために少人数では曳網できず，最低でも4～5人の調査員が必要である。

　このサーフネットの曳き方は次のとおりである。遠浅の海岸では，網を

▲図1　大型サーフネット

第5章　砂浜海岸の魚類

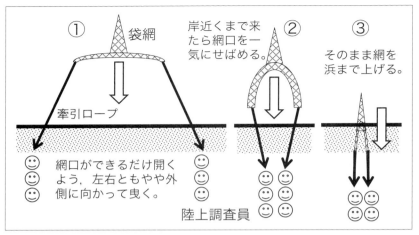

▲図2　大型サーフネットの曳網手順

▲図3　海岸の状況に応じた曳網方法
遠浅な海岸では網の展開から曳網まですべて人力で行う（a, 鹿児島県吹上浜），急深な海岸では，小型ボート（b, 北海道紋別海岸），水上バイク（c, 宮崎県宮崎海岸），レスキューボード（d, 宮崎県宮崎海岸）などを利用して網の展開や牽引ロープの受け渡しを行う．

▲図4　大型サーフネットで採集されたシロギス（左：鹿児島県吹上浜）と数種のカレイ類（右：北海道紋別海岸）

持った調査員が所定の位置まで移動し、そこで岸と平行に網を展開した後に、袋網の後端が浜に上がるまで曳き続ける（図2、図3a）。一方、調査員が海に入ることができない急深な海岸や高波浪の海岸では、小型ボート（図3b）、水上バイク（図3c）、海水浴場のライフセービングで使われるレスキューボード（図3d）などを網の展開やロープの牽引に利用することで、曳網が可能になる。

　この大型の網が登場してからは、サーフゾーンには仔稚魚期の小さな魚だけではなく、成魚に至る多くの魚類が生息することが明らかになった（図4）。また、海外における大型のサーフネットを使った研究では、海底を十分に掻くような工夫がなされていないためか、カレイ類などの底魚があまり報告されていないが、この網ではヒラメ、クロガシラガレイ、スナガレイ、クロウシノシタなどの底魚もうまく採集できるようになった。

　このような網器具のほかに、筆者は、1本の長い釣り糸に何十本もの針を下げた延縄を試みたことがある。夜間のサーフゾーンに延縄を仕掛けたところ、サーフネットでは採集されることのなかったウナギ目魚類のホタテウミヘビが多く採集された。本種は、昼間は砂の中に隠れ、夜間でも危険が近づくとすぐに砂の中に潜るため、サーフネットでは採集が困難である。それぞれの魚種の生態や行動にあった採集方法を工夫することで、サーフゾーン魚類の新たな姿がさらに見えてくるだろう。

（須田有輔）

第6章
開放的な砂浜海岸である吹上浜での研究事例

6.1 はじめに

　本章では開放的な砂浜海岸における調査事例として，吹上浜で実施している研究を紹介する。吹上浜は鹿児島県の薩摩半島西岸に位置し，東シナ海に面する開放的な砂浜海岸である（図1）。長さ30 km以上にも及ぶこの浜には，広大な砂丘が広がり，アカウミガメが産卵に訪れるような自然が色濃く残っている。このような吹上浜では1980年ごろから2000年にかけて仔稚魚（Senta and Kinoshita, 1985）や魚類各種（Noichi et al., 1991；Masuda et al., 2000）の生態についての研究が行われた。その後2000年以降は魚類の稚魚から成魚までを対象としたもの（中根ら，2005；須田ら，2014a）やその餌である無脊椎

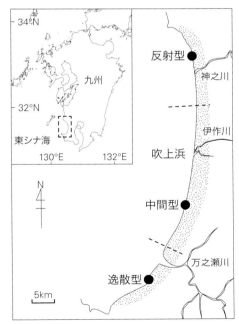

▲図1　調査地の鹿児島県吹上浜
　拡大図の破線は各砂浜タイプの境界を示している。調査は●の地点で実施した。

動物を扱ったもの（大富ら，2005；Nonomura *et al*., 2007；富岡ら，2012），さらに流入する地下水の栄養塩に関するもの（加茂ら，2013）など幅広く研究が進められており，現在でも継続している。このように，30年以上にわたって生態調査が続けられている砂浜海岸は世界でも数少ない。本章では2006年から2007年に行った研究事例を中心に，現在までの継続調査によって得られてきた知見を紹介する。

　砂浜海岸は身近な親水空間であることから，全国の砂浜海岸では風で飛ばされてくる砂に悩まされながらも，キスやカレイの投げ釣りを楽しむ家族連れや，スズキやヒラメのルアーフィッシングに足しげく通う太公望を目にすることが多い。かくいう筆者も釣果を伸ばすべく日々砂浜に通う釣り人のひとりであり，浜から浜へと釣り歩くなかで，釣れる場所と釣れない場所では，海底地形やそれに伴う波の立ち方といった環境が異なることに気づいた。本章で紹介する研究の発端は，このような一匹でも多くの魚を釣りたいと思う釣り人の欲望でもあった。

6.2　吹上浜の特徴

6.2.1　代表的な3つの砂浜タイプ

　研究を始めるにあたり，まずは釣行中に感じた地形や波浪環境の違いについて調べた。その結果，一見どこも同じようにみえる砂浜海岸であるが，Short (1999) によると主に海岸地形の違いに基づき分類される3つの砂浜タイプがあることがわかった（図2；第1章参照）。各タイプの特徴をみていくと，一つは遠浅な海岸で，波が沖から何度も砕けながらそのエネルギーを逸散していく逸散型とよばれるタイプである。このタイプは岸近くの波打ち際が穏やかで，砂の粒径が細かいという特徴がある。一方，急深な海岸は，波が沖で砕けることなく汀線まで到達し，そこで跳ね返されるように砕けるため反射型とよばれる。このタイプの海岸では逸散型とは逆に，波打ち際の攪乱が大きく，粒径が粗いという特徴がある。さらに，逸散型と反射型の間にはそれらの中間的な特徴をもった中間型があり，そこにはラネルとよばれる潮だまりが形成される場合がある。このように，砂浜海岸は海岸地形の違いに伴い，波の攪乱度合いや底質など，魚類の生息に影響を及ぼす可能性のある環境条件が異なることがわかった。これらの物理環境の違いは，魚類のみならず，それらが餌として利用する無脊椎動物の出現にも影響を及ぼすことが予想される。さらに，中間型に形成されるラネルはその沖側よりも小型の魚種が多く集まることが明らかにされ，魚食魚からの避難場として小型魚に利用されているのではないかと考えられてきた（Harvey, 1998；Layman, 2000）。同様に逸散型の遠浅な水域にも魚食魚が侵入しづらい可能性がある。したがって，それらの砂浜タイプでは小型魚（稚魚や小型の魚種）に対する捕食圧

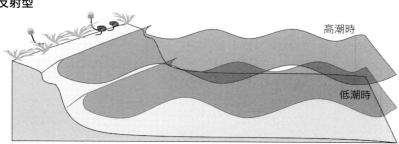

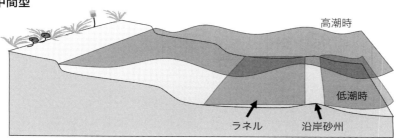

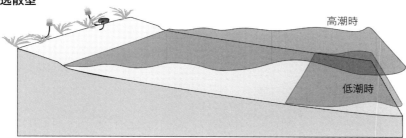

▲図2 典型的な3つの砂浜タイプ（反射型，中間型，逸散型）の断面図
反射型の潮間帯は幅が狭く，急勾配である．一方，逸散型の潮間帯は幅広く，緩勾配である．中間型には反射型と逸散型の中程度の幅をもつ潮間帯と，沿岸砂州によって区切られたラネルが存在する．

が低くなり，捕食者からの避難場となっている可能性も考えられた．以上のように，砂浜タイプによって魚類群集の構造（種数，個体数，および種組成）が異なる可能性があるものの，それを調べた研究はなかった．

6.2.2 3つの砂浜タイプが存在する吹上浜

　それでは，魚類はどの砂浜タイプに多いのだろうか．これを調べるには各タイプで魚類を採集し，種数や個体数などを比較すればよいだろう．その際，遠く離れた海岸間で比較を行うと，例えば水温や周辺環境の違いといった砂浜タイプ以外の要因で出現する魚類が異なる可能性もある．その点，吹上浜には同一海岸内に3つの砂浜タイプが存在するため，比較を行うのに最

第6章 開放的な砂浜海岸である吹上浜での研究事例

▲図3 吹上浜の北部 (a), 中央部 (b), 南部 (c)

▼表1 吹上浜の北部, 中央部, 南部における砂浜タイプを表す指標 (無次元沈降速度, 潮間帯の勾配, および潮間帯の幅) の測定値

無次元沈降速度 Ω の値は, $\Omega < 2$ ならば反射型, $5 < \Omega$ ならば逸散型, および $2 \leq \Omega \leq 5$ であれば中間型を示す (McLachlan and Brown, 2006)。潮間帯の勾配と幅は電子レベルによって測量した。Ω と潮間帯の幅は平均値と標準偏差を示し, 潮間帯の勾配は平均的な範囲を示す (いずれも各タイプ3地点で測定)。Nakane et al. (2013) を改変。

	砂浜タイプ	Ω	潮間帯の幅 (m)	潮間帯の勾配
北部	反射型	1.3 ± 0.2	15.5 ± 0.1	1/7.2 〜 1/7.0
中央部	中間型	4.3 ± 0.4	140.3 ± 1.5	1/42.8 〜 1/40.6
南部	逸散型	9.6 ± 0.3	272.0 ± 0.1	1/84.9 〜 1/82.7

適なフィールドであった。すなわち，北部には汀線で砕波する急深な場所があり，逆に南部には波が沖から何度も砕けながら打ち寄せる遠浅な場所，またそれらの間にはラネルが形成される中間的な場所が広がっているのである（図3）。これを客観的にタイプの評価ができる指標でみると，北部は反射型，中央部は中間型，南部は逸散型に分類された（表1）。このような吹上浜の北部，中央部，および南部で魚類を採集して比較することで，砂浜タイプによって魚類群集の構造に違いがあるのかどうかを明らかにした。さらに，違いが認められた場合，それは餌環境の違いによるものなのか，それとも小型魚に対する捕食圧が異なるためなのかも検討した。

6.3　砂浜タイプによって生息する魚類は異なるのか

　調査は春季(5月)，夏季(8月)，秋季(11月)に実施した。魚類採集は調査用の地曳網（サーフネット）によって行った。この網は長さ16m，高さ1.5m，中央には奥行き4mの袋網を装備したものであり（図4上），運搬の際には肩に担いで1人で運ぶことができる。冒頭でも述べたとおり，吹上浜には広大な砂丘が広がっており，海岸で調査するためには1km近く足場の悪い道のりを徒歩で機材輸送しなければならない場所もある。2000年から現在まで継続している調査は，長さ26m，高さ2mのサーフネット（図4下）を使用して

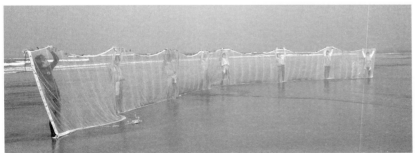

▲図4　魚類採集に用いた地曳網（サーフネット）
上：長さ16m，高さ1.5m，袋網目合4mm。下：長さ26m，高さ2m，袋網目合4mm。

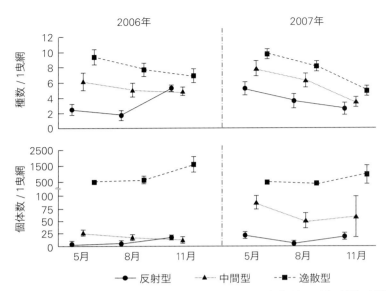

▲図5　2006年と2007年の各月（5月，8月，11月）における各砂浜タイプ（反射型，中間型，逸散型）での魚類の種数と個体数
5回曳網した平均値±標準偏差で示す。Nakane *et al.*（2013）を改変。

吹上浜の中央部のみで行っているものであるが，とくに調査後に濡れた網を抱えて砂丘を越えて帰るのには苦労する（COLUMN「砂浜調査の苦労」参照）。そこで，調査地点を南部と北部にも設定するにあたり，機動性を高めるべく網を小型化したのである。

全90曳網（2年×3季節×3砂浜タイプ×各5曳網）の採集の結果，41科56種18,756個体の魚類が記録された。2000年から2013年にかけて26mの地曳網によって中央部で行った採集では，85種の出現が確認されているが，そのうち約半数はまれに採集される一時的来遊種であり（須田ら，2014a），周年もしくは季節的に来遊する種は本研究とほぼ同じであった。このことから，一時的来遊種を除けば，16m程度の地曳網でも2年間の採集で出現種が把握できたと考えられる。

それでは，まず優占種を個体数の多い順にみるとシロギス（*Sillago japonica*）（14,520個体），カタクチイワシ（*Engraulis japonica*）（1,165個体），マアジ（*Trachurus japonicus*）（972個体），クサフグ（*Takifugu niphobles*）（371個体），およびトウゴロウイワシ（*Hypoatherina valenciennei*）（343個体）で，これら5種が全個体数の約90％を占めていた。次に，タイプ間の違いでは，最も種数が多かったのは遠浅の逸散型で，最も少なかったのは急深の反射型，また中間型はそれらの間であることがわかり，個体数でも同様のパターンであった（図5）。逸散型でとくに個体数が多かった理由は，シロギスとマアジが多く採集されたためであった。それら2種の体長組成をみると，ほとんどが10〜50mm程度の小型個体であった（図6）。次に，出現した魚類の

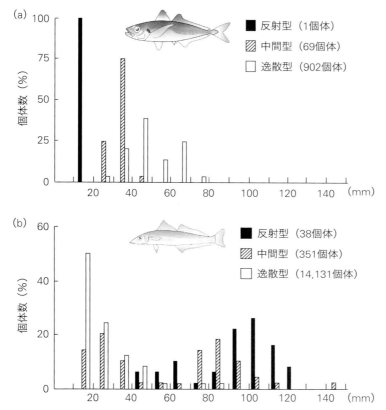

▲図6　中間型と逸散型において優占したマアジ (a) とシロギス (b) の各砂浜タイプにおける体長組成

顔ぶれである種組成をみると，逸散型と中間型が類似しており，反射型はそれらと異なっていた。これは5種の優占種のうち，カタクチイワシ，クサフグ，およびトウゴロウイワシの3種はどのタイプにも出現するのに対して，シロギスとマアジは反射型にあまり出現しないことが主な理由であった。このように，魚類群集の構造は砂浜タイプによって異なることが明らかとなった。それでは，なぜこのような違いになったのであろうか。この理由の一つとして，魚類の餌環境の違いが影響しているのではないかと考えた。波浪や底質などの環境の違いは，餌となる生物の種組成や個体数などに影響を及ぼすと考えられるためである。これを確認するため，次に，(1) 全魚種の食性を調べて，各種を食性グループに分類したうえで，(2) グループごとに個体数を砂浜タイプ間で比較，さらに，(3) 餌生物の量を砂浜タイプ間で比較した。

6.4 砂浜タイプ間の餌環境の違いが魚類の出現に影響を及ぼしているのか

6.4.1 魚類は主に浮遊性と表在性の無脊椎動物を食べていた

まず各魚種がどのような餌を利用しているのかを明らかにするために，採集した魚類各種の消化管内容物を顕微鏡下で精査し，食べている餌生物を調べた。その結果，主に食べていたのは表2に示す9区分（動物プランクトン，アミ類，端脚類，等脚類，十脚類，貝類，多毛類，魚類，および陸生昆虫類）の生物であった。吹上浜にはさまざまな成長段階の魚種が出現しており，トウゴロウイワシ，スズキ，マアジ，シロギス，ヤマトカマス，ヒラメ，ササウシノシタ，クロウシノシタ，およびクサフグの9種については，成長に伴う食性の変化がみられ，これらのうち5種は稚魚のころは動物プランクトンを摂餌していた。

それでは，どのような食性の魚類が多いのだろうか。一般に砂浜での釣りには，通称ゴカイやイソメなどの多毛類を餌として用いる場合が多い。それらはシロギスやセイゴ（スズキの未成魚）のほかにも，釣りの対象としていないクサフグまで寄せつける万能餌である。このため，食性解析を行うまでは多毛類を食べる魚種が多いだろうと予想していた。ところが解析によって得られた結果は予想とまったく異なっており，多毛類を主要な餌としている魚種はまったく存在しなかった。これを調べるために，各魚種が食べていた各餌項目の割合の類似性から，食性グループ分けを行った。その結果，全魚種は6つの食性グループ（アミ類食，端脚類食，陸生昆虫類食，動物プランクトン食，魚類食，および貝類食）に分類された（図7）。なお，この分析では成

▼表2　採集した魚類の消化管内容物にみられた餌項目
カッコ内の略記は，図7の各餌項目を示す。Nakane et al. (2011)を改変。

餌区分	餌項目（記号）
動物プランクトン	カラヌス目(Cc)，ウミホタル科(Os)，ソコミジンコ目(Hc)，アミ目の幼生(Ml)，クラゲ(Je)
アミ類	浮遊性のアミ目(Sm)，潜砂性のアミ目(Bm)
端脚類	ヨコエビ亜目(Ga)，クラゲノミ亜目(Hy)
等脚類	等脚目(Is)
十脚類	カニ類(Cr)，エビ類(Sh)，スナモグリ科(Ca)
貝類	腹足綱(Gp)，二枚貝綱(Bi)
多毛類	多毛綱(Po)
魚類	魚類(Fi)
陸生昆虫類	陸生昆虫類(Ti)
その他（これらの項目は餌利用パターンの解析からは除外した）	魚卵，タコノマクラ目，クーマ目，水生植物，エボシガイ科（これらすべてM）

6.4 砂浜タイプ間の餌環境の違いが魚類の出現に影響を及ぼしているのか

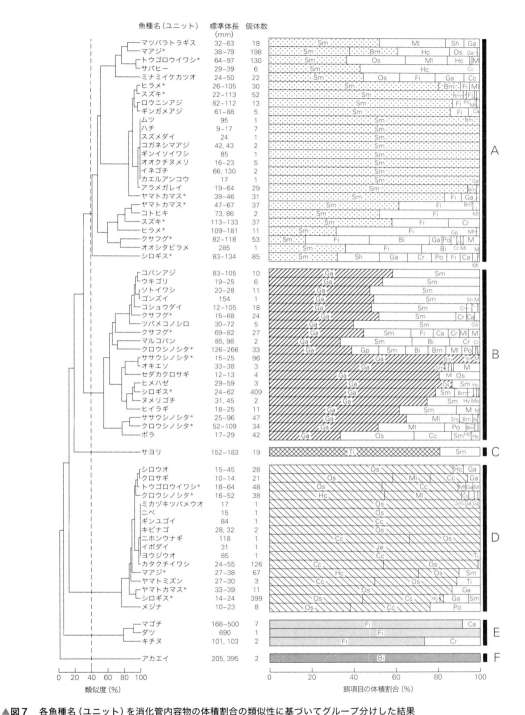

▲図7 各魚種名（ユニット）を消化管内容物の体積割合の類似性に基づいてグループ分けした結果
図中の略記は表2を参照。各種は餌利用パターンの類似度（40％）によって6つの食性グループ（A：アミ類食，B：端脚類食，C：陸生昆虫類食，D：動物プランクトン食，E：魚類食，F：貝類食）に分類された。＊は成長に伴って，食性が変化した魚種を示す。Nakane et al.（2011）を改変。

長に伴い食性の変化が認められた魚種について，それぞれ別のユニットとして扱っている。

　最も多くの魚種に食べられていたのはアミ類であった。砂浜に出現するアミ類の多くは海底の表面に生息する表在動物であるが，それらには一時的に砂に潜って生活する潜砂性の種（吹上浜ではシキシマフクロアミが多く，ほかにナミフクロアミとオオシマフクロアミが出現）と潜砂せず浮遊して生活する種（ミツクリハマアミやナカザトハマアミなど）が存在する。このうち，潜砂性のアミ類は消化管から検出されることがほとんどなかった。これは，潜砂性アミ類が魚類による被食を回避するのに，潜砂行動をとるためであろう。一方，ほかの砂浜海岸では潜砂性のアミ類であるコクボフクロアミが最も多くの魚種によって利用されていたとする事例もある（Takahashi et al., 1999）。このように，摂餌される種は異なるものの，アミ類は砂浜海岸における魚類の主要な餌となっており，砂浜生態系を支える重要な生物群といえる。アミ類に次ぎ多く摂餌されていたのは端脚類であった。端脚類もアミ類と同様に，海底の表面や流れ藻などの表面に生息する表在性の無脊椎動物である。3番目に多く摂餌されていたのは，ウミホタル科やカラヌス目などの動物プランクトンであった。出現する魚類の多くは小型の種や稚魚であったことから，それらにとって小さく食べやすいのであろう。これらのほかに，陸生昆虫類，魚類（主にシロギス稚魚），貝類が食べられていた。一方，多毛類は一部の魚種によってわずかに摂餌される程度で，ほとんど利用されていなかった。これは，多毛類が砂に潜って生活するため，群泳するアミ類と比べて食べづらいためだと考えられた。以上のように，吹上浜にはアミ類，端脚類，および動物プランクトンなどの表在性と浮遊性の無脊椎動物（以降，それぞれ表在動物，浮遊動物と示す）を摂餌する魚類が多く，逆に潜砂性の無脊椎動物はほとんど食べられていないことが明らかとなった（Nakane et al., 2011）。同様の結果は，ほかの海岸でも報告されている（Inoue et al., 2005；Mikami et al., 2012）。

　ここで一つ疑問が残る。それは，シロギスやスズキ未成魚がなぜ普段ほとんど摂餌していない多毛類でよく釣れるのかという点だ。この理由は定かではないものの，多毛類が彼らにとって，めったに食べることのできない極上ステーキのようなものなのではないだろうか。ふらふらと目の前をご馳走が横切るならば，警戒心も薄れ飛びついてしまうのかもしれない。

6.4.2　魚類は食性によって利用する砂浜タイプが異なる

　次に，魚類の利用する砂浜タイプは食性の違いによって異なるのかどうかを検討するために，多くの魚種にみられた表在動物食（アミ類食と端脚類食）と浮遊動物食（動物プランクトン食）の個体数を砂浜タイプ間で比較した（図8）。その結果，表在動物食者は一部の月を除き逸散型に最も多く，反射型で最も少ないことがわかった。浮遊動物食者でも同様の結果が得られたが，とくに逸散型において多く出現することがわかった。これは，浮遊動物

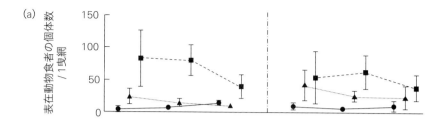

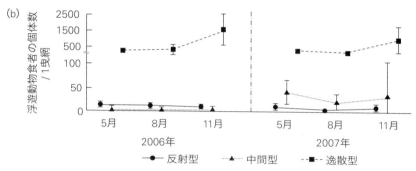

▲図8 2006年と2007年の各月（5月，8月，11月）における各砂浜タイプでの表在動物食者（a）と浮遊動物食者（b）の個体数
1曳網あたりの平均値±標準偏差で示す，$n = 5$。Nakane et al. (2013) をもとに作成。

を摂餌する体長20 mm以下のシロギス稚魚（図7）がここに多く出現したためであった（図6）。以上のように，表在動物と浮遊動物を食べる魚種は逸散型に多く，反射型に少ないことがわかった。それでは，それらの無脊椎動物は逸散型に多いのだろうか。それを確認するために，表在動物と浮遊動物それぞれの種数と個体数を砂浜タイプ間で比較した。

6.4.3　魚類の餌環境は砂浜タイプによって異なっていた

　魚類の餌生物は2通りの方法で採集した。アミ類や端脚類などの表在動物はそりネット（幅50 cm，高さ10 cm，目合335 × 0.34 mm；図9a）により採集した。このネットはスキー状のフレームを装備し，海底直上に生息する生物を滑るようにして採集することができる。また，ウミホタル科やカラヌス目などの浮遊動物の採集には簡易プランクトンネット（口径30 cm，側長75 cm，目合0.1 mm；図9b）を用いた。

　無脊椎動物と砂浜タイプとの関係に関しては，これまで砂に潜って生活する潜砂性の無脊椎動物についてさまざまな海岸で報告されている（例えばMcLachlan and Brown, 2006）。それらによれば，反射型から逸散型に向かうにつれて，種数や個体数が増加する傾向がある。その理由の一つとして，スワッシュとよばれる遡上波帯を駆け上がる波による攪乱が反射型では大きいため，砂に潜り定位しづらいためだと考えられている（Swash exclusion

第6章 開放的な砂浜海岸である吹上浜での研究事例

▲図9 無脊椎動物の採集に使用した2種類の器具
表在動物の採集に用いたソリネット(a)と浮遊動物を採集するための簡易プランクトンネット(b)。

hypothesis：遡上波回避仮説；McLachlan et al., 1993)。このような波打ち際の攪乱は，アミ類や端脚類などの表在動物にも影響を及ぼす可能性がある。

　調査の結果，表在性と浮遊性いずれの無脊椎動物の個体数でも，反射型で最も少なく，逸散型で最も多いことがわかった（図10）。これは，それらを摂餌する魚類の食性グループの出現パターン（図8）と一致していた。つまり，表在動物と浮遊動物を摂餌する魚類は，餌が多い砂浜タイプに出現することがわかった。表在動物が反射型に少なく逸散型に最も多いという結果は，上述したような，波打ち際の攪乱度合いの違いが一つの要因と考えられる。一方，浮遊動物においては，循環セル（海浜流系）が関係しているのではないかと考えられた。循環セルとは打ち寄せる波（向岸流）と岸に対して平行に流れる並岸流（沿岸流），さらに沖に流れる離岸流から形成される渦のようなもので（図11），反射型から逸散型に近づくにつれてこれが発達する。循環セルが発達した砂浜タイプでは，セルの中に珪藻やほかの有機物が沖に流出す

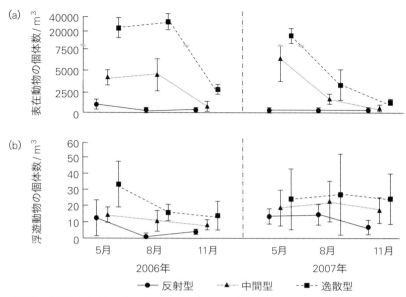

▲図10 2006年と2007年の各月（5月，8月，11月）における各砂浜タイプ（反射型，中間型，逸散型）での表在動物（a）と浮遊動物（b）の個体数
1曳網あたりの平均値±標準偏差で示す，$n=5$。Nakane et al.（2013）をもとに作成。

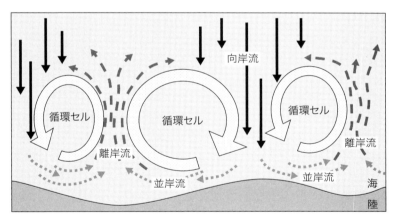

▲図11 砂浜域でみられる循環セル（海浜流系）とそれを形成する流れを示した模式図
矢印は流れの方向を示す。

ることなく保持される（McLachlan and Brown, 2006）。このような作用によって，動物プランクトンも受動的に集積しているのではないかと推察される。また，表在動物が逸散型に最も多かったもう一つの理由として，このように集積された生物やそのほかの有機物を餌として利用できるためではないかと考えられる。以上のように，砂浜タイプ間で魚類群集の構造が異なるのは，魚類の食性に対応した餌の多寡が影響していることが一つの要因であることがわかった（Nakane et al., 2013）。

6.5 砂浜タイプ間で魚食魚による小型魚への捕食圧は異なるのか

　中間型や逸散型にはシロギスとマアジの稚魚が多く出現していた。このことから，魚類群集の構造が砂浜タイプ間で異なっていたもう一つの理由として，小型魚に対する捕食圧がそれらの砂浜タイプでは反射型と比べて低いことが予想された。逸散型には遠浅で広大な浅場があることや中間型にはラネルがあることから，そのような場所に大型の魚食魚が侵入しづらく，小型魚にとっては捕食者からの避難場となっているのではないかと思われるからである。この仮説を検証すべく，まず，各砂浜タイプにおいて小型魚に対する捕食圧を実験的に測定してそれを比較した。また，地曳網では採集できない大型魚も含め，潜水観察によって魚食魚の量も確認した（Nakane et al., 2009）。

　小型魚に対する捕食圧の検証には糸つなぎ実験を用いた。この実験は対象生物を糸でつなぎ留め（図12），一定時間自然環境下に設置した後に，食べられずに残った割合から生残率を求めるものである。この実験では対象生物を糸でつなぎ留めるため，捕食されやすさが自然の状況とは異なることが考えられる。したがって，この実験は捕食者の量が異なる生息域間で相対的な捕食圧を比較するのに適した方法であり，これまで多くの魚類（Baker and Sheaves, 2007）や甲殻類（Kneib and Scheele, 2000）において用いられている。この実験は最も稚魚の個体数が多く，魚食魚の消化管からも検出されたシロギス稚魚（平均全長34.1 mm）を用い，8月に実施した。シロギス稚魚は，吹上浜においてとくに8月に多くなる（須田ら，2014b）。実験に先立ち，シロギス稚魚が波や自身の動きにより，被食以外の要因で針から脱落することがないかを確認した。これには26 mの地曳網で一辺約6 mに囲った捕食者が侵入できない生け簀のような対照区を作り（図13），その中につなぎ留めたシロギス稚魚を30分以上設置した。その後，目視によってシロギスを観察すると，脱落したり弱ったりしていないことが確認できた。この実験にはシロギス稚魚の行動を極力制限しないように，糸は水の抵抗の少ない細糸である

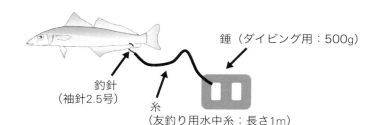

▲図12　糸つなぎ実験の模式図
このように糸につないだシロギスを4個体1セットとして各砂浜タイプに4セット設置した。

アユの友釣り用の0.6号を1m使用した。糸の太さはシロギス稚魚への負担を考えれば細い方がよいが，針に掛かった捕食者を確認するため，数パターンの予備実験を経てある程度強度のあるこの号数とした。なお，針は袖針2.5号を用いた。

図14には反射型，逸散型，および中間型のラネル内のそれぞれ水深50cm地点において，10分間の糸つなぎ実験によって計測したシロギス稚魚の生残率を示している。一見すると逸散型の生残率が反射型よりも低いようにみえるが，これらの間に統計的に有意な違いは認められなかった。つまり，小型魚は中間型のラネル内や逸散型でも，反射型と同じように捕食されている可能性が示唆された。潜水観察によって調べた捕食者の量は，糸つなぎ実験の

▲図13　被食以外の要因でシロギスが脱落しないかを確認するための対象区
26mの地曳網で四角く囲い作成した。また，四隅は上下にロープをかけて土嚢で固定した。

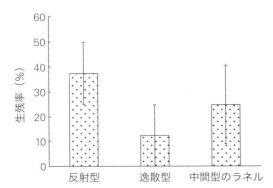

▲図14　各砂浜タイプにおけるシロギス稚魚の平均生残率
1セットあたりの平均値±標準偏差で示す。Nakane *et al.* (2009) を改変。

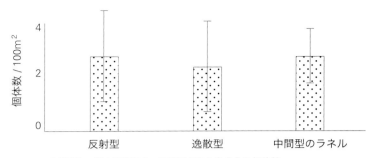

▲図15　潜水観察によって確認された魚食魚の個体数
4回の観察の平均値±標準偏差で示す。Nakane et al. (2009) を改変。

結果を支持するものであり，それらの地点間で魚食魚の種数や個体数の違いはなかった（図15）。観察された魚食魚はダツ，マゴチ，スズキ，ギンガメアジ，キチヌ，コトヒキ，およびヒラメであった。コトヒキやキチヌは糸つなぎ実験の釣り針に掛かり釣り上がることもあった。観察された魚食魚のうち，ギンガメアジ，キチヌ，コトヒキは体長100〜150 mm程度の小型個体であった。一般に，魚食魚といえばダツやスズキといった大型の魚類をイメージしがちであり，そのことが，浅場やラネル内に魚食魚が侵入しづらいという先入観となっている可能性がある。以上のように，小型魚の生残率に砂浜タイプ間で有意差が認められなかったことに加え，魚食魚の個体数にもタイプ間の違いが認められなかったことから，砂浜タイプによる小型魚分布の違いには捕食圧が関係していないことが判明した。

6.6　おわりに

　この研究により，砂浜海岸の魚類群集の構造は砂浜タイプによって異なっており，その主な要因の一つが餌環境の違いであることが明らかとなった。日本では多くの砂浜で海岸侵食が生じ，その対策としてヘッドランド（人工岬）や離岸堤などの海岸保全施設が設置されている。それらの構造物は波浪環境を変化させ，砂を堆積させる作用があることから，砂浜タイプの変化をもたらす。本研究の結果を踏まえると，砂浜タイプの変化により生物相の変化が生じる可能性が懸念されるため，海岸保全を行ううえでそのような変化が極力生じないように注意する必要があると思われる。実際，近年行われた研究では，開放的で波浪環境が荒い鹿島灘海岸において，ヘッドランドの周辺には，そこから離れた場所と比べて魚類の種数や個体数が多く，とくに小型魚が多いという結果が示されている（Tatematsu et al., 2014）。ヘッドランドの周辺は波浪環境が穏やかとなり，砂が堆積した逸散型に近い環境となる。これに対して，鹿島灘と比べ波浪環境が穏やかな東京湾の大貫海岸におい

て，離岸堤による魚類への影響を調べた研究では，波浪環境が穏やかで砂の堆積した離岸堤の陸側と，離岸堤が設置されていないエリアで魚類群集の構造を比較したものの，一部の魚種の個体数を除き，種数，個体数，体長組成などに明瞭な違いは認められていない (Mikami et al., 2012)。このように，人工構造物による生物への影響は明瞭にみられる場合とそうでない場合があり，今後さらに情報を蓄積することで，どのような場合に，どのような生物影響が生じるのかを明らかにする必要がある。現時点でその理由となる可能性をあげるならば，海岸保全施設を設置する場所のもともとの波浪環境の違いではないだろうか。魚類に影響が認められた鹿島灘海岸は，違いが認められなかった大貫海岸と比べれば波浪環境が厳しいエリアである。そのような場所に，静穏な環境が形成されれば，もともと穏やかな場所と比べ魚類やその餌生物が集まりやすい可能性はある。

　ここまでの研究成果を踏まえて，最後に釣りに関して一考しよう。小型魚の捕食圧や魚食魚の個体数に砂浜タイプ間の違いが認められなかったことから，魚食性の魚を狙った釣りは，砂浜タイプによる釣果の差は少ないと思われる。一方，家族連れでさまざまな魚種を釣って楽しみたい場合，もしくは小さくてもいいからシロギスの数釣りがしたいという場合は，遠浅で波の穏やかな逸散型に足を運ぶのがよいだろう。もちろん，彼らにとっての御馳走である多毛類を携えて。

（中根幸則）

BOX ❼　　　　　　　　　　　　　　　　吹上浜の十脚甲殻類

　水産大学校の須田有輔教授を中心とする研究チームにより，「砂浜海岸の海洋生物生息場としての重要性に関する研究」の一環として 2000 年から現在に至るまで，鹿児島県の吹上浜において年数回のフィールド調査が継続的に行われている（須田ら，2008；須田，2008）。生物採集調査の主たる対象は魚類で，幅 26 m，高さ 2 m の大型サーフネットが用いられている（第 5 章，BOX ⑥ 参照）。このネットは目合が 4 × 4 mm と小さく，またその構造や曳網方法から，魚類のみならず十脚目（エビ目），等脚目，端脚目，コウイカ目といった無脊椎動物も採集が可能である。そこで筆者らは，無脊椎動物についても種組成，種別の生息密度，優占種の出現パターンなどについて調べることにした（図 1）。結果の詳細は大富ら（2005）に記したが，ここではとくに優占種の一つであったキンセンガニ（*Matuta victor*）（図 2）に着目して得られた知見を紹介したい。

　調査を行った場所は吹上浜南部，鹿児島県南さつま市金峰町京田の地先である。春（5 月），夏（8 月），秋（10 月）の昼夜それぞれの干潮時と満潮時に採集を行った。サーフネットを砕波点近くまで運び，汀線に平行に広げた後に，ネットの袖の先端に取り付けたロープを左右 3 人ずつで持って汀線と垂直の方向に汀線を越える陸上まで曳網した。曳網開始時と終了時の網幅と曳網距離を記録することで，各回の曳網面積を求めた。実際には漁具能率の推定が必要だが，ここでは各種生物の採集個体数を曳網面積で除したものを密度とした。

　無脊椎動物は満潮時にはあまり出現せず，干潮時に多く出現した。上位優占 3 種はエビジャコ科の *Philocheras parvirostris*，キンセンガニ科のキンセンガニ，クルマエビ科のチクゴエビ（*Parapenaeopsis cornuta*）で，すべて軟甲綱（エビ綱）・十脚目（エビ目）の甲殻類であった。*P. parvirostris* は干潮時にしか出現せず，チクゴエビは秋（10 月）の夜間干潮時にしか出現しなかった

▲図 1　大型サーフネットによる採集物から無脊椎動物を探す

▲図 2　キンセンガニ（*Matuta victor*）

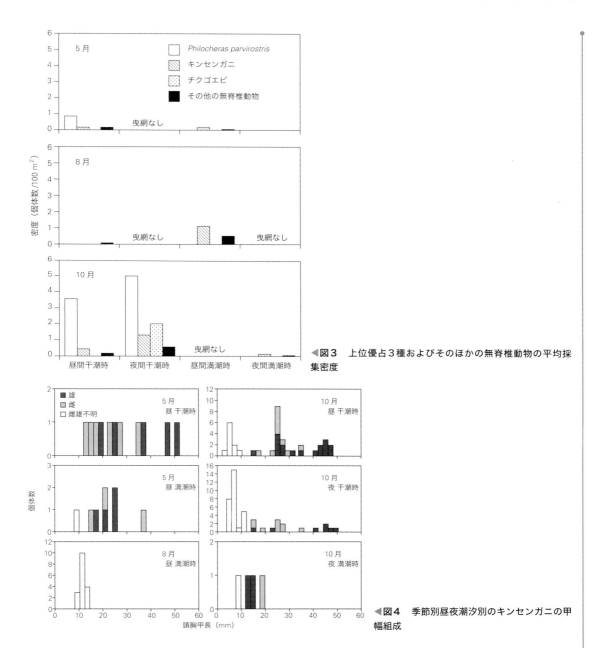

◀図3 上位優占3種およびそのほかの無脊椎動物の平均採集密度

◀図4 季節別昼夜潮汐別のキンセンガニの甲幅組成

が，キンセンガニは干潮時にも満潮時にも出現した（図3）。そこで，キンセンガニの体サイズや出現状況について解析を行った。本種は腹部の幅と生殖孔の位置で雌雄が判別できるが，判別が困難であった小型個体は雌雄不明として扱った。雄の最大サイズは甲幅52 mm，雌の最大サイズは甲幅37 mmであったが，甲幅組成を比較しても雄の方が有意に大きく（U検定，$p < 0.01$），体サイズにおける性的二形が確認された。本種は雄の方が雌よりも成長が良

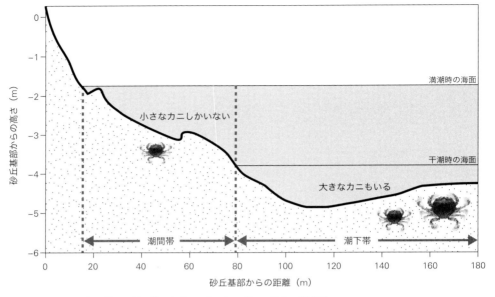

▲図5　吹上浜の潮間帯から潮下帯にかけてのキンセンガニの分布の模式図

く，成熟サイズも雄の方が大きい（Bellwood and Perez, 1989；Perez, 1990）。雌雄の体サイズの違いは雌雄の成長差によるものと思われる。

　キンセンガニの季節別昼夜潮汐別の甲幅組成を図4に示す。季節や採集時間帯（昼夜）による体サイズの差は確認されなかったが，潮汐による差は顕著であった。すなわち，干潮時には甲幅10 mm 未満の稚ガニから40 mm 以上の大型個体まで出現したが，満潮時に出現した個体のほとんどは30 mm 未満の小型個体であった。満潮時に比べ，干潮時には明らかにより広範囲の体サイズの個体が出現している。この結果をもとに，吹上浜の潮間帯付近におけるキンセンガニの分布を模式的に表すと図5のようになる。キンセンガニは成長に伴って沖の方向に移動し，潮間帯にはいなくなるのではないだろうか。なお，稚ガニは潮間帯から潮下帯にかけて広く分布するようにみえるが，この点については本調査の結果からは結論づけることはできない。なぜなら，潮の干満により変わる汀線の位置にあわせて移動している可能性もあるからだ。日周移動は今後検討しなければならない課題である。

　砂浜海岸の汀線と砕波点の間，つまり砕波帯は海からも陸からもアプローチが難しいため，そこに棲んでいる生物の分布や動態に関する研究は少ない。しかしながら，そこは水産有用種の成育場としての機能をもつ場所であるとともに，きわめて生物多様性の高い場所である陸域と水域の境界，すなわちエコトーンの水域側というとらえ方をすれば，環境保全という視点からも重要な場所である。砂浜海岸における水産学的，生態学的研究がさらなる発展を遂げることを願ってやまない。

（大富潤）

第 7 章

生物にとっての健全な砂浜環境とは

7.1 はじめに

　自然海岸は文字どおり，工作物が存在しない自然の状態の海岸を指す。私たち人類が現れるずっと前から長い年月を経て形づくられた自然海岸は今，沿岸開発や都市化などの経済優先の活動によって多くが失われつつある。干潟や藻場，そして砂浜の消失は一次産業に支えられている地域社会に大きなダメージを与えるだけではなく，生物資源の生産や物質循環を含めた生態系のさまざまな機能にも影響を及ぼす。最近では膨大な予算をつぎ込んで自然海岸を復元しようとする動きもあるが，一度失われた生態系機能や生物多様性を取り戻すことは容易ではない。

　人々にとって今やかけがえのない存在である自然海岸は，いうまでもなく，人間だけのものではない。すでに各章でも述べられているように，砂浜海岸にも多くの生物が生息している。しかし，日本の砂浜海岸の維持・管理の現状では，生物への配慮は後回しで，生物への影響が調べられずにさまざまな対策や事業が展開されている地域がほとんどである。本章では，砂浜海岸の生物が発信している警笛やSOSを探る取り組みを紹介し，生物にとっての健全な砂浜環境について考えたい。また，砂浜海岸の適切な管理や保全に向けた今後の課題や自然史系博物館などの社会教育施設が果たすべき役割についても論じてみたい。

7.2 砂浜海岸の侵食とサンドリサイクルの現状
― 山陰海岸の例

　近年，外海に面する波当たりの強い砂浜海岸では，海岸侵食の問題が深刻化している。海岸侵食とは波の作用によって砂浜が削り取られることであり，国土保全の観点からも海岸工学の分野で積極的な議論や研究が展開されてさまざまな対策が講じられている。古くから白砂青松とよばれ，人々に親しまれてきた砂浜海岸は侵食によって急速に失われつつある。海岸侵食の原因には，沿岸域から陸域に至るさまざまな人間活動が関係している。主な要

因としては，ダムの建設などによる河川からの土砂供給量の減少や，防波堤・離岸堤・人工リーフの建設による海流の変化に伴う土砂収支の変動などがあげられるが，複数の要因が複雑に影響し合っている場合も多い．また，それぞれの地域によっても海岸侵食の主な要因に違いがあるため，各地で独自の対策や土砂管理システムの構築が求められる．日本の海岸侵食とその対策の現状については，宇多（2004）に詳しく記されているので，そちらを参照してほしい．

　京都府の丹後半島から兵庫県の但馬地方を経て鳥取県東部の鳥取砂丘に至る山陰海岸エリアも海岸侵食の問題に直面している地域の一つである．昭和30（1955）年に山陰海岸国定公園に指定されて以降，沿岸開発などの大規模な環境破壊から守られてきたが，最近では冬季の激しい季節風による荒波によって海岸侵食の猛威にさらされている．海岸侵食は各砂浜海岸の汀線付近の砂を削り取るだけではなく，削り取られた大量の土砂が海流によって移動し，漁港を含めた港湾部に堆積する．これもまた大きな問題で，港湾部の海底に土砂が堆積することで，航路がふさがれ，漁船の入出港を妨げてしまうのである．山陰沖の日本海では，主に冬季のズワイガニを対象とした沖合底曳網漁が盛んで，漁港が機能しなくなると，地域経済に大きなダメージが生じてしまう．そのため，各地方自治体は港湾部などに堆積した大量の土砂を浚渫し，侵食された海岸部に運んで養浜する大規模な工事に毎年多額の予算を投入しているのが現状である．海岸侵食に悩む地域では，「侵食」→「浚渫」→「養浜」のサンドリサイクル（図1）が欠かせない．

▲図1　サンドリサイクルの仕組み

7.3 砂浜の生物とそれらの消失の現状

　日本一の広さを誇る砂丘海岸をもつ鳥取県では，全国に先駆けて総合的な土砂管理ガイドラインを策定し（安本ら，2006a, b），適切なサンドリサイクル事業を追求している。1999年の海岸法の改正以降，沿岸の生態系を含めた自然環境の保全を重要な柱の一つに含めて事業が検討されているが，現状としてはほかの地域と同様に，いかにして効率良く浚渫して養浜するかという部分に主眼が置かれているため，砂浜海岸の生物に対する影響が十分に評価されているとはいえない。さらに，砂浜生態系や生物相に関する科学的な情報が乏しいことも，砂浜海岸の維持・管理において生物への配慮が一向に進まないことに拍車をかけている。情報の欠如が誤った環境影響評価につながり，砂浜生態系の適切な管理において盲点となる可能性がある。サンドリサイクルによって砂そのものが毎年入れ替えられている砂浜環境にもかかわらず，コスト削減や情報不足を理由に生物への配慮に関して具体的な対策に踏み込めていないというのが日本の砂浜管理の現状である。

7.3　砂浜の生物とそれらの消失の現状

7.3.1　砂浜に暮らす生きものたち

　砂浜にはさまざまな生物が生息している（図2）。冬季の積雪や荒波にさらされていた山陰海岸の砂浜は，春を迎えると一変し，多くの海浜植物や昆虫類が観察されるようになる。春先には，ハマヒルガオ（*Calystegia soldanella*）

▲図2　山陰海岸の砂浜生物
a：ハマヒルガオ，b：スナビキソウとアサギマダラ，c：コウボウムギ，d：オオヒョウタンゴミムシ，e：イソコモリグモ，f：スナガニ．

が開花し，コウボウムギ（*Carex kobomugi*）の新芽が現れ，スナビキソウ（*Messerschmidia sibirica*）にはアサギマダラ（*Parantica sita niphonica*）が来遊する。晴れた日の早朝には多くのカモメの仲間が波打ち際に集まっている姿も観察できる。砂浜に座り込んで生きもの観察を始めてしまうと，その後，あっという間に多くの時間が過ぎていることに気づかされることになる。初夏になって，砂地に目を向けると，汀線付近では多くのスナガニ（*Ocypode stimpsoni*）が巣穴を掘って活動し始めている。汀線よりも陸側に位置する後浜や海岸砂丘の砂地では，イソコモリグモ（*Lycosa ishikariana*）やオオヒョウタンゴミムシ（*Scarites sulcatus*）なども見つかる。ここで紹介した砂浜の生物はごく一部であり，さらに幅広く生物相を調べて，砂浜生態系における生物多様性の実態を明らかにしなければならない。

7.3.2 砂浜生物の消失の現状

　春先から初夏にかけては，多くの砂浜生物が活発に活動し始めるのと同時に，各砂浜海岸においてサンドリサイクル事業の計画が進められ，港湾部の浚渫工事と侵食された砂浜の養浜工事が実施される。重機を使った大規模な浚渫と土砂の運搬によって，新しく芽を出して成長し始めていた海浜植物やそこに集まってきていた多くの昆虫類が短期間のうちに失われてしまうこともある（図3）。後浜や海岸砂丘などに生息環境が限定されているイソコモリグモやオオヒョウタンゴミムシは，砂浜環境の悪化や消失によって個体数が減少し，環境省や各県版のレッドリスト（絶滅危惧種）にリストアップされている。後浜よりも海側の汀線付近では，サンドリサイクルによる生物への直接的な影響がさらに深刻であると予測される。汀線付近を主な生息場所とする生物としては，ハマスナホリガニやナミノコガイなども多く観察されるが，汀線付近の主に陸域に生息し，砂地に巣穴を形成することから比較的調

▲図3　砂浜の浚渫・養浜工事前（左：2013年5月27）と後（右：2013年6月23日）における海浜植物帯の変化の様子
海浜植生は失われ，重機のタイヤ痕だらけとなった。

査がしやすいスナガニに焦点をあてて，砂浜での研究をスタートさせた．

はじめに，鳥取県にある 30 地点の砂浜海岸を歩いてスナガニの分布状況を調べたところ，海岸侵食によって汀線付近が大きく削り取られ，高い浜崖が形成されている砂浜（図 1 の侵食の写真）では，スナガニの存在を確認することができなかった（和田，2009）．砂浜海岸の汀線付近に生息するスナガニにとっては，海岸侵食によって生息場所そのものが奪い取られてしまうわけで，その影響が甚大であることは容易に想像できる．当たり前ともいえる調査結果であったが，日本の海岸エリアにおいて，海岸侵食とスナガニを含めた甲殻類の分布の関係を明確に示した研究例はほかになかった．その後の調査でも，冬季の海岸侵食によって越冬場所の砂地が削り崩されて，死亡または仮死状態となっている複数のスナガニが実際に発見されている（和田，2010）．さらに，砂浜ごとに生息密度も異なることが明らかとなり，隣接する海岸エリアでスナガニの多い砂浜と少ない砂浜が存在する理由についても気になり始めた．砂浜の代表的な生物ともいえるスナガニの生息密度に影響する要因を解明することができれば，健全な砂浜環境やそこに生息するほかの多くの動植物の保全にもつなげられると考えた．

7.4　健全な砂浜環境の指標生物「スナガニ」

7.4.1　スナガニについて

スナガニは成体の甲幅が 20 〜 30 mm ほどのカニで，北海道南部以南の砂浜に広く分布している．体色は生息地の砂の色とよく似ており，両眼が大きくて警戒心が強く，とくに昼間に接近しようとしても素早く巣穴に隠れられてしまう．汀線付近の砂地に円柱状の巣穴を形成し（深さは数 cm 〜 50 cm

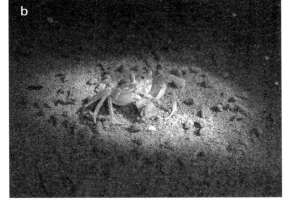

▲図 4　スナガニ
a：巣穴を掘っている様子，b：夜間にフナムシを捕食している様子．

以上に達する場合もある)，基本的に夜行性で，夕暮れから夜間に巣穴から出て活発に活動する（図4a, b）。山陰海岸では6～9月が主な活動期で，冬季は砂地の巣穴内で越冬する。スナガニの生活史については，山形県の酒田市立酒田中央高等学校第一理科部 (1968) の研究報告が最も詳しく，高校生らの一連の精力的な研究には驚かされる部分も多く，一読の価値がある。最近では，沿岸開発や内湾環境の悪化によって，広島県・熊本県・宮城県・兵庫県などがそれぞれの県版レッドリストにスナガニをリストアップしているほか，海岸侵食の影響を受けやすい外海に面する山形県のレッドデータブックにもスナガニが掲載されている（ランクは絶滅危惧II類または準絶滅危惧種）。しかし，レッドリストへの掲載および選定理由については漠然としている部分も多く，そもそもスナガニの個体数の減少や生息環境の消失などの記録や報告がきわめて乏しい。

7.4.2 指標生物とは

オーストラリアやブラジルなどの海外では，砂浜海岸の人的利用の影響を評価する「指標生物 (indicator species)」としてスナガニ類（スナガニ属 *Ocypode* のカニをまとめて「スナガニ類」と記す）が注目されている (Barros, 2001；Neves and Bemvenuti, 2006；Lucrezi *et al*., 2009)。指標生物（あるいは指標種）は，ある種（群）の存在やその個体数が特定の環境条件やそれに関連した実態を表す生物を指して使われる。すなわち，環境の違いや生態系の異変を測る物差しのような役割を果たす生物のことである。物理化学的な測定によってそれらを評価できるのなら，その方が客観的かつ恒常的な評価につながるが，さまざまな要因が複雑に絡んだ環境や生態系への影響を定量的に評価することは容易ではない。多くの科学的情報を集積して総合的な評価を行うためには多くの予算と労力と時間が必要となる。このような場合，環境変化の影響をいち早く把握できる生物や，生態系のなかの代表的な生物を指標生物とし，その生物の存在や動態をモニタリング調査などで把握して直接的に影響を評価する手法が有効かつ実用的であったりする。よく似た言葉で生物指標 (bioindicator) があるが，こちらは生物そのものを指す場合だけではなく，生物現象から抽出した何らかの指数を意味する場合もあるので，生物のみをさし示す場合は「指標生物」を使った方が混乱を避けられてよさそうである。

これまで日本の砂浜海岸の保全において，スナガニ類を指標生物として扱っている研究例はなく，海外の近縁種での事例を日本の砂浜海岸でも適用できるのかどうかは調べてみなければわからなかった。指標生物を選定し，環境影響評価に用いるためには，その生物の活動パターンや生活史などの生態学的な基礎情報も必要不可欠である。選定の基準があいまいで，科学的根拠や客観性を欠いていると，間違った影響評価によって余計な混乱を招いたり，多大な損失を生じさせてしまったりする可能性もある。生物自体を指標とするわけで，その動態に影響するさまざまな未知の要因も想定しつつ，実

地での検証を繰り返して、指標生物としての正確さを確保し、洗練させなければならない。

近年、砂浜海岸の適切な管理と保全が求められるなかで、「健全な砂浜環境」というやや抽象的な概念を具体的に数値化（定量化）できれば、環境の悪化や砂浜生物が直面している危機的な状況をいち早く察知し、迅速な対応ができるようになる。スナガニの存在と巣穴数から推定した生息密度は、海岸侵食の影響だけではなく、砂浜海岸の人的利用やサンドリサイクル事業の環境影響評価に活用できる可能性がある。スナガニを指標生物として砂浜環境の健全性を評価することが私の目指す研究の狙いとなった。

7.4.3　砂浜海岸の人的利用とスナガニの関係

前述した海外での研究例でも扱われている、砂浜海岸に影響を及ぼす「人的利用」とは、具体的に何を指しているのか。一番わかりやすい例は海水浴などのリクリエーション活動であろう。日本でも夏になると、多くの人々が美しい砂浜海岸を訪れる。人々が集まるところには経済効果が生まれ、砂浜はきれいに整備されて海の家が立ち並び、理想的な遊び場ができあがる。最近では、マリンレジャーも多様化していて、スキューバダイビングやシーカヤック、水上バイク（ジェットスキー）を使った体験型のアクティビティも人気がある。個人的には、水中マスクとスノーケル、そして足ヒレを付けて海面や海中を泳ぐスキンダイビングが好きで、私も砂浜海岸のヘビーユーザーである。多くの人々が自然を大切にする気持ちをもって砂浜を利用していると思うが、最近では大量のごみの放置などのマナー違反も目立つようになってきた。砂浜海岸に対する人々のニーズが多様化するなかで、砂浜への車両の乗り入れや大型の重機を使用した海岸清掃なども、海岸生物の生息環境や生態系に大きなダメージを与えている。

砂浜海岸にはある程度の自浄作用、つまり回復力があるとされる。とくに外海に面する開放的な海岸では、汚染源となるごみや油分が同じ場所に滞留し続けることが少なく、広範囲に拡散されて分解されやすい。砂浜海岸の砂には海水をろ過して浄化する機能があることが知られており、砂浜の存在自体が多くの生物を育む生態系を支えている。また、砂浜地下水を通して多くの栄養塩を砂浜生態系に供給する後浜や海岸砂丘も、潮汐や風波によって常に地形が変化しながらも一定の形状回復機能を有している。そのような状況下で大きな問題となるのが、許容範囲を超える過度の人的利用である。人々による砂地の踏みつけであっても砂浜の動植物の生育に影響を与えることが報告されているが、とくに海外ではリクリエーション活動の一つでもあるオフロード車（ORV）での砂浜走行が生態系や生物に大きなダメージを与えることが指摘されている（Schlacher *et al*., 2007；Schierding *et al*., 2011）。同様のアクティビティが日本で行われている地域はほとんど知られていないが、砂浜生態系やそこに暮らす生物への配慮を欠いた、過度の砂浜利用は少なく

ない。

　日本の沿岸域において，砂浜海岸の人的利用とスナガニの生息密度に関係があることは，当時小学生であった宇野拓実君が夏休みの自由研究の機会を利用して行った研究で初めて明らかとなった（宇野ら，2012）。宇野君は筆者の所属する博物館主催の野外観察会でスナガニに興味をもち，お父さんとともに自らが暮らす地域（兵庫県新温泉町）の6ヵ所の砂浜でスナガニの調査を始めた。小学3年生から6年生まで継続した調査では，各砂浜の大きさ・砂中温度・粒度組成・砂地の硬さなどの環境要因とともに，各砂浜におけるスナガニの巣穴数を何度も根気強くカウントし，砂地が硬く固められた砂浜ほどスナガニの生息密度が低いことを証明した。とくに，砂浜の汀線付近にまで自動車などが乗り入れられ，砂地が踏み固められた砂浜（図5）では，スナガニの数がごくわずかで，年によっては一つも巣穴を確認することができなかった。小学生が主体で行った地道な研究によって，スナガニの生息に適した砂浜環境の一部が明らかにされたわけであるが，穴数をカウントすること自体は誰にでも容易に行うことができる。高度な技術を伴うことなく，比較的簡便な手法で砂浜の人的利用の影響を評価できることを証明したのである。そういう意味でも，宇野君の夏休みの自由研究は高く評価されるであろう。

　未来においても美しい砂浜海岸を永続的に利用するためには，人的利用に関して一定の制限を設けることが必要であり，生態系やそこに暮らす生物にも配慮しながら，適切な砂浜管理の体制を構築しなければならない。砂浜の管理者の方々には，汀線付近の砂地にスナガニの巣穴がどれくらい開いてい

▶図5　砂浜の人的利用の例
海水浴場としての利用。

るかを確認してもらいたい。そして，砂浜海岸の過度な利用は早急に改めるべきである。

7.4.4　利用海岸と自然海岸での比較

　海岸侵食や砂浜海岸の人的利用がスナガニの存在や生息密度に影響することが明らかとなった。次の段階としては，砂浜海岸の人為的改変（サンドリサイクル）に対する環境影響評価の指標生物として，スナガニが有効かどうかを検証する必要がある。これが検証できれば，人為的改変に伴う砂浜環境の異変や生物のSOSを迅速に把握することができ，生物にも配慮した砂浜生態系の維持管理や保全にも貢献できる。そうするためには，砂浜の人為的改変の程度が異なる環境条件下で，比較検証するためのフィールド調査が不可欠であった。

　鳥取県東部の浦富海岸は複雑に入り組んだ海食地形と数百m程度の砂浜海岸が点在する地域で，今も多くの自然が残されている。そのエリアにおいて，直線距離にして約2kmしか離れていない小栗浜と熊井浜は，人為的改変の程度が対照的であった（図6）。小栗浜は海岸侵食の影響によって大量の土

a．利用海岸（小栗浜）

b．自然海岸（熊井浜）

▲図6　調査地（鳥取県岩美町田後～牧谷）
a：利用海岸（小栗浜），b：自然海岸（熊井浜）。

砂が堆積する海岸で，西側に隣接する田後港の入口周辺を含めて2001年から毎年平均34,000 m^{3}の土砂を浚渫して移動させる工事が継続されている（情報提供：鳥取県県土整備部）。それに対して，熊井浜は自然の状態で砂浜が比較的安定して維持されており，サンドリサイクルに関わる工事が一切行われていない。また，小栗浜は毎年の夏には海水浴場として利用されるのに対して，熊井浜は細い山道を徒歩でアクセスしなければならないことから海水浴場としても整備されていない。ほぼ同じ地域にありながら，人為的な改変の程度が異なる小栗浜と熊井浜をそれぞれ「利用海岸」と「自然海岸」として，スナガニ類がどちらの海岸を生息場所として利用しているのかを調査した。

調査方法としては，スナガニの活動期（6〜9月）を中心に週1回のペースで，晴れた日の早朝の砂浜海岸を歩いて，各砂浜の砂地に開いた巣穴数をカウントするというシンプルなものである。汀線から陸側に向かって3 m間隔で順に巣穴数をカウントした結果，利用海岸と自然海岸ともに，汀線付近で最も巣穴密度が高く，後浜に向かうにつれて巣穴密度が減少する共通の分布パターンがみられた（図7）。スナガニの巣穴密度については，汀線からの距離に関わらず，すべてのエリアで活動期を通して利用海岸よりも自然海岸の方が明らかに高い値を示した。スナガニの巣穴は円柱型以外に2つの開口部をもつY字型のものも知られており，巣穴数をそのまま生息個体数として扱うことはできないが，生息密度や個体数の増減を表す指標として有効であることは前述した海外での先行研究でも明らかにされている。それゆえ，スナガニの生息密度（巣穴密度）が砂浜の人為的改変のインパクトを評価する指標（物差し）になり得るといえそうである。しかし，本研究は現段階では未発表データであるため，今後，これらのデータを学術論文として公に認められた形に整える必要がある。

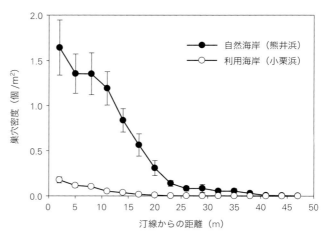

▲図7　利用海岸と自然海岸におけるスナガニの巣穴密度と汀線からの距離の関係
調査期間は6〜9月。和田（未発表データ）。

利用海岸においてスナガニの生息密度が低い主な原因としては，毎年実施されている浚渫工事による人為的改変の影響が考えられる。小栗浜の浚渫工事では，スナガニの主な生息場所である汀線付近に大量の土砂がいったん積み上げられた後，トラックで周辺の海岸へ運び出されるまでそこで維持される（図6a）。高さ3mを超える土砂の砂壁は何かの建造物かと思わせるほどのインパクトがある。浚渫工事の前後で利用海岸のスナガニの巣穴数を比較すると，工事の開始直後に激減し，工事開始前とほぼ同じ値に回復するまでに，工事終了から約1ヵ月の期間を要することも明らかとなった（図8）。さらに，利用海岸で確認された巣穴の開口部のサイズは，1年を通して直径2cmよりも小さいものが多く，成熟サイズの個体が作る直径3cm以上の大きな巣穴はほとんど確認されなかった。つまり，利用海岸ではスナガニの越冬や繁殖に支障が生じている可能性が考えられる。これらの結果から，砂浜海岸の人為的改変が砂浜の生物に直接影響を与えることは明白であろう。浚渫工事や養浜工事では複数の大型重機が何度も砂浜を往復し，砂地はタイヤ痕だらけとなる。浚渫工事が行われている期間中の調査において，積み上げられた砂壁のすぐ横で，巣穴から出てきて歩脚がちぎれた状態で裏返って死んでいるスナガニに出合った（図9）。直接の死因やなぜ巣穴から出てきて死んでいたのかもわからないが，このスナガニは大事に持ち帰り，博物館の標本として残すことにした。

自然海岸に人間の手が加わることで，うまく保たれていた砂浜生態系のシステムが崩れて，さまざまな動植物の生態に影響を及ぼしている。自然が多く残された砂浜では多くのスナガニが観察され，人の手が頻繁に加えられている砂浜ではその数が少ない傾向が示された。これからもさまざまな可能性

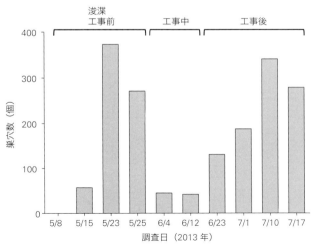

▲図8　利用海岸における浚渫・養浜工事前後のスナガニの巣穴数
和田（未発表データ）。

▶図9 汀線付近に積み上げられた砂壁の横で死亡していたスナガニ

を検証して洗練させていく必要があるが，砂浜海岸のスナガニの生息密度（巣穴密度）は自然環境や人為的な影響の度合いを表す"物差し"として有効であると結論づけられる。スナガニを指標生物として，砂浜環境や生態系の異変をいち早く察知し，そこに暮らす生物にも配慮した砂浜管理システムの構築や保全対策を進める必要がある。

7.4.5 温暖化の指標としてのスナガニ類

　スナガニ類は砂浜海岸を代表する生物で，北海道南部以南に温帯性のスナガニが広く分布する。このほかに，日本沿岸には熱帯・亜熱帯域を分布の中心とする南方系種（熱帯・亜熱帯性種）のツノメガニ（*Ocypode ceratophthalmus*），ミナミスナガニ（*O. cordimanus*），ナンヨウスナガニ（*O. sinensis*），ホンコンスナガニ（*O. mortoni*）が生息する。日本海側や北日本の太平洋側の砂浜では温帯性のスナガニが優占するのに対して，黒潮による暖流の影響が強い南日本の太平洋側の沿岸域や瀬戸内海などの内湾環境では，近年の温暖化に伴って，南方系種が北上および分布域を拡大しつつある（淀ら，2006；真野ら，2008；渡部ら，2012）。南方系種が新たな砂浜に侵入することによって，これまで優占していたスナガニと生息場所や餌をめぐる競合が起こり，在来のスナガニ個体群が衰退することが懸念されている。

　日本海側の沿岸域において，南方系のスナガニ類が多く生息する状況はいずれの地域からも報告されていないが，太平洋側の沿岸域や内湾環境と同様に，今後，南方系種が侵入・定着し，砂浜生態系に影響を及ぼすことが予測される。実際に，新潟県の沿岸域でツノメガニの存在が 2010 年に初めて記録

7.4 健全な砂浜環境の指標生物「スナガニ」

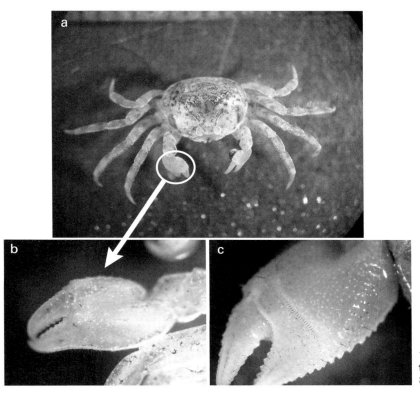

◀図10 ナンヨウスナガニの幼体(a)とはさみ脚の内側(b)およびスナガニにみられる顆粒列(c)

されている(高田・和田, 2011)。日本海南西部に位置し, 対馬暖流の影響を強く受ける山陰海岸においても, 南方系種が侵入している可能性があった。そこで, プランクトン生活から砂浜に着底して間もない「幼体」に着目し, 5地点の砂浜海岸から合わせて212個体を集めて調べたところ, そのなかの17個体がスナガニではなくナンヨウスナガニであった(和田・和田, 2015)。ナンヨウスナガニははさみ脚の内側に顆粒列(発音器官)が存在しない点でスナガニおよびツノメガニとは容易に識別できる(図10)。これらの調査結果から, 日本海側の砂浜海岸でも, スナガニ類の複数種間で生息場所や餌をめぐる競合が始まっていることが示された。とくにナンヨウスナガニはほかの南方系のスナガニ類と比べて低温環境に強いとされることから, 今後, 日本海の沿岸域や北日本の太平洋側の砂浜へ侵入・定着していく可能性が高い。

このような状況を受けて, 筆者は日本海の海洋生物の多様性や保全を目的とした関係機関連絡会議において, 指標生物を使った共同調査を提案し, 実施している。南方系種を含めたスナガニ類の侵入や定着の度合いは, 温暖化の影響を把握するための指標として有効と考えられる。日本海側の各エリアで海洋教育や環境保全に取り組んでいる水族館や博物館などの社会教育施設が協力しあって, 共通の調査体制や情報共有の仕組みを構築することができれば, 温暖化の影響だけではなく, そのほかの環境変化や生物が直面してい

る危機的状況をいち早く把握できるようになる。さまざまな要因によって砂浜を含めた沿岸環境の健全性が損なわれているなかで，それぞれの地域でまず実態を把握する取り組みを行い，ほかの地域とも連携または情報共有して，生態系や環境の保全に向けた具体的な対策を検討・実践していく必要がある。

7.5　サーフゾーンにおける指標生物の探索

7.5.1　海域の環境影響評価の必要性

　砂浜海岸の陸域（後浜）については，スナガニ類を指標生物として砂浜環境の健全性をある程度把握できそうであることがわかった。海岸侵食は陸域の動植物に大きなダメージを与えるが，港湾部や汀線よりも海側の浅場で大量の土砂を浚渫している現状では，人為的改変が砂浜海岸の海域の生物に対しても相当な影響を及ぼしていると推察される。陸域の環境影響評価は行うが，海域の方は評価が難しいので行わないというスタイルでは，いつまで経っても砂浜海岸の適切な管理にたどり着けない。海域は広くてつながっているものだから工事の影響なんて心配しなくてよいと主張する研究者もいる。しかし，本当にそうなのだろうか。正確な情報を発信するべき研究者の慢心や無関心によって，生態系の攪乱やそこに暮らす生物の個体数の減少が見過ごされるようなことがあってはならない。人為的改変の影響を強く受ける港湾部や汀線付近の浅所においても，陸域同様に環境影響評価を実施するための手法の開発が求められる。

　港湾部の浚渫工事では，バケットクレーンを装備した砂利採取船を使って，海底に堆積した土砂を掘り起こしてすくい取る（図1の浚渫の写真）。すくい取られた土砂の中にどれくらいの生物が存在するのか，深くえぐられた海底の採取跡がその後どのように回復するのかなど，多くの疑問が調べられずに未解決である。浚渫された大量の土砂の多くは海岸侵食によって海底がえぐり取られた離岸堤の周辺などに投入されるが，海底の砂地を主な生息場所とする生物にとっては，上から大量の土砂が降ってくることになり大きなダメージを受けることが予測される。さらに，これらの浚渫工事および土砂投入によって，周辺一帯の海の中はひどく濁り，透明度がいちじるしく低下する。海中の濁りは少なくとも数kmの範囲にまで及ぶことが確認されている。港湾内であれば数日間は濁りの影響が目視でも確認できるため，港湾内に自生するアマモの仲間や海藻類の成長にも影響するだろう。人為的改変が砂浜海岸の海域にも直接的または間接的に影響を及ぼしているはずであるが，実態を把握するための詳しい調査は行われておらず，情報不足ゆえに現状の把握すらできていない。

7.5.2　サーフゾーンの生物相と指標生物の候補

　砂浜海岸の海域については、藻場や干潟などのほかの沿岸環境と比べて研究例が乏しく、生物の情報も少なかったことから生態系の重要性も軽視されがちであった。しかし、最近ではとくに波が砕け散る砕波帯から汀線付近までの比較的浅いサーフゾーンにおいて、多くの魚類や海産無脊椎動物が生息し、豊かな生態系が構成されていることが明らかにされている（第4章～第6章参照）。水産有用種を含めて多くの稚仔魚の成育場（保育場）としても、砂浜海岸の海域は重要な役割を果たしている。山陰地方の砂浜海岸のサーフゾーンでも、シロギス・ヒラメ・クロウシノシタ・スズキ・マダイなどの稚魚が多く見つかり、これまでに約60種の魚類の出現が確認されている（図11a；和田ら，2014）。それぞれの魚種に着目すると、季節ごとに体サイズの組成が変化し、稚魚が成長の場として砂浜海岸を利用していることがわかる。これらの魚種の出現や成長のパターンは地域ごとに異なるが、それぞれの地域で

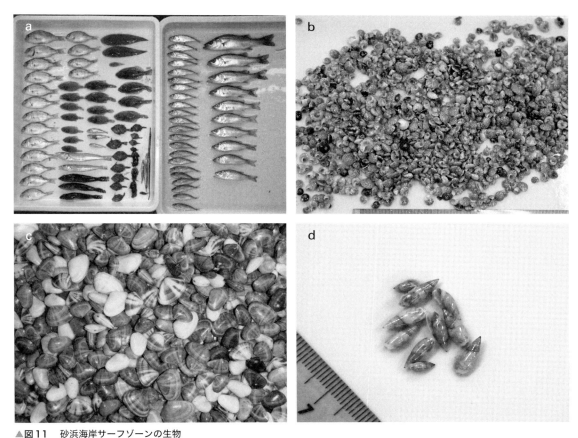

▲図11　砂浜海岸サーフゾーンの生物
a：地曳網調査で採集された稚魚，b：キサゴ，c：ナミノコガイ，d：ムシボタル。

は年によって大きく変化するものではなく，比較的安定している。それゆえ，各地の魚種組成や各種の体サイズ組成などの基盤となる生物情報を整えたうえで，採集調査の結果を分析することで，砂浜環境の変化の有無や健全性を間接的に知ることができるかもしれない。

多くの魚類は一般的に遊泳能力が高く，極端な環境の悪化が起こればほかの場所へ自ら避難することができると考えられる。それに対して，サーフゾーンの砂地に生息するキサゴ・ナミノコガイ・ムシボタルなどの底生性の貝類（図11b～d）は，移動能力が比較的乏しい。ナミノコガイは季節が限定されるが，波打ち際の浅場に高い密度で出現する。キサゴについては出現のパターンなどが未解明であるが，地曳網（サーフネット）を100mほど曳く間に1,323個体（殻幅5mm前後）が採集されたこともある。高い密度で砂中に生息するこれらの貝類は，砂浜の砂地への依存度が高く，移動能力が乏しいゆえに，砂浜海岸の環境変化や人為的改変の影響を受けやすいと考えられる。底生性の貝類を指標生物の候補としてさらに詳しく調べることで，砂浜海岸の海域の異変をいち早く察知する手法が見つかるかもしれない。人為的改変の影響評価に活用するためには，スナガニの例と同様に，利用海岸と自然海岸で比較検証し，指標生物としての有効性を見きわめることが必要である。

7.6 これからの課題と展望

7.6.1 基礎知見の充実から実践へ

本章では，生物にとっての健全な砂浜環境に関する研究例を紹介したが，まだまだ調査不足が否めない。ここで指標生物としてあげた砂浜のスナガニ類でさえ，干潟のスナガニ亜科の他種と比べて明らかに研究例が少なく，詳しい活動パターンや生活史などの生態学的な情報は十分ではない。スナガニ類のように目立つ生物以外では，その存在すら知られずに失われてしまっている場合も少なくないだろう。指標生物は同様の環境に生息する生物群の代表としての役割が期待されるため，そのほかの生物との関わりも含めて基礎的な知見を今後も充実させていく必要がある。

その次の段階としては，指標生物を使って砂浜環境の健全性を評価しながら，砂浜生態系の適切な管理に向けた具体的な提案を実践していかなければならない。わずかな配慮で，砂浜生物の減少や生息環境の消失を防げる場合もあるだろう。例えば，浚渫や養浜工事などの施工時期を多くの生物の活動期からずらしたり，大型重機の走行場所や距離を制限したりすることで，多くの動植物を保全することができるはずだ。浚渫・養浜工事のコスト削減も大きな課題であることから，総合的な視点で効果的な対策を提案し，実践して洗練させていくべきである。

ここでは指標生物を使った簡便な観察測定の研究に焦点をあてて紹介した

が，当然のことながら，これだけで十分な環境影響評価が行えるわけではない．砂浜の管理で現在も実施されている土砂の移動量の推移や汀線位置の変化などのモニタリングを継続しながら，物理化学的なデータの分析も同時に実施し，その時点での最善策を常に検討していく必要がある．多くの生物学的基礎知見が集まり，環境影響評価を繰り返して科学的な基盤が整えば，サンドリサイクルにおける新しい技術や手法の開発も可能になる．砂浜環境や生態系を適切に管理し，永続的に保全していくためには，まだまだ多くの課題が残されている．

7.6.2 砂浜海岸の大切さを伝える取り組み

地域の自然環境や生物多様性を保全する取り組みを推進していくうえで，地域住民の理解と賛同を得ることがとても大切になる．砂浜海岸の管理や保全では，地域経済へのダメージを軽減させる目的が優先されるが，同時に豊かな自然や多くの生物が暮らす環境を残したいと思っている地域住民も少なくない．地域の主体である住民自身が郷土の自然やともに暮らす生物のことをより深く知って，それらを守りたいという願いや気持ちを育てる取り組みの充実が求められる．

私は大学院を修了して博物館の学芸員となり，砂浜海岸の自然やそこに暮らす生物に焦点をあてた野外観察会を開催してきた．「夜の渚でスナガニの観察」と題した野外観察会では，海岸侵食や浚渫・養浜工事の影響でスナガニが暮らしにくい環境になっていることを伝えた後，自然が残された砂浜で多くのスナガニが活発に走り回る様子を観察してもらう．その光景を実際に見て触れることで，砂浜海岸の魅力や保全の大切さが伝わると信じている．博物館などが主催する野外観察会は一度に30名ほどにしか伝えられない地道な活動ではあるが，地域住民が身近な自然環境や生態系の役割に興味をもつきっかけとなる．このような活動を継続して地域に根付かせることができれば，さまざまな組織や機関からの共感が得られて，自然環境を守り育てる取り組みを地域社会全体で支援する体制が整うことにつながるだろう．

砂浜海岸のサーフゾーンの生物相を調べる地曳網調査は，「魚の赤ちゃん調べ―春（または秋）の地曳網調査体験」と題して一般向けの野外観察会としながら，市民参加型の調査としても実施している．何もいないように見える砂浜海岸の浅場に多くの稚魚が暮らしていることを実感してもらう観察会であるが，採集された稚魚の種同定や計測作業も参加者とともに行うことで，さらに深く学ぶ機会を提供することもできる．自然系博物館や水族館などの社会教育施設には，地域住民の自然環境や海洋生物などへの興味・関心を高めながら，次世代を育成することによって地域社会に貢献することが期待されている．日本各地に設置されているこれらの施設がそれぞれの地域で自然や生きものに関する普及活動を積極的に展開することで，全国規模で失われつつある自然海岸の保全にも貢献できるであろう．

▶図12　砂浜の砂地に描かれたカニの絵

7.7　最後に

　砂浜を歩いて調査しているときに，砂地に描かれたカニの絵に出合った（図12）。誰にでも砂浜海岸での想い出があると思う。家族や友人たちと砂浜を訪れ，きれいな海を泳いだり，浜辺で貝殻を拾ったりした記憶や写真が残っていることであろう。ここ数十年の間で，日本の自然海岸はかつてないほどのスピードで失われたが，多くの人々が直接的な被害を実感していないために，危機的な状況が地域社会にあまり浸透していないように感じる。その一方で，生息場所そのものが奪われるなどの，砂浜海岸の生物たちへの深刻な被害はわれわれの目に見える形で顕著に現れつつある。現在の砂浜海岸の保全対策では，土砂の移動などの物理的な現象を中心に議論や研究が展開され，動植物の生息環境や砂浜生態系への関心が後回しになっていることが問題であり，両者が互いに密接に関係していることを忘れてはならない。海岸侵食や人為的改変による砂浜生態系への影響は甚大であり，科学的根拠に基づいて現状を把握し，多くの人々の理解や協力を得て，砂浜海岸の適切な管理を促進していく必要がある。

（和田年史）

第8章
アカウミガメの保護活動を通してみる表浜の自然と保全

8.1 表浜の四季

　浜辺を歩む足元をすくうように，勢いよくすり抜けていく砂と風。その様は白い砂の川の中に立っているようだ。この砂の川は風紋や微小な地形を造り出し，やがて見た目にも地形が大きく変わってくる。繰り返される飛砂による砂の造形，これが私たちが活動の拠点とする「表浜」の冬の姿である（図1）。

　フキノトウを思わせるコウボウムギの果胞が砂浜の表層から姿を現すころに誘われたかのように，ハマニガナの艶やかな黄色，ハマヒルガオの淡い桃色，ハマエンドウの紫色が後浜を埋め，表浜の鮮やかな春が訪れる（図2）。波打ち際では，波が寄せるたびに砂の中から小さな気泡が湧いてくる。波が返した瞬間に，それが一面に広がった直径3 mmほどの無数の穴から湧いたものだとわかる。足を踏み込むと無数の小さな生きものが飛び跳ねることで，これがハマトビムシの巣穴であることを知る。前浜には，カタクチイワシ，アメフラシ，ナマコ，イイダコなど多様な小型動物が打ち上げられ，海の

◀図1　足元をまるで砂の川のように流れる冬の表浜の飛砂

▶図2　コウボウムギの芽生え

中にも春の息吹きが訪れたことを知る。陽は一日一日と輝きを増し，海食崖の照葉樹林の緑も濃さを増していく。

　梅雨間近の未明の浜辺。海水温と大気の気温差で発生した乳白色の海霧(かいむ)の中，波打ち際から砂浜の奥に延びる，砂面に深く刻まれた跡が見える。何か重い物を引きずったような跡である。跡をたどっていくと，その先に大きく黒い塊が揺れている。アカウミガメ（*Caretta caretta*）の産卵だ。アカウミガメの産卵は入梅ごろから晩夏まで続き，卵は産みつけられてから60日前後で順次ふ化を始める。表浜の夏はアカウミガメの季節である。

　子ガメの旅立ちが過ぎると，冬型の気圧配置とともに季節風が吹く日が増えてくる。アカウミガメの卵の殻が風で飛ばされ，砂の上を転がっていく。空気は徐々に冷たくなり，生きものの姿も見かけなくなる。春の温暖な季節に数多の生きものを養った浜は，夏季の高波浪や台風の通過ですっかりやせ細ってしまった。しかし，生きものの季節の終わりとともに，今度は砂浜の回復の季節が始まる。日増しに強くなる空っ風(から)は再び浜に砂をもたらし，新たな生きものの暮らしの場を形づくっていく。

8.2　表浜の自然と地理

　静岡県の御前崎から愛知県の渥美半島西端の伊良湖岬に至る遠州灘に面した海岸のうち，伊良湖岬から浜名湖の今切口に至る約56 kmの区間は，地元では通称，表浜とよばれている。太平洋を渡ってきた波がぶつかる，全国で

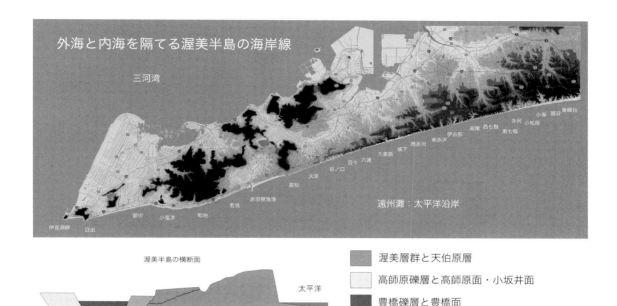

▲図3　渥美半島は愛知県の太平洋岸に面した東西に延びた半島
曲隆運動によって形成された。土 (1960) を改変。

も有数の開放的な砂浜海岸である。

　渥美半島南側の太平洋側は洪積台地となり高く、半島北側の三河湾側に向かって低くなる（図3）。太平洋側の縁辺は海食崖を形成し、その足元に砂浜が広がる（図4）。そして標高30〜70mほどの丘陵から標高300mほどの山塊を経て緩やかに傾斜しながら穏やかな三河湾へとつながる。その細い陸地をはさみ、波浪環境の厳しい砂浜海岸と静穏な内湾海岸がみられる環境は、北米の大西洋岸とメキシコ湾岸を縁取るバリアーアイランドにも似ている。表浜の砂の主要な供給源は、南アルプスと中央アルプスに端を発する天竜川である（図5）。河口から海に流れ出た土砂は、沿岸流によって遠州灘の東西の海岸線に運ばれ、波、そして陸上では風の働きによってその場所ごとの砂浜地形が形づくられている（図6）。

　表浜をはじめ遠州灘の海岸は、絶滅危惧II類（VU：Vulnerable species）に指定されているアカウミガメの本州の北限に近い最大の産卵地である。また、渡り鳥の飛来地としても名高く、冬の到来を前にハチクマ、冬にはサシバ、ミユビシギ、夏にはオオミズナギドリ、コアジサシなどがみられ（図7）、表浜は多くの生物にとって重要な生息場所となっている。

　表浜には、海と陸の間のエコトーンを象徴するような豊かな海浜植生がみられる。コウボウムギが後浜の最前線から始まり、そのコウボウムギが自生する間の砂面をハマヒルガオ、ハマニガナ、ハマボウフウなどの匍匐性の草

第 8 章　アカウミガメの保護活動を通してみる表浜の自然と保全

▶**図4**　海食崖とその下に広がる砂浜

▶**図5**　中部山岳帯を中央構造線に沿って流れる天竜川
中央アルプスと南アルプスからの支流河川が土砂の供給源であり，水源である。

▲図6　天竜川から流れ出した土砂はいったん河口にテラス状に堆積し，その砂が沿岸流によって漂砂として遠州灘沿岸に供給される

◀図7　波打ち際の野鳥（ミユビシギ）

が覆っている。先駆植物であるこれらの草本は，塩分や乾燥など過酷な砂浜の自然条件にみごとに適応している。このような砂丘前面の植生から，その背後に広がるやや背が高いケカモノハシ，ハマエンドウ，ハマゴウなどの草本，トベラ，シャリンバイ，マルバグミなどの低木へと移行する。砂浜背後の海食崖の丘陵には，シロダモ，ヤブツバキ，タブノキなどの亜高木，さらに背の高いヤブニッケイ，コナラ，スダジイ，ホルトノキ，カクレミノなどの高木が広がる（図8）。

　海食崖の沢になった部分や，潮位低下時の潮間帯上部からは地下水が流れ出し，海食崖上の丘陵地に広がる照葉樹林が，水源涵養林としての機能ももつことがうかがえる。河川経由で沿岸域に運ばれるフルボ酸などの腐食物質や栄養塩が，沿岸域の生物生産に影響を与えているように，表浜の砂浜のあ

第8章　アカウミガメの保護活動を通してみる表浜の自然と保全

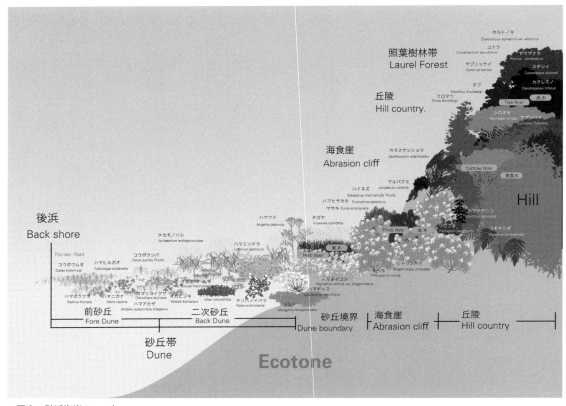

▲図8　砂浜海岸のエコトーン
潮や風に強い植物から、徐々に背が高く根が深い植物に遷移する。

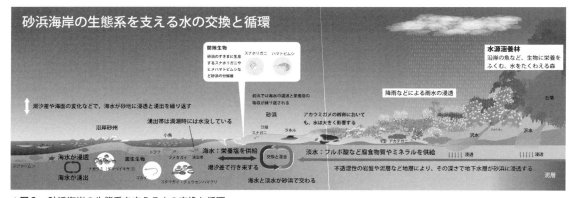

▲図9　砂浜海岸の生態系を支える水の交換と循環
海食崖の沢や潮間帯から湧出する地下水は，生物生産に必要な栄養塩や腐植物質をもたらす。

ちらこちらから流出するこれらの地下水も，同じような役割を担っているのではないかと考えられる（図9）。
　表浜はこのような砂浜の自然に恵まれ，それは同時に，漁業者，釣り人，

◀図10 表浜でのポピュラーな利用形態の一つであるサーフィン

サーファーなど多くの人々にも恵みを与えている（図10）。砂浜の自然を満喫しようと，行楽シーズンには全国から大勢の人々がキャンプなどに訪れる。

8.3　表浜の現状

　表浜でも全国の砂浜と同様の環境問題を抱えている。海岸侵食により浜が崖状となったり，海食崖の基部が消波ブロックで覆われてしまった地区もある（図11）。

　海岸侵食に起因するこれらの問題は，表浜の砂浜生態系の象徴でもあるアカウミガメの産卵にも影響を与えている（図12）。せっかく親ガメが上陸しても，後浜に設置された消波ブロックなどの構造物に行く手を阻まれ，産卵できずに引き返したり，無事産卵し終わっても帰海できず，力はてることがある。また，ブロックの間の空所に落ち込み，自力では戻れず死亡するケースもある。子ガメにも同様の運命が待ち構えている。ふ化して海に向かう子ガメは，幼体とは思えない運動能力を有しているが，それでも高さ10cmの段差を乗り越えることは難しく，それが20cmになれば完全に障壁となって移動を妨げる。

　表浜は，観光地化されていないために沿岸の自然が残されてきたが，一方で，観光施設の不備は，海岸利用者によるごみの投棄や汚水の発生という問題にも係わっている。観光施設の整備が，単に利用客の便宜を図るだけのものではなく，自然環境の保全への関心の芽を育てる役割をもつことも理解されるべきであろう。

▶図11　海岸侵食対策のための消波ブロック護岸

▶図12　アカウミガメの産卵行動を妨げる消波ブロック

8.4　NPOの活動

　筆者が現在代表を務める"表浜ネットワーク"は，この長大な表浜海岸を活動の拠点としている特定非営利活動団体（NPO）であり，2005年に法人化が認定された。設立当初は，表浜で産卵するアカウミガメの保護を活動の一番の目的としていたが，長い活動の過程で，アカウミガメの保護には何よりも健全な砂浜環境が必要であることに考えが至るようになった。そこで，現在では，アカウミガメの保護を主要な活動としながらも，砂浜環境を保全す

るための堆砂垣の設置，砂浜の環境調査・研究，表浜の文化の伝承，専門家を招いての巡検や講演会，国内外での環境関連会議での情報収集と発信，資料の制作など，表浜の自然と文化を未来の子供たちのために残していく活動を幅広く行っている．ここでは，私たちの主要な活動をいくつか紹介する．

8.4.1 アカウミガメの保護活動

団体の設立当初から行ってきた最も重要な活動である．毎年のアカウミガメの産卵シーズン中，ほぼ毎日行っている巡回調査を通して見えてきた，表浜に来遊するアカウミガメの生態の一端を紹介する（特定非営利活動法人表浜ネットワーク，2013）．

巡回調査では，アカウミガメを驚かせないように常に慎重に行動することが必要である．アカウミガメが砂浜に上陸し，移動して残るタートル・トラック（turtle track）を追跡し，存在が確認できたら，頭部の方向を確認し，できるだけアカウミガメの視界に入らないように接近する．

1) 産卵行動

個体差も大きいが，アカウミガメの産卵は，砂浜の奥深く，比較的に安定した後浜や砂丘の基部で行われることが多い．しかし，海岸の状態によっては，浜崖の斜面など思わぬ場所で行われることもある．

順調に産卵行動に入ったアカウミガメの甲羅の後方は少し砂地に沈み込み，姿勢を整えるためのボディピット（body pit）に肢体は収まっている．産卵巣を掘る行動に入っている場合は，後肢をゆっくり交互に使って卵室を掘るため，体が大きく揺れる．掘削は後肢だけで行われ，60 cm 程度の深さまで掘り下げられる．海棲に適応したアカウミガメの四肢はひれ状構造のフリッパーとなっているが（図13），フリッパーを器用に使い，手のひらを丸めるようにして砂をつかんで穴の外に排出する．一方のフリッパーで砂を排出する間，反対側のフリッパーで周囲の砂を払い，卵室に砂が入らないようにしている．この動作が交互に続く．

▲図13　アカウミガメ（成体）の外部形態

十分な深さに達すると，両方のフリッパーを羽根を広げるようにしながら，息を整え，臀部から総排出腔（消化管の終末部の腔部で，尿が通る輸尿管や卵や精子が通る生殖輸管も開口している）を卵室まで伸ばして産卵の段階に入る。大きく両方のフリッパーが反り返ると，卵室に挿入された総排出腔から卵が数個ずつ産み落とされ，20〜30分程度で100個前後の卵が産み落とされる。産卵が終わると，息を整えるかのように一瞬動作が止まり，その後，後肢のフリッパーを使って卵室が埋め戻される。今度は身体を揺するようにして体重をかけて，砂地を押し固めていく。最後に，前肢の大きなフリッパーを力強く水を掻くように動かし，周囲の砂を勢いよく飛ばし始める。これは産卵痕をかき消すためのカモフラージュ行動である。実際，カモフラージュされた産卵巣は，容易にはわからない。すべての産卵行動が終わったアカウミガメは，海を目指して身体の向きを変え，砂浜を横断して帰海する。後に残ったタートル・トラックだけが上陸と帰海の証拠となる。

2）タートル・トラックはウミガメのメッセージ

　タートル・トラックは，砂浜に残されたウミガメの産卵行動の記録である。野鳥の飛翔や水生生物の遊泳の痕跡は，GPSや特殊な記録装置を使わなければ視覚的に確認することができないが，砂上を這うウミガメは，その重さゆえ，砂面に明瞭な這い跡を残す（図14）。トラックを辿ることで，具体的な産卵地点が特定できるだけではなく，産卵地点までの往復の行程で遭遇したトラブルを推測することもできる。消波ブロックをはじめとする人工構造物が存在すれば，ウミガメの上陸・帰海行動が遮られることは容易に理解できるが，そのような明瞭な障壁がない場合でも，タートル・トラックの刻まれ方に不審な点があれば，それは産卵環境としての砂浜に何か問題があることを

▶図14　砂浜に残されたタートル・トラック

示しているかもしれない．そのような，無言のメッセージを私たちはきちんと読み取ることが必要である．

3) 砂浜に託された生命

　各地の海岸では，アカウミガメの産卵シーズンになると，産みつけられた卵を掘り返し，砂面上に並べた写真が報道されることがある．また，卵の生存に不適だと思われるような場所に産みつけられた卵が，愛好家的な好意から他所に移植されることもある．しかし，いずれも慎重さが求められる行為である．発生中の胚は，温度，振動，重力方向の逆転などの外的な影響を強く受けやすく，それは胚発生に大きな影響を与えることを理解すべきである．やむを得ず卵を動かしたり，移植する場合には，ウミガメの胚発生に関して専門知識と取り扱いに関する技能をもつ人に委ねるべきである．

　アカウミガメは，卵の成長には不向きと思われるような，波打ち際に近く波で流出しそうな場所にも卵を産みつけることがある．われわれ人間はそれを見て，そんな場所に産卵していては流出してしまうと安易に考える．しかし，それは，産卵場所を砂浜の多様性に依存することでリスク分散や性比バランスを図り，将来起こり得る環境条件の変化による全滅を柔軟に回避し，種の存続を図ろうとするアカウミガメのしたたかな生存戦略だと考えられる．安全な場所に卵を集中させた方が生存にとって有利ではないかと単純に考え，安易な移植を行いがちだが，われわれよりはるかに地球上で長く存続してきたアカウミガメであることを思い起こす必要がある．

4) 卵を取り巻く砂浜環境

　産卵された卵は約60日前後でふ化する．アカウミガメの場合，卵塊と同じ深さの砂中温度の日平均から17.6℃を引いた値を産卵日から毎日積算し，その合計積算温度が639℃日に達したころがふ化日の目安とされる．しかし，実際には，日照時間，降雨量，温度などの気象条件の影響を大きく受け，子ガメのふ化脱出時期の予測は難しい．例えば，梅雨時期に産みつけられた卵は，降雨による砂温低下により発生が遅れがちになるが，一方，梅雨明け後に産みつけられた卵は，砂中温度の上昇により一気に成長が進む．場合によっては，時期的に後に産みつけられた卵が早く産みつけられた卵よりも早くふ化することがある．

　一定期間中に卵が経験する温度履歴は，子ガメの性比にも影響する．これは，温度依存性決定（TSD：temperature-dependent sex determination）とよばれ，アカウミガメの個体群構造にも大きく係わってくる．アカウミガメの卵は胚発生のある一定期間において経験する温度が29.7℃を臨界として，それより高いとメスに偏り，低いとオスに偏る．成熟個体の性比はメスにやや偏るが，そのバランスが崩れれば，自然界での交配にも影響が出るかもしれない．アカウミガメの産卵期間が梅雨から秋にかけて長いことや，同時期同一砂浜で

あっても温度環境の異なる場所に卵を産むことは，温度環境の偏りからくる性比バランスの崩れを柔軟に回避するための戦略とも考えられる。

　私たちは温度環境の重要性に着目し，巡回調査のなかでも重視している。基準となる海浜環境を2ヵ所ほど選択し，表層から20 cm，40 cm，60 cmの3層に温度測定のためのデータロガーを設置し，産卵期が始まる前の4月半ばから，最終のふ化脱出から1ヵ月後の11月半ばまでの約半年間，モニタリングを実施している。

5) 旅立ちに向けて

　ふ化した子ガメはすぐに砂から出てくるのではなく，数日間は砂の中で脱出のタイミングを見計らっている。その間に，ほかの子ガメもふ化し，卵室では大きくふくらんだ卵が割れ，さらに，子ガメどうしが活動することで空間が確保され，徐々に卵室の上部が崩れてくる。それに伴って子ガメは上に向かって動き，表層直下で脱出の機会をうかがう。外温動物であるウミガメは自己では体温調整が難しい。とくに，子ガメの体重はわずか20 gほどにすぎず，夏の炎天下に脱出することは生存さえ危うくする。そのため，脱出は気温と砂温が低下する夜間に行うと考えられている。

　温度が下がり，脱出の準備が整うと，子ガメどうしの動きによって地表がくぼみ，脱出のタイミングとなる。観察結果によれば，アカウミガメの子ガメは一気に脱出することは少なく，数回に分けてそのタイミングが訪れるようである。小さいながらも子ガメの運動能力は高く，それに加えて，脱出時に訪れる一種の興奮状態（フレンジー；frenzy）が，一気に海へ拡散するための原動力となっている。フレンジーは子ガメ特有の習性であり，これがあるために，火事場の力持ちのごとく，砂浜の起伏や漂着した流木や海藻な

▶図15　子ガメの旅立ち
フレンジーを頼りに一気に安全な海まで目指す。

どの障害物を勢いよく乗り越えていくことができる。しかし，体力を消耗する行動でもあるので，持続時間はせいぜい24時間程度である。この間に海に下り，さらに，捕食される恐れが少ない沖合まで泳ぎ出なければならない（図15）。また，フレンジー状態にあるときは，子ガメは摂餌をしないといわれる。これは，捕食者に遭遇する機会が高い浅海域で摂餌行動をとれば，自身が捕食される機会が多くなるからだともいわれている。沖合に泳ぎ出るまでは，腹甲の中央に残る卵黄が唯一の栄養源であり，子ガメにとってはその栄養源がいかに有効に使えるかが生存のためのカギとなる。

6）脱出後の調査

タートル・トラックが産卵行動の履歴だとすれば，子ガメの脱出が終わった後の産卵巣はふ化の履歴を示す大事な資料である。ふ化時期の終わりとともに，いくつかの産卵巣でふ化調査を行う。産卵巣から掘り出した卵の殻を数え，表浜全体でのふ化数推定の根拠とする。掘り出したなかには未ふ化の卵もあるので，これについては現場で卵を解体し，31段階に分かれるアカウミガメの発生ステージをもとにした現場観察用の5段階の発生段階表に照らしあわせて，発生段階を判別する。GPSで記録した産卵巣の位置情報，写真，砂中温度の記録などとともに，これらのデータをそのシーズンの産卵生態の記録として保存する。この蓄積がアカウミガメにとって産卵に好ましい環境を把握するための資料となり，今後のあるべき海岸の姿を示す指針となる。

8.4.2 堆砂垣

海岸侵食対策として国や地方自治体により行われる大がかりな土木事業とは別に，市民レベルでもやせた砂浜の回復に寄与することができる。古くから，砂浜の状況にあわせて柔軟に対応する方法として堆砂垣（たいさがき）という伝統的な養浜法がある（図16）。堆砂垣は，竹や間伐材などを使った垣根を浜に立て，砂浜の風を受け止め弱めることで，風で運ばれた砂を周囲に堆積させるものである。雑木の小枝や小木を束ねて土留めを行う粗朶（そだ）工法や，砂漠の緑化工法の草方格（そうほうかく）（グリッド状に稲ワラや葦を植え込み，流動的な地面を安定させる方法）などとともに，自然の材料を使って土砂管理を行う方法の一つである。このような自然の材料は，時間の経過とともに砂に埋もれ腐食することで自然に還元される。また，いったん設置しても撤去や移設が容易なので，砂の堆積状況をながめながら柔軟に対応することが可能である。砂浜は動的な環境だからこそ，コンクリート構造物のような恒久的な方法よりも，堆砂垣のような柔軟な方法が有効なのである。

堆砂垣は静砂垣ともよばれ，各地の沿岸砂丘において，砂丘の安定化や海岸林の造成のために使われている。表浜にも近い遠州灘に面した掛川市の海岸や浜岡砂丘では，地元自治体による大規模な静砂垣がみられ，静砂垣によって造り上げられた砂丘はボタ山とよばれ，塩害対策や飛砂対策ともな

▶図16　静岡県掛川市遠州灘沿岸の堆砂垣
長年，堆砂垣を重ねて設置することでボタ山という砂丘を形成している。

り，その砂丘は海岸の景観としても地域住民に親しまれている。

表浜では，掛川市の静砂垣ほど大規模ではないが，私たちの団体が中心となって堆砂垣の設置を行い，一定の成果を上げてきた。堆砂垣の設置場所や向きは風向を考慮せねばならず，冬季には北西の風を，春から初夏にかけては東風を受けるように設置している（図17a, b）。冬季であれば設置してから2～3週間で目に見える形で堆砂が生じ，春先には20～30cmほどの厚さになる。しかし，砂が付いたとしてもすぐに安定するわけではなく，さらに時間をおいて砂地が締まり，海浜植生が広がることで安定化が図られる（図17c）。

一方，堆砂垣の前面に砂が堆積するということは，堆砂垣の背後へ砂が供給されにくくなることを意味する。また，設置場所が陸側に近すぎれば，堆積した砂地盤へ内陸性の植物の侵入を招き，本来の海浜植生の姿が奪われてしまうかもしれない。自然になじんだ方法だとはいえ，設置にあたっては慎重な検討が必要である。市民活動だからと安易な考えで取り組むべきではなく，設置方法や効果などについて専門家を交えて十分な検討を行い，科学的な根拠に基づく活動を行わなければならない。

8.4.3　表浜まるごと博物館

一般的に，自然環境や野生生物の保護や保全活動においては，とかく保全・保護対象ばかりに意識が集中しがちである。しかし，大事なことは，その対象が，実は多様な環境や社会に取り囲まれていることを理解することである。私たちが活動の場としている砂浜海岸もまったく同じであり，そのような場所に野生動物であるアカウミガメが産卵のために上陸するのである。す

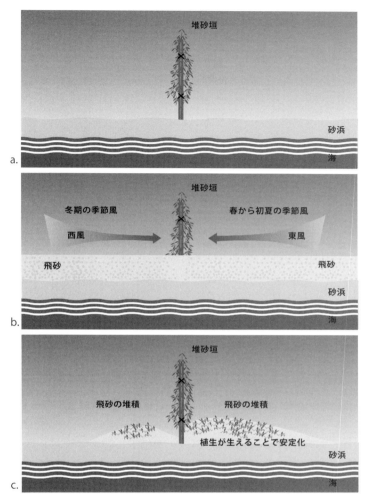

▲図17　堆砂垣による飛砂の捕捉と堆積効果
特定非営利活動法人表浜ネットワーク (2015) を改変。

なわち，アカウミガメの保護を行うにも，やはり地域の環境や社会を理解し，アカウミガメの産卵に干渉するさまざまな問題を客観的な視点でとらえ，複雑な絡みを解いていかなければならない。そのためにも，自然，地理，文化，歴史，産業，暮らしという身近な自然やいつもの暮らしのすべてに関心の目を向けることが，アカウミガメの保護活動にも必要である。このような考え方のもと，「何もないのではなく，そこら中にある身近な自然，いつもの暮らしが博物館！」という『表浜まるごと博物館構想』が，私たちNPOの前の代表によって提言された。

　その志を継ぎ活動の拠点とするべく，2014年に，沿岸地にあった2階建ての民家を利用した表浜まるごと博物館を開設した（図18）。改装にあたって

▶図18 表浜のビジターセンター
渥美半島の活動拠点である「表浜まるごと博物館」。

も自分たちで行った結果，手作り感のある施設となり，セミナールームや展示室があるほか，表浜でのフィールド活動の拠点としても利用できる．いわゆる博物館の使命がそうであるように，表浜まるごと博物館も展示にとどまらず，調査，研究，学習を行い，地域の資産の保存と継承を図ることを目的にしている．

8.4.4 環境教育と調査研究

私たちは，機会あるごとに，小中学校における出前授業（図19），表浜まるごと博物館における研究会，砂浜の現場においては巡検や市民を対象にした環境観察会を行い，砂浜の生態系，アカウミガメの産卵，海岸の保全などについてさまざまな環境教育の場を提供している．一例をあげれば，海岸清掃活動においては，清掃だけにとどまらず，現場で漂着ごみの種類や起源を類別し，漂着ごみを通じていかに海が世界とつながっているのかを学習する場としても活用している（図20）．

主な活動としているアカウミガメの調査保護活動の成果や，砂浜生態系の保全活動で得た知見は，国内外のさまざまな研究会の場で発表を行っている．発表会の場で知己を得た研究者や専門家とはその後も交流を続け，私たちの活動をサポートしてもらうとともに，新たなネットワークを広げている．

このほかにも，地元の沿岸地域の文化の継承（『表浜おいでん祭』），魚食普及（『味わって知る表浜』，『魚のホネ教室』），防災・安全，環境保全活動や調査研究におけるインターンシップをはじめ多様な活動を，地域住民や企業，ほかの活動団体とともに実施している．

◀図19　小学校での出前講義

◀図20　海岸清掃前における漂着ごみ学習

8.4.5　情報発信

　砂浜生態系を対象にした科学的な研究が少ないばかりか，砂浜生態系の保全を目的とした市民活動もほかの沿岸生態系に比べればわずかであり，このような現状では，砂浜生態系の保全に関心をもつ人が少ないのもやむを得ないだろう。これらは情報不足が最大の問題点だと考え，私たちは砂浜生態系の保全をうたった数少ない環境 NPO の一つとして，積極的に情報発信していかなければならないと痛感している。

　アカウミガメ関連の調査や堆砂垣による養浜活動をはじめとした各種の活動実績をまとめたレポートを紙媒体 (特定非営利活動法人表浜ネットワーク，

2011, 2013, 2015）やインターネットを通して公開したり，表浜の自然や動植物を紹介した冊子やパンフレットを制作している．また，日々の活動や，表浜の海や生物にみられる季節の様子などをブログ上で常に更新し，最新の情報とともに発信している．このような活動を続けることで，表浜のみならず，日本の砂浜に関心の目が向けられることを期待している．

8.5　おわりに

　日本近海の海洋生物相は世界でも有数の豊かさを誇るが，その大きな理由は日本の海洋環境の多様性にある．実際，沿岸生態系の種類をみただけでも，干潟，サンゴ礁，岩礁と多様であり，砂浜もその一員として大きな役割を果たしている．その砂浜を象徴する生物として，アカウミガメの保護活動から始まった私たちの表浜での活動であったが，日々海岸に接するうちに，自然，社会，文化にも広く目を向けることの大切さを学ぶようになり，現在の活動に至っている．これらはいずれも表浜を介して多様なつながりをもつものであり，健全な表浜の砂浜環境がすべての基本となる．私たちは表浜に立ち入り禁止の自然を求めるのではなく，ウミガメも動植物も，そしてわれわれ人間もともに砂浜の自然の恩恵を受け続けることができるような，保全と利用のバランスが考慮された海岸の姿を理想として活動を続けている．日本有数の砂浜海岸である表浜を末永く後世に残していくために，積極的に情報発信を行い，少しでも多くの人に表浜そして砂浜のすばらしさを伝え続けていきたい．

（田中雄二）

第9章

干潟保全の活動を通してみえてくる「砂浜」の存在

9.1 私たちのフィールド中津干潟

　瀬戸内海の西端，周防灘に面した福岡県豊前市から大分県の国東半島のつけ根に至るまでの海岸線に断続的に続く豊前海沿岸の干潟は，瀬戸内海に残された最後の大規模な干潟である。このほぼ中央に位置する大分県中津市の海岸部の干潟を，中津干潟とよぶ。沿岸の総延長約10km，干潟面積約1,350 ha（環境庁編，1994），干潮時には沖合約3kmまで干出する広大な中津干潟は，その規模や現存する自然環境などから，国内屈指の干潟として注目を集めるようになった（図1，図2）。

　この広大な中津干潟は，名勝，耶馬日田英彦山国定公園の水を集め，一気に海へと駆け下る急峻な山国川の流れが形成した河口干潟である。山国川は九州北部の峰々の谷間を縫うように流れる多くの支川が集まって大河となり，下流の平野部では農業用水として取水され，これまた網の目のように市街地を流れて，やがて海へと注ぎ込む。まさに中津市をすっぽりと覆うようなこの水の流れにより，中津干潟の多様性は維持されているのではないかと考えている（図3）。

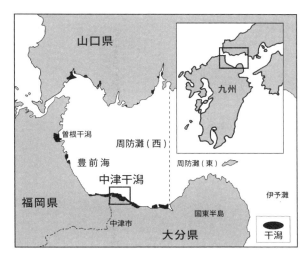

◀図1　周防灘西干潟（山口県西南部・福岡県北東部・大分県北西部）で最も広い面積を有する中津干潟

第9章 干潟保全の活動を通してみえてくる「砂浜」の存在

▶図2 中津干潟
風と波浪の作用により，干潟の表面には砂漣とよばれる縞模様が現れる。

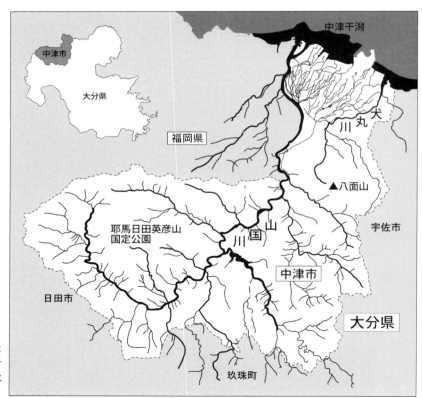

▶図3 中津市の水の流れ
市内のほぼ全域を網羅するように流れる山国川と，八面山を源とする犬丸川により，中津干潟は形成されている。

9.1.1 中津干潟の自然の特徴

　私たちがひとくちに「中津干潟」とよんでいる場所にも,さまざまな環境が存在する.以下に,中津干潟の代表的な自然環境を紹介する.

1) 砂浜

　中津市の海岸線の約98％はコンクリート護岸で覆われているが,その外側には,規模の違いはあるものの,砂浜が形成されている場所が多い.この砂浜の先に広大な干潟が広がっているのであるが,境界部分を観察すると,両者の違いがよくわかる(図4).それぞれを構成する底質の粒径が明らかに違うのはもちろん,勾配も違う.川から運ばれてきた土砂が,波と風の作用により,干潟と砂浜に見事にふるい分けられていることに感心させられる.

　干潟と砂浜,通常まったく違う環境として分けて考えられがちであるが,砂浜の先に干潟が続いているのであるから,1つの連続した環境であり,砂浜もまた,中津干潟を特徴づける環境だといえるだろう.

2) 強泥質干潟

　汀線付近から沖向き100 mあたりまでは,泥質の傾向がきわめて強い泥干潟である.中津干潟は昔から局所的にこのような環境があったと推測しているが,護岸が建設されたり,埋め立てに由来する潮流の変化などにより,その傾向は以前よりも強くなったのではないかと思われる.

　地元住民からは「ヘドロで何もいない」とよくいわれるが,それはまった

◀図4　汀線に立って海岸を見る
満潮時に打ち寄せられた貝殻の層が右に線となって見える.左手には,砂浜と干潟の境界がはっきりと見える.

▶図5　岸近くの泥干潟でみられる無数のヤマトオサガニ

▶図6　泥質干潟を好むカブトガニの幼生

く反対で，種，量ともにひじょうに高密度で生物が生息しているエリアである。干潮時，表面にはおびただしい数のヤマトオサガニ（*Macrophthalmus japonicus*）（図5）やウミニナ（*Batillaria multiformis*）の姿を見ることができる。カブトガニ（*Tachypleus tridentatus*）の齢数の低い幼生も，このような環境を好んで生息している（図6）。

3) 砂泥質干潟・砂質干潟

汀線付近の強泥質な干潟の先には，砂泥質の干潟が1km以上にわたり続く。さらに沖へと進むと，砂質干潟へと変わる。このように，中津干潟の場

◀図7　沖の砂質干潟

◀図8　砂地に多くみられるマテガイ（*Solen strictus*）
魚類や鳥類の餌生物として重要な役割を果たしている。

合，沖に行くほど底質の泥分が減り，砂っぽい干潟になるのが特徴である（図7）。これらの場所には，二枚貝や巻貝，エビやカニの仲間，ゴカイの仲間など，多くの底生生物が生息している（図8）。また，この底生生物を餌として，満潮時には魚類が，干潮時には鳥類がやってきて，干潟の複雑な生態系を形成している。海草では，アマモ（*Zostera marina*）は少ないが，コアマモ（*Z. japonica*）はほぼ全域で見ることができる。

第9章　干潟保全の活動を通してみえてくる「砂浜」の存在

▶図9　礫干潟
砂質や泥質の干潟とは異なる環境がみられる。

4) 礫干潟

　局所的にではあるが，礫干潟もある。河川由来の大小の礫が広がる転石地には，礫に付着したり，下に隠れたりする性質をもつ生物が生息し，泥質干潟や砂質干潟とは違った生態系を形成している（図9）。

5) 砂州・砂嘴・塩性湿地

　中津干潟に流入する河川の河口部には大小の差はあるが，河川により運ばれた砂が堆積して砂州を形成している。これらの砂州は，季節ごとの風や波浪により刻々と形を変える。また，一部では複雑に入り組んだ砂嘴を作っている場所もある（図10）。これらの砂州や砂嘴の周囲にはヨシ帯や塩性湿地が広がり，汽水域に生息を限定される動植物が生息しているが，希少種が多くみられるのが特長である（図11）。かつてはどこの海岸部にも普通にあったヨシ帯や河口湿地が，護岸建設や河道整備などが原因で消失したことにより，これらの環境に生息する生物もまた，急速に姿を消しつつあるのだろう。

　自然環境が多様であることにより，その環境に棲む生物もまた多様性に富む。こうして，中津干潟の生物多様性が成り立っている。それだけではない。採貝業や海苔養殖，刺し網漁などの沿岸漁業も中津干潟の環境により支えられている。さらには，文化，食生活などの面で，沿岸域の人々の暮らしも支えられているのである。

◀図10　河口から伸びる砂嘴と塩性湿地
複雑な地形と塩性植物により，美しい景観が広がる。

◀図11　ヨシにのぼる希少種のシマヘナタリ (*Cerithidea tonkiniana*)
汽水域に生息する巻貝だが，塩性湿地の減少とともに，数を減らしている。

9.1.2　中津干潟で展開する保全活動

　夕餉のおかずをとったり，竈の焚き付けを拾ったり，汐水を浴びて健康を祈ったり…，ほんの少し前まで，人々にとって中津干潟は生活と密着した場所だった。しかし，高度成長とともに暮らしが豊かになると，人影は少なくなり，ごみが捨てられ，護岸で隔てられ，いつの間にか浜は「危ない場所」「近寄ってはいけない場所」となってしまった。海は変わらずにそこにあるにもかかわらず，「心の距離」はどんどん遠ざかってしまっているのだ。1999年，「必要ないから埋めてしまえ」といわれた泥の干潟でカブトガニの幼生を見つけた驚きと感動から，「水辺に遊ぶ会」の活動は始まった。活動の基本に据えているのは以下のような考え方である。

▶図12　啓発活動の一つとして行っている干潟観察会

・多くの人に地域の沿岸環境を理解してもらい，すばらしさを共感する
・沿岸環境に関する正確な情報を自分たちの手で調査収集・蓄積し，保全活動に役立てる
・さまざまな立場の人が地域の海について積極的な意見交換を行うことで理解を図り，持続可能な社会を作っていくための関係を築く

これらの考えに基づきながら，年間を通じ活発な活動を実施している。

1) 啓発活動

　自然観察会などを通じ，多くの市民に自然の楽しさや干潟のすばらしさを体験してもらい，地域の沿岸環境や流域の水辺環境を理解してもらうことを目的として活動している。同時に，教育現場や社会教育の場での環境教育のサポートなども実施する。豊前海沿岸（大分県・福岡県）の多くの小中学校の環境教育に干潟が取り上げられているほか，最近では，大学や高校の研究の場としても利用されるようになっている（図12）。

2) 調査研究活動

　沿岸環境に関する正確な情報を自分たちの手で調査収集・蓄積し，保全活動に役立てることを目的に，2000年より多くの研究者の助力を得ながら干潟調査を継続して行っている。「市民の手による学術レベルの調査」を目標に，定量，定性調査から地形測量まで，専門性の高い調査も実施している。これまでに同定した動植物の総数の約28％が希少種であることも明らかになり，あらためて中津干潟の重要性をうかがい知ることとなった（表1）。

▼表1　中津干潟で確認した生物種数と，そこに含まれる希少種数（1999～2013年）
総種数には現在生息していない種や遺骸のみを確認した種も含まれる。NPO法人水辺に遊ぶ会（2013）より。

		総種数	希少種数	生息種数	希少種数
動物	海綿動物門	4	0	4	0
	刺胞動物門	13	2	13	2
	節足動物門	142	32	142	32
	外肛動物門	1	0	1	0
	扁形動物門	8	1	8	1
	紐形動物門	1	0	1	0
	腕足動物門	2	0	2	0
	星口動物門	3	2	3	2
	環形動物門	35	5	35	5
	ユムシ動物門	1	1	1	1
	軟体動物門	286	112	178	71
	半索動物門	1	1	1	1
	棘皮動物門	12	0	12	0
	脊索動物門	241	61	239	59
植物	紅色植物門	14	3	14	3
	緑色植物門	7	0	7	0
	不等毛植物門	4	0	4	0
	被子植物門	39	11	39	11
合　計		814	231 (28.4%)	703	188 (26.7%)

　また，地域の漁業者や高齢者への聞き取り調査，漁具や写真の収集など，民俗学や郷土史分野の調査も手がけている。これらの調査で得られた情報を広く発信することにより，中津干潟に対する認識が飛躍的に高まったと感じている。

3）海岸清掃と漂着物調査
　「地域住民が参加しやすい環境活動」という位置づけで，2000年より海岸清掃（ビーチクリーン）を開始し，以来毎年4回実施している。開始当初，5人で始めた活動は，企業のCSR（企業の社会的責任）など，社会情勢の変化に伴い参加者が年々増加し，現在では年間1,500名にのぼる人々が活動に参加している。また，海ごみ問題を考えるため，漂着物調査もあわせて実施し，拾うだけでは解決しない海ごみの実態や情報提供，発生抑制などについての問題提起を地域や子どもたちに対して実施している。

4）漁業体験活動
　活動開始当初，私たちは漁業権の存在を知らなかった。ある日突然漁場に現れた，子どもを大勢引き連れて干潟を歩き回る私たちを，漁業者たちは沖から眺め，「新手の密漁者がきた」と言っていたと後日笑い話で聞いた。「ならば漁師さんと仲良くなって密漁者を返上しよう」と，地元漁業者の協力を得て，2005年より漁業体験を開始した。古墳時代に中津沿岸で行われていた

▶図13 遺跡からの出土品と同じ方法で作ったたこつぼでイイダコ (*Amphioctopus fangsiao*) を漁獲する

漁業をまねたたこつぼ体験漁（図13）をきっかけに，海苔漉き体験，囲い刺し網漁体験，ササヒビ（昭和40年ごろまで行われていた定置網の一種）の復元，地魚を使った料理教室などに取り組んできた。毎回，漁業者とぶつかり合ったり，議論したりしながらの試行錯誤を繰り返してきたが，オリジナリティあふれるユニークな行事と漁業者とのパートナーシップは，各方面から高い評価を得ている。

5) 山・川・海，大きな水のつながりを考える活動

冒頭で紹介した一級河川の山国川と，中津市民の原風景にも例えられる八面山を源とする犬丸川。これらの河川の源流から干潟まで，その水の流れのすべてを目にすることができるのが中津市の自然環境の特長だ。過去に大きな開発がなく，比較的良好な水環境が保たれている流域には，古代の水路や灌漑用ため池も現存し，豊かな生態系を支えている。川や森の自然観察，川漁師や林業家などとの交流，トンボやドジョウなどの生息する水辺の保全，海岸林（アカマツ）の整備などの取り組みにも着手しつつある。水でつながる流域の環境を，大きな視点でとらえることは，今後の沿岸域の保全にとって重要なことだと考えている。

6) さまざまな主体との協働による沿岸環境保全

中津港の重要港湾化に伴うエコポート事業の是非について検討する協議会が2000年に開催された。自治委員や市会議員，漁業者，研究者・技術者，自然保護団体，一般市民などの幅広いメンバーで構成され，100％公開，傍聴者の発言も自由，という全国的にみてもほかに例のない会議の事務局をつとめた。この会議の場において，海岸侵食からの民有地の防御と，希少生物が数

◀図14 内陸部に護岸を下げることで河口湿地を保全したセットバック護岸

多く生息する河口湿地の保全という，相反する問題を解決するための「セットバック護岸」が提案され，時間をかけて実現したことは，広く知られるところとなった（図14）。さまざまな立場の人々がそれぞれのもつ情報や知見を持ち寄り，粘り強い検討を重ねることの重要性を学んだ貴重な経験となった。この会議の開始から17年，多くの関係者との信頼関係の構築と，それを維持することの難しさもあわせて学んだ。今後も，地域の人々や環境と正面から向かい合いながら，沿岸域管理について取り組んでいきたいと考えている。

9.2 「干潟」からみた「砂浜」

「干潟」と「砂浜」の違いは何だろう？ 河川により海へともたらされた土砂が，風や波の作用によってふるい分けられ，粒（粒径）の大きいものは岸近くに集まり「砂浜」や「砂州」となり，粒の小さいものは沖へと広がり平坦な「干潟」となる。もちろん潮汐のない場所では干潟は現れないし，物理的にいうとそれほど単純なものではないのだろうが，日ごろ海を歩いている一般人

の立場からみると、砂浜と干潟の違いはこんな感じではないだろうか。

先に述べたように、中津干潟の場合、陸の先には砂浜があり、さらにその先に干潟が続くため、活動のうえで砂浜と干潟を分けて考えるということはあまりない。しかしながら、人々が抱く「砂浜」と「干潟」に対するイメージは、大きな違いがあるように感じている。

9.2.1 イメージが先行する日本人の「海岸」への理解

「砂浜」と聞いてまず思い浮かべるのは、海水浴やサーフィンなどのマリンレジャーだろう。ほかにも散歩や花火、最近ではビーチバレーなど、"人々が集い楽しむ場"というイメージがとても強い。一方、「干潟」と聞いて、人々は何を思い浮かべるだろう。潮干狩り、あるいはムツゴロウ（*Boleophthalmus pectinirostris*）などの泥の生きものだろうか。中津市民に同じ質問をすると、大半の人から「貝掘り（潮干狩り）」という答えが返ってくるだろう。都会の場合、潮干狩りはレジャーとしてとらえられているが、中津市民の場合は、「楽しみながらおかずを調達する」という感じだろうか。このように干潟は生活に密着した"漁獲の場"というイメージが強いように感じている。

これは、あくまでも「利用」の面でのイメージであるが、「保全」を考えるとき、"親しみやすさ"や"楽しさ"は重要な要素である。楽しい思い出が作られる場所だからこそ、これらに対する愛着や想いが「守ろう」「大切にしよう」という行動につながるのではないだろうか。そう考えると、干潟は砂浜に遠く及ばないような気がしている。

活動を始めた当初、市民に昔の海岸の思い出についてヒアリングを行うと、「昔は白砂青松の海岸がどこまでも続いていた」「足下はサラサラの砂と

▶図15　浜遠足は昭和40年近くまで続いた中津市民の春の風物詩であった
砂浜（左）と干潟（右）の様子がわかる。

透明な水で,それはきれいだった」という回答が多かった。しかし,海で生業をしていた人に聞くと,松林の先に数十mの幅に砂浜があり,その先には,今と変わらない砂泥質の干潟が広がっていたという。サラサラの砂の上をどんどん歩けたわけもなく,「どまる」(ぬかるむ)ので危険だから,沖に歩いて行くときには,海の中の道を見失わないように歩かないといけなかったそうだ。泥を含む干潟の水も透明であるはずもない。

多くの日本人の場合,「美しい海岸」のイメージは白砂青松の海岸なのだろう。子どものころの楽しかった記憶は,頭の中で美化され,砂浜をどこまでも歩いた記憶にすり替わってしまったのだろうか。この,"美しい海岸＝白砂青松"という強いイメージに,私たちの干潟保全はずっと悩まされ続けているのである(図15)。

9.2.2 干潟保全上障害となる「豊かな海」の概念

もう一つ,同様の例がある。アサリ(*Ruditapes philippinarum*),ハマグリ(*Meretrix lusoria*),バカガイ(*Mactra chinensis*)など,元来,中津干潟は二枚貝の巨大な生産地であった(図16)。最盛期には,毎日船が沈むほどアサリを掘って帰っても,次の日には同じ場所でアサリを掘ることができたという。漁師の言葉を借りれば「とってんとってん(採っても採っても),アサリ貝が湧いてきた」のだそうだ。若いころに往事の記憶をもつ中年以降の一般市民にとっても,「アサリ」は豊かな海のシンボルだった。中津で生まれ育った大半の方が,「昔はアサリ貝がそれはたくさんいて,海は豊かだった」という言葉の後に,必ず「けれど,もうアサリ貝はおらん。アサリ貝のおらん海は死んだも同然だ」と続ける。さらには「アサリ貝のいなくなった海はいらない

◀図16 バカガイ漁に沸く港
昭和51年。

から埋めてしまえ」という極端な発想に至る人も少なくない。アサリがとれないのはもちろん問題ではあるが，アサリはいなくても，多くの生物がよい状態で生息している中津干潟はけっして死んではいないのである。しかし，漁業者や一般市民の心に強く刻み込まれた"豊かな海＝アサリが湧く海"というイメージは，なかなか払拭できず，私たちの保全活動の前に大きな壁となって立ちはだかっている。

　加えていえば，干潟は見た目が悪い。美しく，開放的で楽しいイメージの先行する砂浜に対し，どこまでも平らで鈍色の泥の干潟は，一見すると汚いというイメージしか湧いてこない。泥＝ヘドロという悲しい誤解も常につきまとう。「泥」は汚いもの，という誤った思い込みが，日本人の中に強い概念としてあるようなのである。

　このような固定概念によるイメージを払拭し，市民に「砂浜も大事だが干潟も大事」と発想を変えてもらうために，啓発活動は重要な役割を担うと考えている。実際に現地を歩き，生きものに触れる活動や，干潟を利用した漁業を体験することを通じ，多くの子どもや市民と感動を共有する活動を行ってきたが，最初はなかなか受け入れられなかった。これらの流れを変えたのが，諫早湾の問題であり，それと同時期に学校現場で導入された総合的学習の時間だった。日本各地での「干潟学習」は瞬く間に広がり，干潟のもつ優れた機能が大きく注目されるようになった。こうした社会的背景に後押しされ，今では「干潟」は社会的地位を得るようになった。私たちが活動開始時に中津市沿岸に広がる干潟だからとつけた「中津干潟」の名前もすっかり市民権を得た感があるが，それでも，目の前の海は白い砂浜がいい，という市民が多いのが現実なのである。

9.3　干潟生物の立場からみた砂浜

　砂浜よりも小さな砂粒が集まる干潟には，さらに小さな「粒」である泥やシルトも堆積する。これらの泥やシルトは川や海流により運ばれた有機物を吸着する性質があるという。こうして，干潟には栄養がたっぷり含まれることに加え，柔らかな泥の中に身を隠すことができるため，多くの生物が生息し，「海のゆりかご」などとよばれるのである。

　ときに熱帯雨林に匹敵するといわれるように，干潟は生物多様性のきわめて高い場所である。「中津干潟レポート2013」(NPO法人水辺に遊ぶ会，2013)によると，中津干潟では800種を超える生物が確認されているが(表1)，このうちの大半が干潟面を利用する生物であり，砂浜に生息する生物はごく限られている。では，砂浜は干潟生物にとって重要ではない環境なのかというと，けっしてそうではなく，むしろ，干潟と密接な関わりをもっている場であると考えている。

9.3.1 カブトガニの産卵の場

　私たちが中津干潟保全のシンボルとしてとらえ，長年調査研究を行っている生きものがカブトガニである。2億年前からその姿を変えることなく現在まで生きてきたカブトガニは，「生きた化石」などとよばれ，環境省のレッドデータブックでは，絶滅危惧Ⅰ類に指定されている。カブトガニは干潟を代表する生きものではあるが，その生態に砂浜が密接に関わっていることは，あまり知られていない。

　カブトガニは，夏の大潮の満潮時に，オスとメスがつがいとなって岸近くに遡上し，河口域の砂浜や砂州で産卵を行う。彼らが産卵に選ぶのは，満潮時に海水に没し，干潮時に干出するような砂地である。そこに15cmほどの深さの穴を掘り，卵を産み，穴を埋め戻して沖へと帰っていく姿は，ウミガメのそれととても似ていると思う。砂の中に産みつけられた卵は，潮の干満により海水に浸されることで酸素の供給を受け，干潮時に夏の太陽で暖められ，40日ほどでふ化する。砂は，適度な温度と湿度，そして酸素が提供される天然の孵卵器のようなものだ。ふ化した直後の1齢幼生は，砂から這い出し，引き潮時に潮の流れに乗って干潟面へと散らばっていき，泥の中に潜って生活を開始する。中津干潟の場合，8回ほど脱皮するまで餌生物が豊富な泥の中にとどまり，やがて沖の深場へと移動し，さらに脱皮を繰り返して亜成体になり，最後の脱皮を経て成体へと成長する（図17）。

　産卵のための河口部の砂浜や砂州，小さい幼生が暮らす泥干潟，成長した

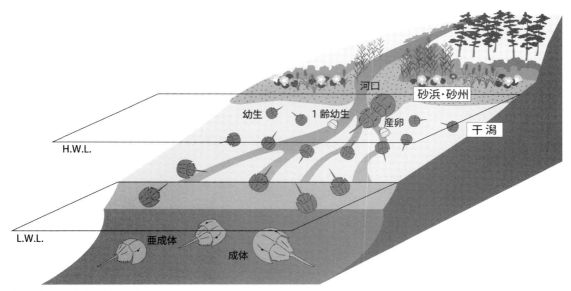

▲図17　カブトガニの生活史
環境要素が1つでも欠けるとカブトガニは生息できなくなる。H.W.L.：高潮時海面，L.W.L.：低潮時海面。

個体が暮らす沖の深場，カブトガニはこれらの環境がそろっていないと生息できないのである。ほんの30年ほど前までは，瀬戸内海や九州北部の至る所でみられた彼らが，あっという間に姿を消した原因は，干潟の消失はもちろんであるが，産卵ができる砂浜がなくなったことも大きいのではないかと考えている。2億年の長い時間のなか，地球上では氷河期や火山の噴火などの大きなイベントがあり，海岸環境の激変もあったであろう。それでも生き延びてきた彼らが，たった数十年で絶滅の淵に立たされているということは，私たち人間が，いかに短期間のうちに海の環境を悪化させているかということが容易に想像できる。

　干潮時にはしっかり干出し，満潮時には確実に海水に没する。真夏の太陽の熱が適度に伝わる深さ，海水が通過しやすい砂の粒径，台風が来ても崩れない安定性など，カブトガニの産卵を長いこと観察していると，彼らが生命を確実につなぐために，広い砂浜のなかで，すべての条件を満たす絶妙な場所を選択していることに驚かされる。

9.3.2　さまざまな生物に利用される砂浜

　カブトガニを例にあげたが，河口の砂浜を利用する生物はほかにもいる。

　毎年夏，多くの子どもたちと観察を行っているアカテガニ（*Chiromantes haematocheir*）も砂浜で生命をつなぐ生物だ。海辺近くの陸上で生活をおくる彼らだが，その成長過程において，幼生の一時期を海中で過ごさないとならない。親ガニは，夏の大潮の夜，砂浜に下りてきて，波を身体に受ける。この瞬間に腹に抱えていた卵が割れ，幼生が海水中に放たれる（図18）。この放仔行動では，波に身体をさらわれてしまう危険と隣りあわせのため，脚や身体が安定しないとならないらしく，垂直護岸や巨石護岸などの上では難しいようである。夏の夜，足の踏み場もないほど多くのカニたちが砂浜に下りて

▶図18　砂浜へと放仔にやってきたアカテガニ

くる姿は圧巻であり，自然の不思議さを感じさせられる。

　戦後の高度成長に伴う干潟の消失や開発により各地で姿を消したアオギス（*Sillago parvisquamis*）は，大きな河川の流入する発達した干潟や河口域に生息するキスの仲間であり，中津沿岸を中心とする豊前海が最後のまとまった生息地として知られている（図19）。2014年より，水産大学校の須田研究室と協同で調査を実施しているが，アオギスはマテガイ（図8）をはじめとする干潟に潜っているベントス類を広く食べていることが明らかになった（鈴木，2016）。餌生物という面でみると，アオギスの生息には干潟が欠かせないことがうかがえるが，アオギスの生活史や生態を考えるとき，干潟だけではない何か別の要因が必要なのではないかとも推測される。伊元九弥氏は「日本産キス科魚類アオギスとシロギスの生活史に関する研究」（伊元，2000）の中で，干潟のなかでも水が澄み白砂の混在する砂泥が広がる河口汽水域がアオギス生存の必要条件の一つであると推測している。また，仔稚魚が干潮時に出現する砂州周辺で採集されたことから，潮汐の干満により干出水没を繰り返す地形を生存に適した場所としてあげている。とすると，アオギスもまた，カブトガニ同様，砂浜もしくは海の中にできた砂州と干潟の双方の環境を必要とする生物なのではないだろうか。

　中津干潟はまた，シギ・チドリ類やカモ類，ズグロカモメ（*Larus saundersi*）やコアジサシ（*Sterna albifrons*）といった渡り鳥の飛来地としても有数の場所である。干潮時の干潟は餌場として重要な場所であるが，満潮時に，潮待ちをする鳥たちの休憩場や，夏の産卵場として，砂浜は頻繁に利用されている（図20）。

◀図19　砂浜でアオギスを釣る人々

▶図20　干潟が現れるまで，砂浜で羽を休めるチュウシャクシギ（Numenius phaeopus）の群れ

　こうしてみると，干潟と砂浜が連続して存在することが，干潟に暮らす一部の生物にとってはとても重要であることがわかる。干潟も砂浜も，陸と海の間に位置し，これらの環境をつなぎ，小さな生きものたちの生命をつなぐ役割をもっている場であることを強く感じる。

9.3.3　アサリ資源を支える要素

　話を少し戻す。中津干潟でかつて大量に水揚げされたアサリや二枚貝類であるが，昭和60年の日本一の漁獲量をピークに翌年から激減，わずか数年でゼロに近い水準にまで落ち込み，いまだ資源回復は見込めない状況が続いている。原因解明のために多くの調査研究が行われているが，効果的な対策はできないでいる。

　アサリ激減の要因はさまざまいわれているが，その一つとして砂の供給量の減少があげられる。二枚貝類が大量に生産されていた当時，陸地から干潟に至る汀線付近には，今よりも大規模な砂浜が広がっており，川が注ぎ込む河口域には複雑な地形の砂嘴（図10）が伸びていた。また，干潟上にも，帯状に高い州が点在していたと聞く。これらは山国川が運んできた上流部の土砂が堆積してできたものである。こうして沿岸に堆積した砂浜や砂嘴，砂州から，潮流や風により干潟面に砂が供給され，干潟が極端に泥質化するのを防ぎ，アサリの稚貝が着底できるような場を造り出していたのではないかと推測する。山国川水系では，流域にダムや堰が建設されて30年近くになるが，その間，山から海へと運ばれる土砂供給量は当然激減しているであろう。森は海の恋人，などといわれ，森・川・海のつながりが注目されるようになっ

たが，森が作りだす有機物だけではなく，土砂についても流域単位での管理を視野に入れる必要があることは，最近，水産の現場でも語られるようになりつつある．

9.4 沿岸の自然とともに歩んでいくために

9.4.1 それぞれの土地に見合う保全のあり方

　最近，干潟や藻場など，漁業者や市民が頻繁に利用して親しんできた海域を「里海」という言葉でよぶようになった．里海とは，「人の手が加わることにより生物多様性や生物生産性が高くなる沿岸海域」というのが一般的な概念であり，里山という言葉と対になるイメージからか，広く使われるようになりつつある．従来，干潟は漁業の場と重なることが多いため，保全を考えるとき，資源の利用や，そこで生業を行う漁業者との折り合いをどのようにつけるかが大きな課題であったが，このようなシンボリックな言葉や概念が生まれたことで，干潟や藻場の保全活動は一歩前進したように感じている．しかしながら，バランスのとれた利用と環境保全のあり方や水産的資源管理などの検討はこれからの課題である．また，「里海」という言葉のもとで事業が展開され，日本全国の海域が金太郎飴のように，どこに行っても同じような状況になってしまうのではないかという懸念もある．そもそも，人間の手を加える必要のない海域もあるはずで，どこでも人の手を加えればよいというものでもない．

　南北に広い日本列島では，流氷の押し寄せる冷たい北の海から，サンゴ礁の広がる南の海まで，沿岸域の自然環境は多種多様である．自然が多様であるのと同時に，その土地土地で育まれた風土や文化，そして海と人の関わり方も違うだろう．そして「里海」とひとことでいっても，漁業者や水産関係者の思う里海と，環境の立場から理想とする里海，土木や地域振興，観光などの立場で考える里海は，それぞれ違うものだろう．

　多様な主体が従来の枠を超え，「里海＝海の賢い利用と保全」のあり方について共通の理解をもつための努力を重ねることが必要だと考える．この過程において，地域の環境の状況を的確に把握し，活用するための科学データや，地域に脈々と伝えられてきた知恵や経験から得られる情報などが重要な役割を果たすのではないかと，中津における合意形成の経験から感じている．

　干潟が多くの優れた機能をもつことは広く知られるようになったが，干潟の研究はまだ始まったばかりである．山・川・海の大きな水の循環や物質循環，砂の役割，干潟と砂浜の関係など，私たちが学ばなければならないことはまだまだたくさんある．大学や研究機関におおいに期待すると同時に，地域で活動する市民団体も調査能力を高め，自分たちが必要とする情報を自らの手で集められるようになることは大切だと思っている．

▶図21　かつて干潟は生活にかかせない場であるとともに、楽しみの場でもあった
昭和40年ごろ。

　さて、ここまで書き進めて気づいたが、この「里海」の概念の中に「砂浜」という言葉は見当たらない。各省庁などの紹介ウェブサイトを見ると、概念図の中には砂浜がしっかり描かれているし、ビーチクリーンなど砂浜で展開されている保全活動も紹介されているにもかかわらず、砂浜の名前は登場しない。「里海」の名のもとに、沿岸の浅海域の保全と利用が図られるのであれば、砂浜もまた、「里海」の一つとして注目されるべきではないだろうか。

9.4.2　市民の意識の醸成

　多様な人々の合意形成と、地域の環境情報の把握に加え、もう一つ、沿岸域の保全を行ううえで大切なものが、市民の意識の醸成ではないだろうか。

　冒頭に述べた"海と人の心の距離"が遠くなった原因に、一般市民の海に対する無関心があるのではないかと感じている。短期間に日本人の生活や社会は驚くほど豊かになった。おかずは海にとりに行かなくてもスーパーで何でも手に入る。焚き付けなどなくてもスイッチ一つでご飯も炊けるし風呂も沸く。休日にわざわざ不便な場所に行かなくても、楽しく遊べる施設はたくさんある。私たちの暮らしのなかで、海の存在は必要ではなくなってしまった（図21）。

　けれども、多くの生物たちにとって海は生命を育む大切な場所であることに変わりない。もちろん、私たち人間も海からの恩恵なしに生きていくことはできない。

　自分たちの暮らしの先にある海が、かけがえのない場所であり、大切に守り、次世代に伝えていかなければならないことを思い出してもらい、海に対して関心をもってもらう機会を増やす必要があるだろう。これは、地域で活

◀図22 生きもの観察の人々で賑やかさが戻ってきた中津干潟

動する市民団体が最も得意とするところであり，私たちに課せられた役割である．

　生きものが活発に動き回り，子どもたちの元気な歓声が響き，漁師が元気に頑張れる（図22）．100年後も今と変わらない中津干潟（もちろん砂浜もセットで）の風景を思い描きながら，これからも地域に根ざした息の長い保全活動を続けていきたいと願っている．

（足利由紀子）

第10章
日本の海岸の成り立ちと現状

10.1 日本の海岸と海岸法

10.1.1 海岸環境の変化

　海岸環境と海岸生態系の保全は，人の命に関わる課題である。環境や景観が悪化すると，沿岸地域の漁業や観光業など経済にも悪影響が現れ，地域が衰退していく。そうならないために海岸環境を守ろうと多くの市民がボランティアで貢献し，保全活動に人生をかける人たちも多い。一方，豊かな海岸生態系は日々の食料の点からも人の命を救うことがある。例えば，戦中戦後当時，被災した人々が干潟や磯の魚介類で食いつないだエピソードがあるように，海岸の環境保全はけっして趣味や贅沢ではなく，社会の基盤としての意義をもつ（図1）。

　沿岸の環境悪化の原因は，個人レベルのごみの不法投棄から企業活動に由来するものまでさまざまである。このうち廃棄物の不法投棄や排水による水

◀図1　津軽海峡の寄り昆布拾い
コンブが生育する地方では，漁具を一切使わず漂着したコンブを採取する漁業が行われている。浜辺は地域住民の生計を支える重要な社会基盤である。

質汚染については，主に高度経済成長期に対策の法律がつくられ，行政による対策がとられている。また，原因者責任も問えるようになったこともあり，モラルの面でも以前よりは向上しつつある。

環境条件や気候の変化による海岸生態系の構成種の変化は，直接的には自然条件に左右されるものであるが，間接的には，人工構造物の建設や埋立といった大規模な行為が海岸環境に影響を及ぼした結果，海水循環や温度などが変化して，そのことが生物に作用する。このような生態系に変化を及ぼす改変を行う理由は，人間社会からの要望によるものである。次に，このような改変を伴う海岸管理を行う際の根拠となっている「海岸法」を中心に，海岸をめぐる自然環境や社会環境の変遷との関係を述べる。

10.1.2 海岸法の改正とより包括的な法制度

海岸法は，昭和31（1956）年に主に台風による災害からの復旧や防災を中心にした内容で制定された。護岸や堤防など土木事業の実施が主たる目的であったため，所管は建設系の省庁の建設省，運輸省，農林省の土木部局となった。そのため，環境の保全，公衆の利用などが法目的に導入されるまで43年を要した。

日本の沿岸では，昭和の高度経済成長期には水質汚染をはじめとした公害など環境問題が勃発したため，水質汚濁防止法や瀬戸内海環境保全特別措置法など環境分野での制度形成がなされた。その後，1990年代に入ると地球環境問題をはじめとして生物多様性など生態系に関する研究分野が興隆し，生物多様性条約など国際的な枠組みのもとで，国内の制度が環境基本法や環境影響評価法として法制化された。

しかしこのような環境関係の制度の進展にもかかわらず，砂浜は国の制度のもとでは侵食による消失以外はほとんど問題視されていなかった。海岸と河川は，行政管理上は「自然公物」と位置づけられている。「人工公物」の港湾や道路などと異なり，自然自体が管理の対象なので，本来は地形や地質などの無機物だけでなく，生態系，さらに人間社会なども勘案した管理がなされるべきであったが，現実には，地図上の国土の水際を水没させないための地形の保全が主目的となった。そのため元は砂浜であった場所の水際がコンクリートブロックに置き換わっても，地図上の変更はないため，それでよいとされてきた。このように生態系や景観，人間活動などが制度上の位置づけをなされなかったため，税金を使った建設事業では最大限単純な構造物を使うことが当然とされ，これらの要素は余分なこととされてきた。

しかし，制度上の大きな変革が自然公物の河川から始まった。河川法が平成9（1997）年に改正され，法目的のなかに環境が初めて位置づけられた。また，住民の参加による意思決定のあり方が議論となり，それに準じる形で海岸も見直しが進んだ。

海岸法は，平成11（1999）年に，環境保全を行い，住民参加の仕組みを設け

る方向で大きく改正された．時代的な背景として，高度経済成長が終わり，21世紀を迎える時代の転換点にあたり，社会全体に人間と自然の関係性を見直そうとする気運が高まってきたことがあげられる．それに加えて，気候の変化など環境問題への関心の高まりとともに，人間利用のための開発だけでなく，自然環境や，劣化した海岸生態系の再生の動きも始まってきた．行政情報の公開や，観測データや画像の電子化が進んだこともあって，海岸侵食や埋立・干拓などの人為的なインパクトの要因の理解や解明に，専門家以外の人たちも参加することが可能となった．

　河川管理の分野においては，水循環，流砂系という流域から沿岸にかけた大きなスケールの時間・空間への対応が課題となった．今般の海岸法の改正においては河川の最終的な到達場所である海岸を，水や土砂の自然の循環系のなかで考え直すこととなった．そのことにより，海岸や河川を管理する単独の行政部局だけでなく，都市計画，港湾整備，砂防事業，農林水産業などとの調整の必要性があらためて浮き彫りになっている．

　政策的にも，海岸法の改正がきっかけとなり，海に関する法律の環境分野での改正が進んだ．とくに海はさまざまな分野にまたがる内容が多く，関係する人々も多様なことから，海岸や港湾などに個別に対応する法律ではなく，総合的・統合的な制度が必要である．沿岸域管理や海洋政策は，高度経済成長期からその必要性が言われてきたが，ようやく21世紀に入り，国土総合開発法が国土形成計画法（平成17（2005）年）へと移行する改正や，海洋基本法（平成19（2007）年）の制定に結びついた．

　さらに，国際情勢においても地球環境問題や生物多様性という枠組みのなかで，沿岸域の重要性がいっそう増している．渡り鳥，ウミガメなど国境を越えて移動する生物や漂着ごみの問題など，今や海岸は，海を通じた国際環境問題の最前線となっており，国際的な保全の取り組みが必要になってくるだろう．

10.1.3　海岸事業での環境の位置づけ

　防災が主目的の海岸事業の時代には，海とは，制御すべき，ときに陸域への脅威として排除すべき存在であった．海岸に屹立する堤防の壁，巨大な消波ブロックの姿は機能上必要な形であるとはいえ，自然になじむという雰囲気ではない（図2）．海岸法の改正を機に，海岸管理に「環境」という視点が加わった現在であるが，海岸事業の何をどのように変えるべきなのかが不明瞭なままに，対策が混迷している．

　その原因の一つとして，災害時のリスク管理に関する責任の所在が明らかにされていないことがあげられる．すなわち，リスクは海岸管理者である行政だけではなく，受益者である国民も引き受けるのかが十分に整理されていない点が問題である．これまでは海岸管理の問題は，自然保護か人命か，環境か防災か，など対立的な構図としてとらえることが一般的であり，そのた

▶図2　汀線部で建設中の防潮堤

め，海岸計画の会議では，環境のことが話題にのぼると，防災と両立しないと端から決めつけられることが多く，それ以上の議論が深められる雰囲気になかった。

　海岸の構造物建設をめぐる議論のほとんどは，民地（官有地ではなく民間人が所有する土地）が水没して住宅が維持できない，農業ができなくなるなど，土地の所有権や利害に関する事柄である。しかし，人間社会の問題の解決のためには，自然地形などを見きわめて，人工構造物のあり方を調整する方策もあろう。

　例えば，海岸堤防の建設位置を考えるなら，堤防は，民地を侵食や水没から防護するために，国有地である海岸との間（官民境界）に建設されるのが常である。本来なら，民地の境界が波浪の影響を受けるほど海側に張り出して設定されていたら，自然条件を見きわめない所有者（地主）の方が境界を設定し直すのが合理的である。しかし，自然の条件に人間の所有地の方を合わせようとしたら，財産の土地面積が減ってしまう場合も多い。そこで，堤防を築いて，自然の力を押さえ込むことにより土地の価値を維持する考え方が一般的になってしまった。けれども，人工物で海岸の外力と対抗しようとしても限界はある。それよりも，自然の海岸の地形や砂浜幅と，現地の海岸の利用のさまざまを考慮したうえで，人間の居住地の形を決めるほうが合理的である。

　このような考えに基づいて，当地の自然条件に合わせて堤防をより陸側に設定する「引堤（セットバック）」という方法が考案された。堤防を陸側に置くことで堤防前面に砂浜が存在すれば，堤防自体が波浪に直接さらされずに済むため，構造物としても長持ちする。これは堤防の補修などの維持管理の

コスト削減にもつながるので，結果的には社会コストを下げることに貢献できる。

これまで日本の海岸の計画では，自然条件よりも制度の方が優先され決定されてきたのが実情である。今後，砂浜や砂丘が防災的な価値をもち，自然を活かした海岸事業を進めた方が，最終的に経済的な負担も少なく合理的であるとの理解や認識が社会全体で進めば，海岸計画論も変化してくる可能性はある。しかし今までも，自然条件を活かした海岸事業に対して，実は，下記に述べるように制度的に隘路は開かれていた。対象地の海岸の地形，地質や，背後の土地利用によっても，技術的にも，また事業制度的にも個別に細やかに対応できる場合があり得る。

実際，海岸事業の根拠となっている海岸法そのものに，護岸や堤防などの海岸保全工事を行う範囲である"海岸保全区域"について「ただし，地形，地質，潮位，潮流等の状況により必要やむを得ないと認められるときは，それぞれ50mをこえて指定することができる」と明記されている。これは，海岸の物理的な条件に応じて，構造物の設置位置などについて，ある程度，現場の創意工夫を条件つきで認めているのである。この"ただし書き条項"への挑戦は，標準的な方法ではできない特別な理由について，地形や波浪などの物理条件のデータ，地域との合意，法的検討やときに条文解釈の論理を揃えたうえで，行政組織のなかで合意をとりつけていくというプロセスを経る。その方法や計画以外は"やむを得ない"という納得が海岸事業の地元から国行政まで浸透すれば，税金を投入する公共事業として成立するのである。

このような課題を抱えながらも，平成26（2016）年には，海岸法の部分改正がなされた。大きな特徴は，東日本大震災を教訓とした「防災から減災へ」という考え方の変化である。行政がすべてのリスクを防ごうとする姿勢から，地域社会を含め社会の分担で防災を行おうという方向となった。また，国の補助金を使って各地で延々と築造されてきた護岸や堤防の維持管理を，地方自治体が責任をもって行うことがあらためて明記された。海岸に限らず耐用年数が切れかかっている公共構造物の維持管理は，財政面できわめて深刻な問題となっている。厳しい財政状況のなかではおのずと優先順位を決定しなければならないが，その際に欠かせないのが合意形成である。海岸法の部分改正により，合意形成を丁寧に進めていくための協議会の運営にも税金が使える途が開かれた。

10.2 日本の海岸の人工化の現状

10.2.1 人工化の現状

日本の海岸はどうしてここまで人工化され，風景が変わってしまったのだろうか。人工化とは，埋立地，堤防，護岸，突堤など人工構造物が建設され，

▶図3　直立護岸と消波ブロックで縁取られた海岸線

自然が改変された状態をいうが、自然が豊かで、周囲に人家がみられないような海岸でも、人工構造物が異様なほど海岸に並び、人工物がある海岸の景色の方が、今では普通となっている（図3）。中年以上の人たちは、子供のときに生き物や自然への感動を育ててくれた海岸を再び訪ねたら、そこはまったく別の空間に変わってしまっていた、という経験があるだろう。

日本の海岸は総延長約35,000 km、これは世界で6位、国土面積（1 km²）あたりの海岸線の距離は93 mでフィリピンに次いで2位であり、世界のなかでも国民にとって海岸がより身近な国であろう。日本列島は南北に長く、高緯度の亜寒帯の流氷が寄せる北海道から、低緯度の亜熱帯のサンゴ礁に囲まれた琉球列島まで、とても多様な自然に恵まれている。一国の国土のなかに、これほど多様な海洋の自然環境に恵まれた国は、世界でも数少ない。ところが日本の海岸はすさまじい勢いで人工化が進んできた。

環境省が1996〜1997年に行った第5回自然環境保全基礎調査（1998）によれば、自然海岸は日本全体で53％、人工海岸が33％と3分の1を占める状態となっていた。さらに細かくみていくと、本土域では42％しか自然海岸は残っていないことになるが、その大半が崖で縁取られた海岸であり、砂浜や干潟のほとんどが20世紀末にはすでに人工化されたことになる。このため、一般の人たちが自然海岸に行くこと自体が難しくなっている。身近な海岸が失われて数十年、人工物のある海岸が普通である状態が長期続いた結果、日本人の海に対する感覚や価値観も変わってしまうのは、当然だったかもしれない。

10.2.2 砂浜海岸の人工化とハビタットの改変

このような人工化は，生態系にどのような影響を与えるだろうか。海岸の改変は，海と陸の境界域に位置し，外力の影響が強い砂浜生態系のハビタット（生息場所）の固有性や多様性を損なってしまう。以下にその例をあげる。

①ハビタットの減少・消失

　海岸侵食により砂浜生物のハビタットそのものである砂浜の面積が縮小あるいは消失する。

②地形の連続性の分断

　エコトーンとして機能する，海岸砂丘，後浜，前浜，波打ち際，浅海域という，背後地から海底までの地形的な連続性が分断され，ハビタットの質が劣化する。ウミガメなど海と陸を横断する生物にとっては致命的な状況となる。

③人工環境

　長い砂浜の沖に岸沿いに並ぶ離岸堤群は，砂浜と沖合との間を往来する生物にとって巨大な障壁となる。直立する護岸は海ー陸間の生物の移動を妨げるだけでなく，そこに反射する波が原因となり，護岸周辺の海中は不安定な生息環境となる。

10.3　自然地形の役割

10.3.1　砂浜と砂丘とラグーンはセットになった地形

　砂浜の陸域方向への地形的な連続性については，意外と忘れられているが，近年は防災上，海岸砂丘や砂浜の自然地形の役割があらためて注目されている。砂丘自体が，高波浪や津波を減衰させる効果をもつ自然のインフラだという考え方である。

　砂浜を砂丘と一体化した空間としてとらえなくなったのは戦後のことであり，むしろ現在が有史以来初めての異常事態ともいえる。とくに，河口域に発達する「砂丘とラグーンのセット」の地形は，船や陸路の双方にとって使いやすい地形であり，交易と漁業の両方が繁栄する自然条件をその地にもたらし，平常時には実にすぐれた自然の社会基盤（インフラ）となる。ラグーン（lagoon）とは砂州や砂嘴などによって外海と隔てられた入江や内海のことで，海跡湖を指す言葉でもある。

　「砂丘とラグーンのセット」の有名な例は，福岡県の博多湾である（図4）。「海の中道」とよばれる，全長8km，最大幅2.5kmの細長い大規模な陸繋砂州の内側に広がる静穏な水域が博多湾であるが，まさに自然の良港である。湾奥には干潟や砂丘が広がり，古代から都市が形成され交易の要衝となり，千年を超える繁栄を遂げてきた。

▶図4 博多湾と玄界灘を隔てる陸繋砂州「海の中道」

　また，青森県津軽半島の岩木川下流の左岸側の日本海側には幅3km，高さ10m以上の海岸砂丘が形成され，その陸側には十三湖という汽水湖が広がっている。ここには，十三湊という北日本の海の道の要衝となる港が古代から存在していた。中世の豪族の安倍貞任らが統括していた時代にもっとも栄え，近世の津軽藩の時代まで港として機能していた。現在は，シジミ漁業が有名であり，港湾機能は衰退している。逆にいうと，汽水域の良好な漁場は，戦後の港湾開発を免れたために残ったともいえる。

10.3.2 砂丘は自然のインフラ

　2011年の東日本大震災によって堤防や護岸など多くの人工物が壊滅した。しかし砂浜や海岸砂丘により被害が軽減された事例もあった。震災前から砂浜や海岸砂丘の防災効果は海岸の専門家からは指摘されてきたが，とくに震災後は社会全体が関心を示すようになった。

　歴史をさかのぼると，江戸時代の幕藩体制のもと，海岸砂丘への植林が進められたが，これは同時に海岸防災事業でもあった。たとえば，福岡県の玄界灘沿岸では，江戸時代に黒田藩による松林の植林が集中的に行われた（後述）。一方，それまでは，砂丘の背後のラグーンや湿地は港や漁場に使われてきたが，江戸時代に田畑の開墾が各藩の事業として行われるようになり，沿岸域の空間利用が大きく変化した。従来，砂浜，砂丘，ラグーン，湿地は，人間と海のバッファー・ゾーンであったが，利用価値の拡大とともに沿岸開発は富を生む事業となり，干拓や埋立工事により農業・都市空間に変貌した。それとともに人の居住も増大したため，人命と財産を守るための防災も必

要になった。そのため、それまで港として使ってきた水面を静穏にする役割をもつ自然の防波堤である砂丘は、防災の観点からも大切にされたと思われる。クロマツなどの植林は、砂の大規模な移動や飛砂による被害の軽減に力点が置かれている。しかし、砂丘の背後が静穏であるという自然地形そのものの活用の知恵は継続してきたものの、従来は利用されていなかった砂の移動が激しい場所へも居住地が拡大することにより、砂の移動自体が災害と受け止められるようになった。さらに、森林荒廃により河川から海域への土砂流出が激しくなり、居住地へ砂の影響が増大する場合もあり、砂丘の制御が課題となっていった。

しかし、時代は進み高度経済成長期を迎えると、今度は不足するコンクリート材料や埋立材料の砂の供給源として、手近な砂山は絶好の採掘現場となった。砂丘を切り崩して建設材料として砂を搬出するだけでなく、砂丘背後の湿地の埋立や土地造成にも使われた。この時代には、もはや砂丘は建設材料の山としてしかみられず、防災の観点は忘れ去られ、動植物や景観に至っては無視されることとなった。さらに最近では、砂採掘に替わり、砂丘の植生がはぎ取られ、ソーラーパネル施設に変化していく様子を目にするようになり、新たに砂丘が電力事業のための手っ取り早い空き地とみなされているのではないかと、不安をおぼえる。

10.4 砂浜がもつ減災・防災の機能

10.4.1 バッファー・ゾーンの必要性

砂浜は自然の力が強く、人間が進出しすぎると危険な場所でもある。もともとは、海岸砂丘の陸側が一般的な人間活動の限界線であるべきだったことが、国内外の津波災害後に少しずつ再認識されるようになった。

バッファー・ゾーン（緩衝帯, buffer zone）とは、外洋からの高波や潮風など強い外力が、直接人間が住む陸に影響しないように、徐々に力を減衰させていく帯状のゾーンのことで、自然の砂浜全体がバッファー・ゾーンの働きをしている。岩礁や人工構造物に高波が打ち付け、白い飛沫や塩霧が巻き上がる光景とは異なり、砂浜では徐々に砕波することで波の力が吸収されている。砂丘を覆う海浜植生は、陸側への砂や潮風の移動を和らげている。

バッファー・ゾーンは防災・減災の観点だけではなく、自然保護区の分野でも使われる。たとえば、自然保護優先で人間立ち入り禁止のゾーンと、人間活動が盛んなゾーンの間に設けられる空間はバッファー・ゾーンである。

日本の海岸管理では、潮害防備保安林（海岸林）の当初の目的は、砂丘上の樹林を背後地の防護のために活用できるよう、樹木の伐採や人間の居住を禁止し、沿岸集落に海からの波浪、塩霧や飛砂が直接吹き付けるのを防止することにあった。このように荒天時や強風時に、海から陸への影響を軽減する

意味でのバッファー・ゾーンの役割を果たしていたが，津波や高波の水の浸入に対する物理的な力の軽減というバッファー（緩衝）作用も果たすことになった．現在は，保安林の整備自体が目的化しているような事例も散見される．それは，後述のように，行政の管轄区域が文字どおり線引きされているためである．

10.4.2　自然保護活動が守った砂丘

　このような砂浜の多様な役割が認識されずに，掘削で破壊され，海岸侵食で消失するような時流のなかで，市民や研究者による自然保護活動があったおかげで守られた砂丘も多い．たとえば，約60 kmの砂浜全体が県立自然公園に指定されている千葉県の九十九里浜では，海岸侵食が進んでその対策のために人工構造物が多く建設された結果，逆に砂浜環境は悪化し，海水浴場は4分の3が閉じてしまった．一方，一部の砂浜ではコアジサシが営巣し，ハマヒルガオが咲き乱れ，ウミガメが上陸することから自然保護活動が活発に続けられ，その結果，砂丘の一部が，特に繁殖期には立入禁止とされたり，駐車場や海の家の建設が制限されるなど永続的な保全につながっている．

　一般的に，希少生物の生息地は，自然公園法にもとづき県立自然公園などに指定されているが，実質的な生物の保護・管理は地域の自然を守る会などの団体やナチュラリストなど民間に任されているのが実情である．このような地域の団体が，生息状況の観察や記録を行い，生息地を巡回，観察，記録する役目も担っている．

　基本的には，自然公園や保安林など公的手段による空間の保護がなされなければ，人為的な改変を抑止，阻止する方策はほとんどない．上記のような海岸の自然保護活動は生物の生息地の開発抑止を目的としているが，結果的に砂丘や砂浜の地形を守ることにつながった．これらの地形が残ったため，上述のとおり人間の居住地のバッファー・ゾーンが確保されたので，このような自然保護運動は防災活動でもあったと評価できるだろう．

10.4.3　海岸の松林

　海岸での人の営みにおいて，海岸林は身近な存在である．「白砂青松」の風景は江戸時代に形成されはじめた．日本の海岸林の多くは，有用種が単一栽培的に植えられた二次林である．とくにクロマツは，海岸の潮気，乾燥，強い日射にも耐えて高く成長し，風の透過性を保ちながらも，人間の居住空間に海からの潮気，砂が降り注ぐのを防いでいる．強風は木にあたって風速を落とし，海岸林を越えて砂が内陸に運ばれることはない．強風に揺れる松が奏でる轟々とした響きの「松風」は，海岸を代表する音の風物詩でもある（図5）．

　江戸時代の諸侯は，領地の海岸の砂丘には松の植林を奨励した．植物のなかでもより飛砂を抑え，さらに，その落葉や枝を燃料としても活用できる利用可能性の高いクロマツを砂丘上に植えた．たとえば，冬の季節風が強い日

▲ 図5　博多湾に面した今津長浜の松林
上空から見た松林（左）と松林の中の様子（右）。

本海に面した，黒田藩（現在の福岡県）の三里松原（口絵1）や庄内藩（現在の山形県）の庄内砂丘の松林などが有名である。こうして形成された松原が塩害や砂の過剰堆積を防止する効果を発揮し，砂丘の陸側には集落が形成しやすくなった。

　これらの松原は最近まで良好な状態を保ってきたが，近年は松枯れの被害を受け（第1章参照），大木の松が消えつつある。海岸林を担ってきたクロマツは品種改良が重ねられてきたが，本種に代わる低木のシャリンバイやサカキなどを活用するべく樹種の見直しも始まっている。また，自然植生にもみられるこれらの好塩性の低木の活用は，植樹されたものであっても，単一樹種のみの松林に比べれば生物多様性保全の観点からも推奨される。

10.4.4　伝説や伝統が示す自然保護と防災

　海辺の言い伝えは，海と人の距離の取り方に深いメッセージを伝えてくれる。ウミガメ産卵地の浜は，海からのお使いが上陸する神聖な場とされ，産卵巣の場所に注連縄を張り，砂浜にむやみに家屋を立てるのをタブーにより規制する地方もあった。沖縄にみられる砂浜での礼拝は，先祖が住む来世の海の彼方にあるニライカナイへと想いをつなぐ儀式である。陸に現在の時を過ごす自分たち，海や空のどこかに肉体を離れて存在する魂としての先祖，それに思いを馳せられる場が海岸なのである。多くの沿岸部の集落のお祭では，お神輿は，山から下りて波打ち際を走り，また山に戻る。舟神輿は，海から集落を遠望し，かつて先祖がこの地へ渡ってきた様子を再現するように浜に上陸する道筋をたどる。海とのつながりを忘れないことで，先祖が海を渡ってその地にたどり着き，定着した歴史を伝承しているといえる。このように，古来海岸は神聖な場とされており，人々は神聖な場を侵さぬようにすることで，自分たちのテリトリーが必要以上に海に近づきすぎることを，長

い歴史のなかで自然と避けてきた。その結果として，適度なバッファー・ゾーンが長期にわたって維持されてきた。

10.5 海岸の管理制度が抱える問題点と将来に向けて

10.5.1 「線」の問題，「面」への転換，さらには「立体へ」

　日本の海岸が過度に人工化された大きな原因は，海岸を「線」でとらえてきた考え方である。本来，海岸の自然地形は立体的な形であり，さらに潮汐や季節など自然の変化に伴う変動が激しい場所である。しかし，地図の平面上で，土地利用や行政管理区域のゾーニングの計画を行うと，ほぼ直線で境界が引かれる。これは国境と同じで，自然や社会の条件を勘案すると境界が決まりにくいため，単純化して利害調整をするためである。

　現在は，防災工事自体が建設業と関連産業を含め地域経済の一部となっている。そのため，地域にとっては工事自体が目的化する懸念があるが，大規模な防災工事を必要としながらなされていない場所は災害リスクが高いため，永続的な居住は長期的には見直す必要がある。海岸では自然資源の持続的な利用なども含めさまざまな仕事がかつて存在していたが，防災工事を優先して自然海岸を失ったことで，観光や漁業が衰退した地域も多い。

　防災施設を建設するにしても，例えば堤防の形を工夫し，設置する場所をより内陸に移すなどの工夫をすれば，巨大な構造物がむき出しで波打ち際に存在するという状態は変えられる。ところが，前述のように日本では海岸構造物の設置は自然地形よりも，制度で決まった内容に合わせたため，全海岸線の総延長の半分以上が人工化され，さらに進行する状況となっている。

　この海岸管理の失敗は，陸と海の間の帯状のゾーンという「線」を固守する管理に終始してきた点にあると考えられる。それは，砂丘などの沿岸地形全体というバッファー・ゾーンという規模でもなく，波打ち際の岸と沖の50 mの海岸保全区域を設定する制度である。海岸管理行政では，地図上の線（汀線）を後退させないために，海岸保全区域という管理区域を保全する工事をすでに行った，あるいは今後もする予定がある海岸の距離を約16,000 kmとしている。自然海岸がこのように改変された国はかなり特殊である。

　海岸の侵食対策の技術開発もまだまだ不十分であるが，人為改変が砂浜環境に与える影響のパターンはほぼわかってきている。ただし，海岸を人間が完全に管理するのは不可能であるが。

　自然海岸の地形は，波，風など自然の力により形づくられた結果の形である。砂浜での緩やかな砕波，動的平衡による自然な侵食の回復などを考えると，合理的な形となっている。この自然地形を維持していくには，海岸をもっと「面」として考え，水，生き物，土砂のつながりを関係づけながら管理すべきである。本来は，面よりももっと立体としてとらえるべきだが，まずは線

の1次元から面の2次元に，海岸への社会の認識を高めることが必要である。

　理想的な海岸管理のためには，海岸の背後の陸，流入する河川，海の沖合域まで含めて，全体がつながっているシステム，沿岸域という系として把握しなければならない。しかし，管轄という線引きを前提にしている現在の行政の仕組みでは，このような面的な考えに基づく管理を行うことは困難である。

10.5.2　より良い砂浜を残すために

　砂浜海岸の消滅（海岸侵食）については，これまで社会の関心が高かったとはいえない。内湾域で多く行われる埋立では，干潟や湿地が短期間に一気に消滅するので，その変化が誰にでもとらえやすく，そのため事業に対する人々の関心も必然的に高くなる。しかし海岸侵食は，長期間にわたって徐々に進行する現象であるために，地域住民や長年その地に慣れ親しんできた人でなければ，その変化に気がつかないことがある。その間にも護岸や堤防などの建設やブロックの投入などの応急処置がとられるが，建設事業自体が長期間を要するものであり，ある箇所を侵食防止してもすぐ別の箇所から侵食が始まったりなど効果がわかりにくい。空間的にも大きなスケールの砂浜全体からすれば，工事箇所は点や線にすぎず，根本的な解決には至らず，半永久的に応急作業を続けるという皮肉な状況になる。そのため，海岸侵食対策の必要性が一般の人々には十分理解されず，不要な事業が行われているという印象も与えてきた。

　一方で，これらの応急処置も含めたこれまでの海岸整備事業は，各地で反対運動があっても，国土を海没させない，人命・財産を守るための公共的防災事業として，民意にも支えられてきた。防災事業に異論をとなえることは，地域社会では反社会的な振る舞いともされ，事業が中止されることはほとんどなかった。そのため，事業内容の精査が十分行われないまま，ルーティンワークのように防災事業が続いてきたのが現状である。

　このような海岸の変化を，今こそ実証的に調べ，事業推進や管理の制度も含めた変化を求める時機である。自然破壊が進みすぎ遅きに失しているとはいえ，東北の沿岸の復興，全国各地で予定されている海岸防災工事，止まらない侵食と，現行制度のままでは海岸侵食の問題が解決しないことが明らかとなった。

　海岸の自然の特性が社会に広まり，管理に直接関係する行政や技術者がよく認識し，制度が変わることが不可欠である。制度という目に見えない壁が形になったものが，日本の過度に人工化された風景ともいえるだろう。

（清野聡子）

付　表

◆ 付 表 1 ◆

国内で研究が行われている外海に面した砂浜海岸で出現した魚類

表中灰色で示した部分。「第5章 砂浜海岸の魚類」参照 (井上隆)。

目	科	和名ほか	北海道 紋別	茨城県 波崎	千葉県 東京湾 外湾	鳥取県 浦富	山口県 土井ヶ浜	高知県 土佐湾	福岡県 三里松原	福岡県 九州北部	鹿児島県 吹上浜
メジロザメ目	ドチザメ科	ホシザメ									
		ドチザメ				●					
	メジロザメ科	スミツキザメ									●
		メジロザメ属未同定種									●
サカタザメ目	ウチワザメ科	ウチワザメ					●				
トビエイ目	アカエイ科	アカエイ									
カライワシ目	カライワシ科	カライワシ			●		●	●		●	
	イセゴイ科	イセゴイ									
ソトイワシ目	ソトイワシ科	ソトイワシ						●	●	●	
ウナギ目	ウナギ科	ニホンウナギ		●	●						
	ホラアナゴ科	アサバホラアナゴ						●			
	ウミヘビ科	ホタテウミヘビ						●		●	
		ウミヘビ科						●		●	
	アナゴ科	ゴテンアナゴ属								●	
		マアナゴ			●						
		クロアナゴ									
		ギンアナゴ						●		●	
		ウナギ目						●			
ニシン目	ニシン科	ウルメイワシ			●		●	●	●	●	●
		キビナゴ						●	●	●	●
		マイワシ		●	●						
		カタボシイワシ									
		オグロイワシ									
		サッパ			●						
		ニシン	●								
		ヤマトミズン									●
		ヤマトミズン属						●			
		コノシロ		●	●			●		●	
	カタクチイワシ科	カタクチイワシ		●	●	●	●	●	●	●	●
		ミズスルル									●
ネズミギス目	サバヒー科	サバヒー						●			
コイ目	コイ科	マルタ		●							
		ウグイ					●				
		モツゴ						●			
ナマズ目	ゴンズイ科	ゴンズイ				●					
サケ目	キュウリウオ科	カラフトシシャモ	●								
		キュウリウオ	●								
		チカ	●								
		キュウリウオ科	●								
	アユ科	アユ		●	●		●			●	
	シラウオ科	シラウオ		●	●						
		イシカワシラウオ		●	●						
	サケ科	サケ	●								
		サケ科	●								

付表 1

目	科	和名ほか	北海道 紋別	茨城県 波崎	千葉県 東京湾 外湾	鳥取県 浦富	山口県 土井ヶ浜	高知県 土佐湾	福岡県 三里松原	福岡県 九州北部	鹿児島県 吹上浜
ワニトカゲギス目	ヨコエソ科	ユキオニハダカ						●			
		オニハダカ属									
	ギンハダカ科	オキウキエソ						●			
		ウキエソ属									
ヒメ目	エソ科	マエソ属						●	●		
		オキエソ			●			●		●	
		チョウチョウエソ						●			
		エソ科					●				
ハダカイワシ目	ハダカイワシ科	ソコハダカ属									
		トミハダカ属									
		ハダカイワシ科					●				
タラ目	タラ科	コマイ	●								
		スケトウダラ						●			
	サイウオ科	サイウオ属					●				
アンコウ目	カエルアンコウ科	ハナオコゼ						●			
		カエルアンコウ科			●						
トゲウオ目	シワイカナゴ科	シワイカナゴ				●					
	トゲウオ科	日本海系イトヨ	●								
	ヨウジウオ科	オクヨウジ								●	
		ヨウジウオ			●		●	●	●		●
		ヒフキヨウジ						●			
		ガンテンイシヨウジ						●			
		ノコギリヨウジ						●			
		ウミヤッコ						●			
		サンゴタツ						●			
		タツノオトシゴ			●			●			
		ヨウジウオ科			●						
ボラ目	ボラ科	ワニグチボラ									
		フウライボラ					●				
		オニボラ						●			
		ボラ		●	●		●	●	●	●	●
		セスジボラ									
		メナダ		●	●						
		コボラ									
		メナダ属									
		タイワンメナダ			●						
		ナンヨウボラ									●
		ボラ科									
トウゴロウイワシ目	トウゴロウイワシ科	ムギイワシ			●						
		ギンイソイワシ			●				●		
		トウゴロウイワシ			●						●
		ギンイソイワシ属									
	ナミノハナ科	ナミノハナ						●			
	メダカ科	ミナミメダカ									
	サヨリ科	クルメサヨリ			●				●		
		サヨリ	●								●
		ユリサヨリ									
		サヨリ属			●		●				
	トビウオ科	ウチダトビウオ									

221

付表 1

目	科	和名ほか	北海道 紋別	茨城県 波崎	千葉県 東京湾外湾	鳥取県 浦富	山口県 土井ヶ浜	高知県 土佐湾	福岡県 三里松原	福岡県 九州北部	鹿児島県 吹上浜
トウゴロウイワシ目		ツクシトビウオ						●			
		ホソトビウオ						●			
		トビウオ科		●	●						●
	ダツ科	ハマダツ									●
		ダツ					●	●		●	●
		オキザヨリ					●	●			●
		テンジクダツ						●			
	サンマ科	サンマ	●		●			●			
スズキ目	メバル科	カサゴ									
		クロソイ		●							
		ウスメバル		●							
		アカメバル					●	●	●	●	
		メバル属									
	フサカサゴ科	フサカサゴ科			●			●			
	ハチ科	ハチ					●	●			
	ハオコゼ科	ハオコゼ					●				
	オニオコゼ科	オニオコゼ					●	●			
		ヒメオコゼ						●			
	ホウボウ科	ホウボウ				●	●		●		●
		カナガシラ属						●			
	ハリゴチ科	ハリゴチ属						●			
	コチ科	ヨシノゴチ(シロゴチ)									●
		マゴチ(クロゴチ)		●	●			●	●		●
		コチ属				●					
		コチ科		●							
		イネゴチ						●			
		メゴチ						●			
	アカメ科	アカメ						●			
	タカサゴイシモチ科	タカサゴイシモチ属						●			
	スズキ科	ヒラスズキ					●	●			
		スズキ					●	●			
		スズキ属								●	
	ホタルジャコ科	ヒメスミクイウオ						●			
	イシナギ科	オオクチイシナギ						●			
	ハタ科	マハタ						●			
	メギス科	ニセスズメ属						●			
	テンジクダイ科	ネンブツダイ						●			
		オオスジイシモチ			●			●			
		コスジイシモチ						●			
		クロイシモチ						●			
	アゴアマダイ科	アゴアマダイ科						●			
	ムツ科	ムツ				●		●			
	シイラ科	シイラ			●						
	アジ科	ツムブリ						●			
		アイブリ						●			●
		ブリ						●			
		カンパチ						●			
		マアジ				●	●	●			●
		イケカツオ			●			●			
		ミナミイケカツオ						●			

付 表 1

目	科	和名ほか	北海道 紋別	茨城県 波崎	千葉県 東京湾外湾	鳥取県 浦富	山口県 土井ヶ浜	高知県 土佐湾	福岡県 三里松原	九州北部	鹿児島県 吹上浜
スズキ目		コバンアジ		▒							
		マルコバン						▒	▒		
		マルアジ								▒	
		ムロアジ属					▒				
		クロボシヒラアジ									▒
		カッポレ		▒							
		ギンガメアジ			▒						▒
		ロウニンアジ									▒
		オニヒラアジ									▒
		コガネシマアジ									▒
	ヒイラギ科	ヒイラギ							▒		
	フエダイ科	フエダイ属									▒
		クロホシフエダイ									▒
	マツダイ科	マツダイ						▒			
	クロサギ科	セダカクロサギ					▒	▒			
		イトヒキサギ									▒
		クロサギ		▒	▒			▒			▒
	イサキ科	ヒゲダイ									▒
		コショウダイ						▒			▒
	タイ科	ヘダイ						▒	▒		
		クロダイ		▒							
		キチヌ		▒		▒					
		マダイ				▒					
		チダイ		▒							
	フエフキダイ科	フエフキダイ科									▒
	ニベ科	ニベ		▒							
		オオニベ									
		シログチ		▒							
	キス科	シロギス		▒							▒
	ヒメジ科	ヨメヒメジ									▒
		ミナミヒメジ									▒
		ヒメジ					▒	▒	▒	▒	
		ウミヒゴイ属魚						▒			
		ヒメジ科									▒
	ハタンポ科	ツマグロハタンポ						▒			▒
		ミナミハタンポ					▒				
		ミエハタンポ						▒			
		ハタンポ属						▒			
	チョウチョウオ科	ハタタテダイ									
	タカノハダイ科	タカノハダイ									
		ユウダチタカノハ		▒							
	アカタチ科	アカタチ属									
	ウミタナゴ科	ウミタナゴ属								▒	
	スズメダイ科	マツバスズメダイ						▒			
		テンジクスズメダイ						▒			
		オヤビッチャ									▒
		オジロスズメダイ						▒			
		スズメダイ科			▒						
	シマイサキ科	コトヒキ			▒			▒			▒
		シマイサキ									▒

付表 1

目	科	和名ほか	北海道 紋別	茨城県 波崎	千葉県 東京湾外湾	鳥取県 浦富	山口県 土井ヶ浜	高知県 土佐湾	福岡県 三里松原	福岡県 九州北部	鹿児島県 吹上浜
スズキ目	タカベ科	タカベ		●							
	ユゴイ科	ユゴイ						●			
	イシダイ科	イシダイ						●			
		イシガキダイ						●			
	イスズミ科	テンジクイサキ			●						
	カゴカキダイ科	カゴカキダイ					●	●		●	●
	メジナ科	メジナ			●	●					
		クロメジナ									
		メジナ属									●
	イボダイ科	メダイ									●
		イボダイ					●				
	ドクウロコイボダイ科	ドクウロコイボダイ			●						
	ツバメコノシロ科	ツバメコノシロ									●
	ベラ科	ササノハベラ属			●						
		ニシキベラ									
		キュウセン					●				
		ホンベラ									
		ベラ科						●			
	アイナメ科	ホッケ	●								
		クジメ			●		●	●		●	
		スジアイナメ	●								
		アイナメ			●		●	●			
		エゾアイナメ	●								
	カジカ科	アイカジカ	●								
		ツマグロカジカ	●								
		チカメカジカ	●								
		カマキリ(アユカケ)									
		オクカジカ	●								
		シモフリカジカ	●								
		ギスカジカ	●								
		イダテンカジカ			●						
		イダテンカジカ属						●			
		キヌカジカ								●	
		サラサカジカ									
		アヤアナハゼ					●				
		アサヒアナハゼ								●	
		アナハゼ									
		カジカ科						●			
	トクビレ科	ヤギウオ	●								
		シチロウウオ									
		カムトサチウオ	●								
	クサウオ科	エゾクサウオ									
	タウエガジ科	ダイナンギンポ			●	●					
		ダイナンギンポ属			●						
		ムロランギンポ	●								
		ハナジロガジ	●								
		ガジ									
		オオカズナギ			●			●			●
		カズナギ			●						

224

付表 1

目	科	和名ほか	北海道 紋別	茨城県 波崎	千葉県 東京湾 外湾	鳥取県 浦富	山口県 土井ヶ浜	高知県 土佐湾	福岡県 三里松原	福岡県 九州北部	鹿児島県 吹上浜
スズキ目		トビイトギンポ			●						
	ニシキギンポ科	ギンポ		●	●					●	
		ニシキギンポ属			●						
		タケギンポ						●		●	
	トラギス科	トラギス科		●							
	ホカケトラギス科	ヒゲトラギス属								●	
		マツバラトラギス									●
	イカナゴ科	イカナゴ	●								
	ヘビギンポ科	ヘビギンポ									
		ヒメギンポ									
	コケギンポ科	コケギンポ			●					●	
	イソギンポ科	イソギンポ		●	●					●	
		イソギンポ属									
		タテガミギンポ						●		●	
		カエルウオ									
		トサカギンポ			●						
		ナベカ			●			●			
		ナベカ属		●							
		ハタタテギンポ属									
		ハタタテギンポ								●	
		ニジギンポ			●	●	●	●		●	●
	ウバウオ科	ツルウバウオ									
		ウバウオ									
		ミサキウバウオ									
		ウバウオ属									
	ネズッポ科	ハゲヌメリ		●							
		ネズミゴチ		●	●	●	●			●	
		トビヌメリ			●						
		ネズッポ科						●			
	カワアナゴ科	カワアナゴ属			●						
	ハゼ科	コマハゼ									
		ヤリミミズハゼ									
		オオミミズハゼ									
		ミミズハゼ						●			
		ミミズハゼ属						●			
		ヒモハゼ									
		セジロハゼ属									
		シロウオ			●			●		●	
		チワラスボ						●			
		サビハゼ									
		マハゼ			●					●	
		アシシロハゼ									
		マハゼ属				●	●				
		ボウズハゼ				●					
		シラヌイハゼ									●
		アベハゼ						●			
		マサゴハゼ						●			
		アカオビシマハゼ			●	●		●		●	
		チチブ			●			●		●	
		チチブ属									

225

付表 1

目	科	和名ほか	北海道 紋別	茨城県 波崎	千葉県 東京湾外湾	鳥取県 浦富	山口県 土井ヶ浜	高知県 土佐湾	福岡県 三里松原	福岡県 九州北部	鹿児島県 吹上浜
スズキ目		ヒゲハゼ						■			
		ヒゲハゼ属					■	■			
		ヒナハゼ			■			■		■	
		クモハゼ						■			
		クサビハゼ						■			
		クモハゼ属					■	■			
		ヨシノボリ属						■			
		クロヨシノボリ						■			
		ゴクラクハゼ						■			
		ヒトミハゼ						■			
		ウロハゼ						■			
		モヨウハゼ						■			
		スジハゼ						■		■	
		キララハゼ属								■	
		ヒメハゼ			■			■		■	■
		クツワハゼ						■			
		スミウキゴリ						■			
		ウキゴリ		■	■					■	■
		ニクハゼ						■			
		ビリンゴ						■			■
		ジュズカケハゼ			■					■	
		チクゼンハゼ								■	
		エドハゼ									
		ウキゴリ属				■					
		アゴハゼ			■						
		ドロメ			■						
		アゴハゼ属			■			■			
		イトヒキハゼ						■			
		ハゼ科		■	■			■		■	■
	クロユリハゼ科	サツキハゼ			■						
		サツキハゼ属			■						
	アイゴ科	アイゴ					■	■		■	■
	カマス科	オニカマス						■			
		アカカマス						■		■	■
		タイワンカマス						■			
		ヤマトカマス						■			■
		カマス属						■			
	サバ科	マサバ		■		■					
		ソウダガツオ属						■			
カレイ目	ヒラメ科	ヒラメ	■	■	■	■	■	■		■	■
		アラメガレイ		■							
		ガンゾウビラメ属		■				■			
		ヒラメ科						■			
	ダルマガレイ科	ダルマガレイ科								■	
	カレイ科	ヌマガレイ	■								
		ソウハチ	■								
		イシガレイ	■			■	■				
		クロガレイ	■								
		クロガシラガレイ	■								
		スナガレイ	■								

付表 1

目	科	和名ほか	北海道 紋別	茨城県 波崎	千葉県 東京湾外湾	鳥取県 浦富	山口県 土井ヶ浜	高知県 土佐湾	福岡県 三里松原	福岡県 九州北部	鹿児島県 吹上浜
カレイ目		マコガレイ		●		●					
	カレイ科		●								
	ベロガレイ科	ツマリツキノワガレイ					●				
	ササウシノシタ科	ササウシノシタ			●	●	●		●	●	●
		トビササウシノシタ						●			
	ウシノシタ科	クロウシノシタ			●	●	●	●	●	●	●
		オオシタビラメ						●			
		アカシタビラメ									
フグ目	ギマ科	ギマ									
	カワハギ科	アミメハギ		●	●	●	●	●		●	
		ウマヅラハギ		●	●	●	●	●	●	●	
		カワハギ		●	●	●		●		●	
		ヨソギ									
	ハコフグ科	ウミスズメ				●					
		ハコフグ						●			
	フグ科	キタマクラ		●				●			●
		キタマクラ属									
		ヒガンフグ								●	
		ショウサイフグ				●	●	●			
		マフグ									
		コモンフグ				●	●	●	●	●	
		ゴマフグ									
		クサフグ			●	●	●	●	●	●	●
		アミメフグ									
		トラフグ									
		トラフグ属		●	●						
		フグ科			●						

◆ 付 表 2 ◆

本書に登場する生物種名一覧
編集：須田有輔。

種名・項目	科	門・目ほか	学名ほか	ページ
藻類				
珪藻（類）		珪藻植物門	Diatom	59, 60, 72, 76, 77, 79, 82
植物				
緑色植物門		緑色植物門	Chlorophyta	191
紅色植物門		紅色植物門	Rhodophyta	191
不等毛植物門		不等毛植物門	Heterokontophyta	191
アカマツ	マツ科	裸子植物門	Pinus densiflora	192
クロマツ	マツ科	裸子植物門	Pinus thunbergii	13, 213 〜 215
被子植物門		被子植物門	Angiosperma	191
アマモ	アマモ科	被子植物門	Zostera marina	187
コアマモ	アマモ科	被子植物門	Zostera japonica	187
ケカモノハシ	イネ科	被子植物門	Ischaemum anthephoroides	169
カクレミノ	ウコギ科	被子植物門	Dendropanax trifidus	169
コウボウムギ	カヤツリグサ科	被子植物門	Carex kobomugi	口絵5, 13, 149, 150, 165 〜 167
ネコノシタ	キク科	被子植物門	Melanthera prostrata	13
ハマニガナ	キク科	被子植物門	Ixeris repens	165, 167
シロダモ	クスノキ科	被子植物門	Neolitsea sericea	169
タブノキ	クスノキ科	被子植物門	Machilus thunbergii	169
ヤブニッケイ	クスノキ科	被子植物門	Cinnamomum yabunikkei	169
マルバグミ（オオバグミ）	グミ科	被子植物門	Elaeagnus macrophylla	169
ハマゴウ	シソ科	被子植物門	Vitex rotundifolia	13, 169
ハマボウフウ	セリ科	被子植物門	Glehnia littoralis	167
ヤブツバキ	ツバキ科	被子植物門	Camellia japonica	169
トベラ	トベラ科	被子植物門	Pittosporum tobira	13, 169
マサキ	ニシキギ科	被子植物門	Euonymus japonicus	13
シャリンバイ	バラ科	被子植物門	Rhaphiolepis indica var. umbellata	169, 215
ハマナス	バラ科	被子植物門	Rosa rugosa	13
オカヒジキ	ヒユ科	被子植物門	Salsola komarovii	13
ハマヒルガオ	ヒルガオ科	被子植物門	Calystegia soldanella	13, 149, 165, 167
コナラ	ブナ科	被子植物門	Quercus serrata	169
スダジイ	ブナ科	被子植物門	Castanopsis sieboldii	169
ホルトノキ	ホルトノキ科	被子植物門	Elaeocarpus zollingeri	169
ハマエンドウ	マメ科	被子植物門	Lathyrus japonicus	165, 169
スナビキソウ	ムラサキ科	被子植物門	Messerschmidia sibirica	149, 150
原生生物				
有孔虫		有孔虫門	Foraminifera	32
動物				
海綿動物門		海綿動物門	Porifera	191

付表 2

種名・項目	科	門・目ほか	学名ほか	ページ
刺胞動物門		刺胞動物門	Cnidaria	191
クラゲ		鉢虫綱	Scyphozoa	134
扁形動物門		扁形動物門	Platyhelminthes	191
紐形動物門		紐形動物門	Nemertea	191
線形動物		線形動物門	Nematoda	17
マツノザイセンチュウ	Aphelenchodidae	Rhabditida	*Bursaphelenchus xylophilus*	17
軟体動物門		軟体動物門	Mollusca	191
二枚貝綱		軟体動物門	Bivalvia	134
バカガイ	バカガイ科	マルスダレガイ目	*Mactra chinensis*	195
Donax	フジノハナガイ科	マルスダレガイ目		118
Donax serra	フジノハナガイ科	マルスダレガイ目		11
ナミノコガイ	フジノハナガイ科	マルスダレガイ目	*Latona cuneata*	11, 150, 161, 162
ピピ	フジノハナガイ科	マルスダレガイ目	*Donax deltoides*	11
フジノハナガイ	フジノハナガイ科	マルスダレガイ目	*Chion semigranosa*	11
フジノハナガイ科	フジノハナガイ科	マルスダレガイ目	Donacidae	11〜14
ドナックス属	フジノハナガイ科	マルスダレガイ目	*Donax*	118
マテガイ	マテガイ科	マルスダレガイ目	*Solen strictus*	187, 199
アサリ	マルスダレガイ科	マルスダレガイ目	*Ruditapes philippinarum*	195, 196, 200
ハマグリ	マルスダレガイ科	マルスダレガイ目	*Meretrix lusoria*	195
腹足綱		軟体動物門	Gastropoda	134
キサゴ	ニシキウズ科	古腹足目	*Umbonium costatum*	7, 161, 162
ムシボタル	ホタルガイ科	新腹足目	*Olivella fulgurata*	161, 162
ウミニナ	ウミニナ科	盤足目	*Batillaria multiformis*	186
シマヘナタリ	キバヘナタリ科	盤足目	*Cerithidea tonkiniana*	189
ダンゴイカ	ダンゴイカ科	コウイカ目	*Sepiola birostrata*	7
イイダコ	マダコ科	八腕形目	*Amphioctopus fangsiao*	192
コウイカ目		コウイカ目	Sepiida	144
環形動物門		環形動物門	Annelida	102, 191
多毛綱(多毛類)		環形動物門	Polychaeta	13, 14, 102, 103, 117, 134, 136
サシバゴカイ科	サシバゴカイ科	サシバゴカイ目	Phyllodocidae	102
コクチョウシロガネゴカイ	シロガネゴカイ科	サシバゴカイ目	*Nephtys* cf. *californiensis*	口絵15
シロガネゴカイ科	シロガネゴカイ科	サシバゴカイ目	Nephtyidae	口絵15, 13, 102
Glycera sp.	チロリ科	サシバゴカイ目		口絵15
チロリ科	チロリ科	サシバゴカイ目	Glyceridae	口絵15, 13, 102
ノウメンウロコムシ	ノラリウロコムシ科	サシバゴカイ目	*Sigalion* sp.	口絵15
ノラリウロコムシ科	ノラリウロコムシ科	サシバゴカイ目	Sigalionidae	口絵15, 103
ギボシイソメ科	ギボシイソメ科	イソメ目	Lumbrineridae	103
アマクサイソメ	ナナテイソメ科	イソメ目	*Onuphis amakusaensis*	口絵15
ナナテイソメ科	ナナテイソメ科	イソメ目	Onuphidae	口絵15, 103
ノリコイソメ科	ノリコイソメ科	イソメ目	Dorvilleidae	103
Diurodrillus sp.	ディウロドリルス科	ホコサキゴカイ目		口絵15
ディウロドリルス科	ディウロドリルス科	ホコサキゴカイ目	Diurodrilidae	口絵15, 103

229

付表 2

種名・項目	科	門・目ほか	学名ほか	ページ
Scolelepis	スピオ科	スピオ目		117
スピオ科	スピオ科	スピオ目	Spionidae	13
Euzonus sp.	オフェリア科	オフェリア目		15
Ophelia rathkei	オフェリア科	オフェリア目		15
オフェリア科	オフェリア科	オフェリア目	Opheliidae	13
Notomastus sp.	イトゴカイ科	イトゴカイ目		口絵15
イトゴカイ科	イトゴカイ科	イトゴカイ目	Capitellidae	口絵15, 103
ユムシ動物門		ユムシ動物門	Echiura	191
星口動物門		星口動物門	Sipuncula	191
節足動物門		節足動物門	Arthropoda	191
イソコモリグモ	コモリグモ科	クモ目	*Lycosa ishikariana*	149, 150
カブトガニ	カブトガニ科	剣尾目	*Tachypleus tridentatus*	186, 189, 197〜199
ウミホタル科	ウミホタル科	ミオドコーパ目	Cypridinidae	134, 136, 137
カイアシ類		カイアシ下綱	Copepoda	116, 117, 119
カラヌス目		カラヌス目	Calanoida	134, 136, 137
ソコミジンコ目（ハルパクチクス目）		ソコミジンコ目（ハルパクチクス目）	Harpacticoida	134
エボシガイ科	エボシガイ科	Lepadiformes	Lepadidae	134
フクロエビ類		フクロエビ上目	Peracarida	85, 104
アミ科	アミ科	アミ目	Mysidae sp.	口絵16
アミ目（アミ類）	アミ科	アミ目	Mysidacea	口絵7, 口絵11, 7, 10, 11, 12, 13, 85, 104〜106, 116, 117, 119, 134, 136〜138
アルケオミシス属	アミ科	アミ目	*Arachaeomysis*	105
イイエラ属	アミ科	アミ目	*Iiella*	105
イサザアミ属	アミ科	アミ目	*Neomysis*	106
オオシマフクロアミ	アミ科	アミ目	*Iiella ohshimai*	104〜106, 136
コクボフクロアミ	アミ科	アミ目	*Archaeomysis kokuboi*	11, 136
シキシマフクロアミ	アミ科	アミ目	*Archaeomysis vulgaris*	104〜106, 136
ナカザトハマアミ	アミ科	アミ目	*Acanthomysis nakazatoi*	136
ナミフクロアミ	アミ科	アミ目	*Archaeomysis japonica*	104〜106, 136
ハマアミ属	アミ科	アミ目	*Acanthomysis*	106
ミツクリハマアミ	アミ科	アミ目	*Acanthomysis mitsukurii*	136
モアミ属	アミ科	アミ目	*Nipponomysis*	106
クーマ目		クーマ目	Cumacea	134
等脚目（等脚類）		等脚目	Isopoda	13, 134, 144
ムロミスナウミナナフシ	スナウミナナフシ科	等脚目	*Cyathura muromiensis*	口絵16
スナホリムシ科	スナホリムシ科	等脚目	Cirolanidae	口絵16, 13
ナギサスナホリムシ	スナホリムシ科	等脚目	*Eurydice nipponica*	口絵16
ヒメスナホリムシ	スナホリムシ科	等脚目	*Excirolana chiltoni*	口絵16, 11, 92, 93
ハマダンゴムシ	ハマダンゴムシ科	等脚目	*Tylos granuliferus*	11
フナムシ	フナムシ科	等脚目	*Ligia exotica*	151
ヘラムシ科	ヘラムシ科	等脚目	Idoteidae sp.	口絵16, 13
ワラジムシ科	ワラジムシ科	等脚目	*Porcellio scaber*	13

付表 2

種名・項目	科	門・目ほか	学名ほか	ページ
端脚目（端脚類）		端脚目	Amphipoda	口絵16, 11, 13, 116, 117, 134〜138, 144
ヨコエビ亜目（ヨコエビ類）		端脚目	Gammaridea	口絵7, 口絵11, 7, 10, 11, 85, 86, 93, 134
ナミノリソコエビ	Dogielinotidae ナミノリソコエビ科	端脚目	Haustorioides japonicus	11, 86, 88, 89, 91〜96, 100
クチバシソコエビ科	クチバシソコエビ科	端脚目	Oedicerotidae	13
スガメ属	スガメソコエビ科	端脚目	Ampelisca	93
Atlantorchestoidea brasiliensis	ハマトビムシ科	端脚目		14
ハマトビムシ科	ハマトビムシ科	端脚目	Talitridae	11, 13
ヒゲナガハマトビムシ	ハマトビムシ科	端脚目	Talorchestia brito	92, 93
マルソコエビ科	マルソコエビ科	端脚目	Urothoidae sp.	口絵16
クラゲノミ亜目		端脚目	Hyperiidea	134
十脚目（十脚類）		十脚目	Decapoda	134, 144
チクゴエビ	クルマエビ科	十脚目	Parapenaeopsis cornuta	7, 144, 145
エビジャコ科	エビジャコ科	十脚目	Crangonidea	7
Philocheras parvirostris	エビジャコ科	十脚目		7, 144, 145
アカテガニ	イワガニ科	十脚目	Chiromantes haematocheir	198
キンセンガニ	キンセンガニ科	十脚目	Matuta victor	口絵16, 7, 17, 144〜146
クダヒゲガニ	クダヒゲガニ科	十脚目	Albunea symmysta	口絵16
スナガニ	スナガニ科	十脚目	Ocypode stimpsoni	11, 149〜159, 162, 163
スナガニ科	スナガニ科	十脚目	Ocypodidae	13
ツノメガニ	スナガニ科	十脚目	Ocypode ceratophthalmus	15, 158, 159
ナンヨウスナガニ	スナガニ科	十脚目	Ocypode sinensis	15, 158, 159
ホンコンスナガニ	スナガニ科	十脚目	Ocypode mortoni	158
ミナミスナガニ	スナガニ科	十脚目	Ocypode cordimanus	158
ヤマトオサガニ	スナガニ科	十脚目	Macrophthalmus japonicus	186
Emerita talpoida	スナホリガニ科	十脚目		117
Hippa	スナホリガニ科	十脚目		118
スナホリガニ	スナホリガニ科	十脚目	Hippa marmorata	口絵16, 13
スナホリガニ属	スナホリガニ科	十脚目	Hippa	118
ハマスナホリガニ	スナホリガニ科	十脚目	Hippa truncatifrons	150
スナモグリ科	スナモグリ科	十脚目	Callianassidae	134
スナモグリ類	スナモグリ科	十脚目	Callianassidae	17
ハルマンスナモグリ	スナモグリ科	十脚目	Nihonotrypaea harmandi	口絵16
ブルークラブ	ワタリガニ科	十脚目	Callinectes sapidus	119
アサギマダラ	タテハチョウ科	チョウ目（鱗翅目）	Parantica sita niphonica	149, 150
オオヒョウタンゴミムシ	オサムシ科	コウチュウ目（鞘翅目）	Scarites sulcatus	149, 150
ガムシ科	ガムシ科	コウチュウ目（鞘翅目）	Hydrophilidae	11
ハンミョウ科（ハンミョウ類）		コウチュウ目（鞘翅目）	Cicindelidae	11
腕足動物門		腕足動物門	Brachiopoda	191
外肛動物門		外肛動物門	Ectoprocta	191

231

付表 2

種名・項目	科	門・目ほか	学名ほか	ページ
棘皮動物門		棘皮動物門	Echinodermata	191
タコノマクラ目	タコノマクラ科	タコノマクラ目	*Clypeaster japonicus*	134
半索動物門		半索動物門	Hemichordata	191
脊索動物門		脊索動物門	Chordata	191
ドチザメ	ドチザメ科	メジロザメ目	*Triakis scyllium*	111, 115, 220
ホシザメ	ドチザメ科	メジロザメ目	*Mustelus manazo*	111, 115, 220
スミツキザメ	メジロザメ科	メジロザメ目	*Carcharhinus dussumieri*	111, 220
メジロザメ属	メジロザメ科	メジロザメ目	*Carcharhinus* sp.	111, 220
ウチワザメ	ウチワザメ科	サカタザメ目	*Platyrhina tangi*	8, 111, 220
サカタザメ属	サカタザメ科	サカタザメ目	*Rhinobatos*	111
アカエイ	アカエイ科	トビエイ目	*Dasyatis akajei*	8, 111, 135, 220
トビエイ属	トビエイ科	トビエイ目	*Myliobatis*	111
カライワシ	カライワシ科	カライワシ目	*Elops hawaiensis*	220
イセゴイ	イセゴイ科	カライワシ目	*Megalops cyprinoides*	220
ソトイワシ	ソトイワシ科	ソトイワシ目	*Albula* sp.	135, 220
ニホンウナギ	ウナギ科	ウナギ目	*Anguilla japonica*	135, 220
アサバホラアナゴ	ホラアナゴ科	ウナギ目	*Dysomma anguillare*	220
ウミヘビ科	ウミヘビ科	ウナギ目	Ophichthidae	220
ホタテウミヘビ	ウミヘビ科	ウナギ目	*Ophichthus altipennis*	8, 125, 220
ギンアナゴ	アナゴ科	ウナギ目	*Gnathophis heterognathos*	220
クロアナゴ	アナゴ科	ウナギ目	*Conger japonicus*	220
ゴテンアナゴ属	アナゴ科	ウナギ目	*Ariosoma*	220
マアナゴ	アナゴ科	ウナギ目	*Conger myriaster*	220
ウナギ目		ウナギ目	Anguilliformes	220
ウルメイワシ	ニシン科	ニシン目	*Etrumeus teres*	220
オグロイワシ	ニシン科	ニシン目	*Sardinella melanura*	220
カタボシイワシ	ニシン科	ニシン目	*Sardinella lemuru*	112, 220
キビナゴ	ニシン科	ニシン目	*Spratelloides gracilis*	8, 114, 118, 135, 220
コノシロ	ニシン科	ニシン目	*Konosirus punctatus*	8, 107, 114, 118, 220
サッパ	ニシン科	ニシン目	*Sardinella zunasi*	114, 220
ニシン	ニシン科	ニシン目	*Clupea pallasii*	8, 114, 220
マイワシ	ニシン科	ニシン目	*Sardinops melanostictus*	114, 220
ヤマトミズン	ニシン科	ニシン目	*Amblygaster leiogaster*	112, 135, 220
ヤマトミズン属	ニシン科	ニシン目	*Amblygaster*	220
カタクチイワシ	カタクチイワシ科	ニシン目	*Engraulis japonica*	7, 8, 111, 112, 114, 132, 133, 135, 220
カタクチイワシ属	カタクチイワシ科	ニシン目	*Engraulis*	111
ミズスルル	カタクチイワシ科	ニシン目	*Encrasicholina heteroloba*	112, 220
ラプラタトガリイワシ属	カタクチイワシ科	ニシン目	*Anchoa*	111
サバヒー	サバヒー科	ネズミギス目	*Chanos chanos*	8, 117, 135, 220
ウグイ	コイ科	コイ目	*Tribolodon hakonensis*	220
マルタ	コイ科	コイ目	*Tribolodon brandtii*	114, 220
モツゴ	コイ科	コイ目	*Pseudorasbora parva*	220
クニドグラニス属	ゴンズイ科	ナマズ目	*Cnidoglanis*	111
ゴンズイ	ゴンズイ科	ナマズ目	*Plotosus japonicus*	135, 220

付表 2

種名・項目	科	門・目ほか	学名ほか	ページ
カラフトシシャモ	キュウリウオ科	サケ目	*Mallotus villosus*	220
キュウリウオ	キュウリウオ科	サケ目	*Osmerus dentex*	7, 8, 114, 220
キュウリウオ科	キュウリウオ科	サケ目	Osmeridae	220
チカ	キュウリウオ科	サケ目	*Hypomesus japonicus*	7, 8, 114, 220
アユ	アユ科	サケ目	*Plecoglossus altivelis altivelis*	7, 8, 111, 112, 114, 115, 117, 220
イシカワシラウオ	シラウオ科	サケ目	*Salangichthys ishikawae*	114, 115, 220
シラウオ	シラウオ科	サケ目	*Salangichthys microdon*	220
サケ	サケ科	サケ目	*Oncorhynchus keta*	220
サケ科	サケ科	サケ目	Salmonidae	220
オニハダカ属	ヨコエソ科	ワニトカゲギス目	*Cyclothone*	221
ユキオニハダカ	ヨコエソ科	ワニトカゲギス目	*Cyclothone alba*	221
ウキエソ属	ギンハダカ科	ワニトカゲギス目	*Vinciguerria*	221
オキウキエソ	ギンハダカ科	ワニトカゲギス目	*Vinciguerria poweriae*	221
エソ科	エソ科	ヒメ目	Synodontidae	221
オキエソ	エソ科	ヒメ目	*Trachinocephalus myops*	118, 135, 221
チョウチョウエソ	エソ科	ヒメ目	*Synodus macrops*	221
マエソ属	エソ科	ヒメ目	*Saurida*	221
ソコハダカ属	ハダカイワシ科	ハダカイワシ目	*Benthosema*	221
トミハダカ属	ハダカイワシ科	ハダカイワシ目	*Lampanyctus alatus*	221
ハダカイワシ科	ハダカイワシ科	ハダカイワシ目	Myctophidae	221
コマイ	タラ科	タラ目	*Eleginus gracilis*	221
スケトウダラ	タラ科	タラ目	*Theragra chalcogramma*	221
サイウオ属	サイウオ科	タラ目	*Bregmaceros*	221
カエルアンコウ	カエルアンコウ科	アンコウ目	*Antennarius striatus*	135
カエルアンコウ科	カエルアンコウ科	アンコウ目	Antennariidae	221
ハナオコゼ	カエルアンコウ科	アンコウ目	*Histrio histrio*	221
シワイカナゴ	シワイカナゴ科	トゲウオ目	*Hypoptychus dybowskii*	221
日本海系イトヨ	トゲウオ科	トゲウオ目	*Gasterosteus* sp.	221
ウミヤッコ	ヨウジウオ科	トゲウオ目	*Halicampus grayi*	221
オクヨウジ	ヨウジウオ科	トゲウオ目	*Urocampus nanus*	221
ガンテンイシヨウジ	ヨウジウオ科	トゲウオ目	*Hippichthys*（*Parasyngnathus*）*penicillus*	221
サンゴタツ	ヨウジウオ科	トゲウオ目	*Hippocampus mohnikei*	221
タツノオトシゴ	ヨウジウオ科	トゲウオ目	*Hippocampus coronatus*	221
ノコギリヨウジ	ヨウジウオ科	トゲウオ目	*Doryrhamphus*（*Doryrhamphus*）*japonicus*	221
ヒフキヨウジ	ヨウジウオ科	トゲウオ目	*Trachyrhamphus serratus*	221
ヨウジウオ	ヨウジウオ科	トゲウオ目	*Syngnathus schlegeli*	135, 221
ヨウジウオ科	ヨウジウオ科	トゲウオ目	Syngnathidae	221
オニボラ	ボラ科	ボラ目	*Ellochelon vaigiensis*	221
コボラ	ボラ科	ボラ目	*Chelon macrolepis*	221
セスジボラ	ボラ科	ボラ目	*Chelon affinis*	114, 115, 221
タイワンメナダ	ボラ科	ボラ目	*Moolgarda seheli*	221
ナンヨウボラ	ボラ科	ボラ目	*Moolgarda perusii*	221
フウライボラ	ボラ科	ボラ目	*Crenimugil crenilabis*	221
ボラ	ボラ科	ボラ目	*Mugil cephalus cephalus*	7, 8, 112, 114, 115, 135, 221

付表 2

種名・項目	科	門・目ほか	学名ほか	ページ
ボラ科	ボラ科	ボラ目	Mugilidae	117, 221
ボラ属	ボラ科	ボラ目	*Mugil*	111
メナダ	ボラ科	ボラ目	*Chelon haematocheilus*	221
メナダ属	ボラ科	ボラ目	*Chelon*	111, 221
ワニグチボラ	ボラ科	ボラ目	*Oedalechilus labiosus*	221
ギンイソイワシ	トウゴロウイワシ科	トウゴロウイワシ目	*Hypoatherina tsurugae*	135, 221
ギンイソイワシ属	トウゴロウイワシ科	トウゴロウイワシ目	*Hypoatherina*	221
トウゴロウイワシ	トウゴロウイワシ科	トウゴロウイワシ目	*Hypoatherina valenciennei*	口絵17, 7, 8, 114, 132〜135, 221
ムギイワシ	トウゴロウイワシ科	トウゴロウイワシ目	*Atherion elymus*	221
ナミノハナ	ナミノハナ科	トウゴロウイワシ目	*Iso flosmaris*	221
Fundulus majalis	フンドゥルス科	カダヤシ目		10, 118
クルメサヨリ	サヨリ科	ダツ目	*Hyporhamphus intermedius*	221
サヨリ	サヨリ科	ダツ目	*Hyporhamphus sajori*	135, 221
サヨリ属	サヨリ科	ダツ目	*Hyporhamphus*	221
ユリサヨリ	サヨリ科	ダツ目	*Hyporhamphus yuri*	221
サンマ	サンマ科	ダツ目	*Cololabis saira*	222
オキザヨリ	ダツ科	ダツ目	*Tylosurus crocodilus crocodilus*	8, 222
ダツ	ダツ科	ダツ目	*Strongylura anastomella*	8, 135, 142, 222
テンジクダツ	ダツ科	ダツ目	*Tylosurus acus melanotus*	222
ハマダツ	ダツ科	ダツ目	*Ablennes hians*	8, 222
ウチダトビウオ	トビウオ科	ダツ目	*Cypselurus naresii*	221
ツクシトビウオ	トビウオ科	ダツ目	*Cypselurus doederleini*	222
トビウオ科	トビウオ科	ダツ目	Exocoetidae	222
ホソトビウオ	トビウオ科	ダツ目	*Cypselurus hiraii*	222
ミナミメダカ	メダカ科	ダツ目	*Oryzias latipes*	221
アカメバル	メバル科	スズキ目	*Sebastes inermis*	222
ウスメバル	メバル科	スズキ目	*Sebastes thompsoni*	222
カサゴ	メバル科	スズキ目	*Sebastiscus marmoratus*	222
クロソイ	メバル科	スズキ目	*Sebastes schlegelii*	222
メバル属	メバル科	スズキ目	*Sebastes*	222
フサカサゴ科	フサカサゴ科	スズキ目	Scorpaenidae	222
ハチ	ハチ科	スズキ目	*Apistus carinatus*	135, 222
ハオコゼ	ハオコゼ科	スズキ目	*Hypodytes rubripinnis*	222
オニオコゼ	オニオコゼ科	スズキ目	*Inimicus japonicus*	222
ヒメオコゼ	オニオコゼ科	スズキ目	*Minous monodactylus*	222
カナガシラ属	ホウボウ科	スズキ目	*Lepidotrigla*	222
ホウボウ	ホウボウ科	スズキ目	*Chelidonichthys spinosus*	222
ハリゴチ属	ハリゴチ科	スズキ目	*Hoplichthys regani*	222
イネゴチ	コチ科	スズキ目	*Cociella crocodila*	135, 222
コチ科	コチ科	スズキ目	Platycephalidae	222
コチ属	コチ科	スズキ目	*Platycephalus*	222
マゴチ	コチ科	スズキ目	*Platycephalus sp.2*	8, 114, 135, 142, 222
メゴチ	コチ科	スズキ目	*Suggrundus meerdervoortii*	222
ヨシノゴチ	コチ科	スズキ目	*Platycepalus sp.1*	222
アカメ	アカメ科	スズキ目	*Lates japonicus*	222
タカサゴイシモチ属	タカサゴイシモチ科	スズキ目	*Ambassis*	222

種名・項目	科	門・目ほか	学名ほか	ページ
スズキ	スズキ科	スズキ目	*Lateolabrax japonicus*	107, 114, 134～136, 142, 161, 222
スズキ属	スズキ科	スズキ目	*Lateolabrax*	222
ヒラスズキ	スズキ科	スズキ目	*Lateolabrax latus*	口絵17, 7, 8, 112, 114, 117, 222
ヒメスミクイウオ	ホタルジャコ科	スズキ目	*Synagrops philippinensis*	222
オオクチイシナギ	イシナギ科	スズキ目	*Stereolepis doederleini*	222
マハタ	ハタ科	スズキ目	*Epinephelus septemfasciatus*	222
ニセスズメ属	メギス科	スズキ目	*Pseudochromis*	222
オオスジイシモチ	テンジクダイ科	スズキ目	*Apogon doederleini*	222
クロイシモチ	テンジクダイ科	スズキ目	*Apogon niger*	222
コスジイシモチ	テンジクダイ科	スズキ目	*Apogon endekataenia*	222
ネンブツダイ	テンジクダイ科	スズキ目	*Apogon semilineatus*	222
アゴアマダイ科	アゴアマダイ科	スズキ目	*Opistognathidae*	222
ムツ	ムツ科	スズキ目	*Scombrops boops*	135, 222
シイラ	シイラ科	スズキ目	*Coryphaena hippurus*	222
アイブリ	アジ科	スズキ目	*Seriolina nigrofasciata*	222
イケカツオ	アジ科	スズキ目	*Scomberoides lysan*	8, 112, 222
オニヒラアジ	アジ科	スズキ目	*Caranx papuensis*	112, 223
カッポレ	アジ科	スズキ目	*Caranx lugubris*	223
カンパチ	アジ科	スズキ目	*Seriola dumerili*	222
ギンガメアジ	アジ科	スズキ目	*Caranx sexfasciatus*	8, 112, 135, 142, 223
クロボシヒラアジ	アジ科	スズキ目	*Alepes djedaba*	223
コガネシマアジ	アジ科	スズキ目	*Gnathanodon speciosus*	112, 135, 223
コバンアジ	アジ科	スズキ目	*Trachinotus baillonii*	8, 135, 223
コバンアジ属	アジ科	スズキ目	*Trachinotus*	111
ツムブリ	アジ科	スズキ目	*Elagatis bipinnulata*	222
ブリ	アジ科	スズキ目	*Seriola quinqueradiata*	222
ムロアジ属	アジ科	スズキ目	*Decapterus*	223
マアジ	アジ科	スズキ目	*Trachurus japonicus*	7, 8, 107, 114, 132～135, 140, 222
マアジ属	アジ科	スズキ目	*Trachurus*	111
マルアジ	アジ科	スズキ目	*Decapterus maruadsi*	223
マルコバン	アジ科	スズキ目	*Trachinotus blochii*	135, 223
ミナミイケカツオ	アジ科	スズキ目	*Scomberoides tol*	135, 222
ロウニンアジ	アジ科	スズキ目	*Caranx ignobilis*	112, 135, 223
ヒイラギ	ヒイラギ科	スズキ目	*Nuchequula nuchalis*	135, 223
クロホシフエダイ	フエダイ科	スズキ目	*Lutjanus russellii*	223
フエダイ属	フエダイ科	スズキ目	*Lutjanus*	223
マツダイ	マツダイ科	スズキ目	*Lobotes surinamensis*	223
イトヒキサギ	クロサギ科	スズキ目	*Gerres filamentosus*	223
クロサギ	クロサギ科	スズキ目	*Gerres equulus*	8, 111, 112, 114, 135, 223
セダカクロサギ	クロサギ科	スズキ目	*Gerres erythrourus*	135, 223
コショウダイ	イサキ科	スズキ目	*Plectorhinchus cinctus*	8, 135, 223
ヒゲダイ	イサキ科	スズキ目	*Hapalogenys sennin*	223
アフリカチヌ属	タイ科	スズキ目	*Diplodus*	111
キチヌ	タイ科	スズキ目	*Acanthopagrus latus*	8, 114, 135, 142, 223

付 表 2

種名・項目	科	門・目ほか	学名ほか	ページ
クロダイ	タイ科	スズキ目	*Acanthopagrus schlegelii*	8, 114, 223
チダイ	タイ科	スズキ目	*Evynnis tumifrons*	223
ヘダイ	タイ科	スズキ目	*Rhabdosargus sarba*	8, 223
ヘダイ亜科	タイ科	スズキ目	Sparinae	117
リトグナートゥス属	タイ科	スズキ目	*Lithognathus*	111
マダイ	タイ科	スズキ目	*Pagrus major*	114, 161, 223
フエフキダイ科	フエフキダイ科	スズキ目	Lethrinidae	223
オオニベ	ニベ科	スズキ目	*Argyrosomus japonicus*	7, 8, 223
サンカクニベ属	ニベ科	スズキ目	*Menticirrhus*	111
シログチ	ニベ科	スズキ目	*Pennahia argentata*	223
ニベ	ニベ科	スズキ目	*Nibea mitsukurii*	135, 223
ヒトヒゲニベ属	ニベ科	スズキ目	*Umbrina*	111
アオギス	キス科	スズキ目	*Sillago parvisquamis*	199
キス属	キス科	スズキ目	*Sillago*	111
シロギス	キス科	スズキ目	*Sillago japonica*	口絵11, 口絵17, 7, 8, 111, 112, 114, 117, 118, 125, 132～137, 140, 141, 161, 223
ウミヒゴイ属	ヒメジ科	スズキ目	*Parupeneus*	223
ヒメジ	ヒメジ科	スズキ目	*Upeneus japonicus*	223
ヒメジ科	ヒメジ科	スズキ目	Mullidae	223
ミナミヒメジ	ヒメジ科	スズキ目	*Upeneus vittatus*	223
ヨメヒメジ	ヒメジ科	スズキ目	*Upeneus tragula*	223
ツマグロハタンポ	ハタンポ科	スズキ目	*Pempheris japonica*	223
ハタンポ属	ハタンポ科	スズキ目	*Pempheris*	223
ミエハタンポ	ハタンポ科	スズキ目	*Pempheris nyctereutes*	223
ミナミハタンポ	ハタンポ科	スズキ目	*Pempheris schwenkii*	223
ハタタテダイ	チョウチョウウオ科	スズキ目	*Heniochus acuminatus*	223
タカノハダイ	タカノハダイ科	スズキ目	*Goniistius zonatus*	223
ユウダチタカノハ	タカノハダイ科	スズキ目	*Goniistius quadricornis*	223
アカタチ属	アカタチ科	スズキ目	*Acanthocepola*	223
アンフィスティクス属	ウミタナゴ科	スズキ目	*Amphistichus*	111
ウミタナゴ属	ウミタナゴ科	スズキ目	*Ditrema*	223
オジロスズメダイ	スズメダイ科	スズキ目	*Pomacentrus chrysurus*	223
オヤビッチャ	スズメダイ科	スズキ目	*Abudefduf vaigiensis*	223
スズメダイ	スズメダイ科	スズキ目	*Chromis notatus notatus*	135
スズメダイ科	スズメダイ科	スズキ目	Pomacanthidae	223
テンジクスズメダイ	スズメダイ科	スズキ目	*Abudefduf bengalensis*	223
バードサーフパーチ	ウミタナゴ科	スズキ目	*Amphistichus argenteus*	107
マツバスズメダイ	スズメダイ科	スズキ目	*Chromis fumeus*	223
コトヒキ	シマイサキ科	スズキ目	*Terapon jarbua*	7, 114, 135, 142, 223
シマイサキ	シマイサキ科	スズキ目	*Rhynchopelates oxyrhynchus*	111, 114, 223
シマイサキ科	シマイサキ科	スズキ目	Teraponidae	117
ペルサルティア属	シマイサキ科	スズキ目	*Pelsartia*	111
タカベ	タカベ科	スズキ目	*Labracoglossa argentiventris*	224
ギンユゴイ	ユゴイ科	スズキ目	*Kuhlia mugil*	135
ユゴイ	ユゴイ科	スズキ目	*Kuhlia marginata*	224
イシガキダイ	イシダイ科	スズキ目	*Oplegnathus punctatus*	224

種名・項目	科	門・目ほか	学名ほか	ページ
イシダイ	イシダイ科	スズキ目	*Oplegnathus fasciatus*	224
テンジクイサキ	イスズミ科	スズキ目	*Kyphosus cinerascens*	224
カゴカキダイ	カゴカキダイ科	スズキ目	*Microcanthus strigatus*	224
クロメジナ	メジナ科	スズキ目	*Girella leonina*	224
メジナ	メジナ科	スズキ目	*Girella punctata*	114, 135, 224
メジナ属	メジナ科	スズキ目	*Girella*	224
イボダイ	イボダイ科	スズキ目	*Psenopsis anomala*	135, 224
メダイ	イボダイ科	スズキ目	*Hyperoglyphe japonica*	224
ドクウロコイボダイ	ドクウロコイボダイ科	スズキ目	*Tetragonurus cuvieri*	224
ツバメコノシロ	ツバメコノシロ科	スズキ目	*Polydactylus plebeius*	8, 135, 224
キュウセン	ベラ科	スズキ目	*Parajulis poeciloptera*	112, 224
ササノハベラ属	ベラ科	スズキ目	*Pseudolabrus*	224
ニシキベラ	ベラ科	スズキ目	*Thalassoma cupido*	224
ベラ科	ベラ科	スズキ目	Labridae	224
ホンベラ	ベラ科	スズキ目	*Halichoeres tenuispinis*	224
アイナメ	アイナメ科	スズキ目	*Hexagrammos otakii*	224
エゾアイナメ	アイナメ科	スズキ目	*Hexagrammos stelleri*	224
クジメ	アイナメ科	スズキ目	*Hexagrammos agrammus*	224
スジアイナメ	アイナメ科	スズキ目	*Hexagrammos octogrammus*	224
ホッケ	アイナメ科	スズキ目	*Pleurogrammus azonus*	224
アイカジカ	カジカ科	スズキ目	*Gymnocanthus intermedius*	224
アサヒアナハゼ	カジカ科	スズキ目	*Pseudoblennius cottoides*	224
アナハゼ	カジカ科	スズキ目	*Pseudoblennius percoides*	115, 224
アヤアナハゼ	カジカ科	スズキ目	*Pseudoblennius marmoratus*	224
イダテンカジカ	カジカ科	スズキ目	*Ocynectes maschalis*	224
イダテンカジカ属	カジカ科	スズキ目	*Ocynectes*	224
オクカジカ	カジカ科	スズキ目	*Myoxocephalus jaok*	224
カジカ科	カジカ科	スズキ目	Cottidae	112, 224
カマキリ	カジカ科	スズキ目	*Cottus kazika*	224
ギスカジカ	カジカ科	スズキ目	*Myoxocephalus stelleri*	112, 224
キヌカジカ	カジカ科	スズキ目	*Furcina osimae*	224
サラサカジカ	カジカ科	スズキ目	*Furcina ishikawae*	224
シモフリカジカ	カジカ科	スズキ目	*Myoxocephalus brandtii*	224
チカメカジカ	カジカ科	スズキ目	*Gymnocanthus galeatus*	224
ツマグロカジカ	カジカ科	スズキ目	*Gymnocanthus herzensteini*	112, 224
カムトサチウオ	トクビレ科	スズキ目	*Occella dodecaedron*	224
シチロウウオ	トクビレ科	スズキ目	*Brachyopsis segaliensis*	7, 8, 114, 224
ヤギウオ	トクビレ科	スズキ目	*Pallasina barbata*	224
エゾクサウオ	クサウオ科	スズキ目	*Liparis agassizii*	224
オオカズナギ	タウエガジ科	スズキ目	*Zoarchias major*	224
ガジ	タウエガジ科	スズキ目	*Opisthocentrus ocellatus*	224
カズナギ	タウエガジ科	スズキ目	*Zoarchias veneficus*	224
ダイナンギンポ	タウエガジ科	スズキ目	*Dictyosoma burgeri*	224
ダイナンギンポ属	タウエガジ科	スズキ目	*Dictyosoma*	224
トビイトギンポ	タウエガジ科	スズキ目	*Zoarchias glaber*	225
ハナジロガジ	タウエガジ科	スズキ目	*Opisthocentrus tenuis*	224
ムロランギンポ	タウエガジ科	スズキ目	*Pholidapus dybowskii*	224

付表 2

種名・項目	科	門・目ほか	学名ほか	ページ
ギンポ	ニシキギンポ科	スズキ目	*Pholis nebulosa*	225
タケギンポ	ニシキギンポ科	スズキ目	*Pholis crassispina*	225
ニシキギンポ属	ニシキギンポ科	スズキ目	*Pholis*	114, 225
トラギス科	トラギス科	スズキ目	*Parapercis pulchella*	225
ヒゲトラギス属	ホカケトラギス科	スズキ目	*Osopsaron*	225
マツバラトラギス	ホカケトラギス科	スズキ目	*Matsubaraea fusiformis*	7, 8, 135, 225
イカナゴ	イカナゴ科	スズキ目	*Ammodytes personatus*	225
ヒメギンポ	ヘビギンポ科	スズキ目	*Springerichthys bapturus*	225
ヘビギンポ	ヘビギンポ科	スズキ目	*Enneapterygius etheostomus*	225
コケギンポ	コケギンポ科	スズキ目	*Neoclinus bryope*	225
イソギンポ	イソギンポ科	スズキ目	*Parablennius yatabei*	114, 225
イソギンポ属	イソギンポ科	スズキ目	*Parablennius*	225
カエルウオ	イソギンポ科	スズキ目	*Istiblennius enosimae*	225
タテガミギンポ	イソギンポ科	スズキ目	*Scartella emarginata*	225
トサカギンポ	イソギンポ科	スズキ目	*Omobranchus fasciolatoceps*	225
ナベカ	イソギンポ科	スズキ目	*Omobranchus elegans*	225
ナベカ属	イソギンポ科	スズキ目	*Omobranchus*	225
ニジギンポ	イソギンポ科	スズキ目	*Petroscirtes breviceps*	115, 225
ハタタテギンポ	イソギンポ科	スズキ目	*Petroscirtes mitratus*	225
ハタタテギンポ属	イソギンポ科	スズキ目	*Petroscirtes*	225
ウバウオ	ウバウオ科	スズキ目	*Aspasma minima*	225
ウバウオ属	ウバウオ科	スズキ目	*Aspasma*	225
ツルウバウオ	ウバウオ科	スズキ目	*Aspasmichthys ciconiae*	225
ミサキウバウオ	ウバウオ科	スズキ目	*Lepadichthys frenatus*	225
オオクチヌメリ	ネズッポ科	スズキ目	*Eleutherochir opercularis*	135
トビヌメリ	ネズッポ科	スズキ目	*Repomucenus beniteguri*	225
ヌメリゴチ	ネズッポ科	スズキ目	*Repomucenus lunatus*	135
ネズッポ科	ネズッポ科	スズキ目	Callionymidae	225
ネズミゴチ	ネズッポ科	スズキ目	*Repomucenus curvicornis*	225
バケヌメリ	ネズッポ科	スズキ目	*Eleutherochir mirabilis*	7, 225
カワアナゴ属	カワアナゴ科	スズキ目	*Eleotris*	225
サツキハゼ	クロユリハゼ科	スズキ目	*Parioglossus dotui*	226
サツキハゼ属	クロユリハゼ科	スズキ目	*Parioglossus*	226
アカオビシマハゼ	ハゼ科	スズキ目	*Tridentiger trigonocephalus*	225
アゴハゼ	ハゼ科	スズキ目	*Chaenogobius annularis*	226
アゴハゼ属	ハゼ科	スズキ目	*Chaenogobius*	114, 226
アシシロハゼ	ハゼ科	スズキ目	*Acanthogobius lactipes*	114, 225
アベハゼ	ハゼ科	スズキ目	*Mugilogobius abei*	225
イトヒキハゼ	ハゼ科	スズキ目	*Cryptocentrus filifer*	226
ウキゴリ	ハゼ科	スズキ目	*Gymnogobius urotaenia*	135, 226
ウキゴリ属	ハゼ科	スズキ目	*Gymnogobius*	114, 226
ウロハゼ	ハゼ科	スズキ目	*Glossogobius olivaceus*	226
エドハゼ	ハゼ科	スズキ目	*Gymnogobius macrognathos*	226
オオミミズハゼ	ハゼ科	スズキ目	*Luciogobius grandis*	225
キララハゼ属	ハゼ科	スズキ目	*Acentrogobius viridipunctatus*	226
クサビハゼ	ハゼ科	スズキ目	*Bathygobius cotticeps*	226
クツワハゼ	ハゼ科	スズキ目	*Istigobius campbelli*	226

種名・項目	科	門・目ほか	学名ほか	ページ
クモハゼ	ハゼ科	スズキ目	*Bathygobius fuscus*	226
クモハゼ属	ハゼ科	スズキ目	*Bathygobius*	226
クロヨシノボリ	ハゼ科	スズキ目	*Rhinogobius brunneus*	226
ゴクラクハゼ	ハゼ科	スズキ目	*Rhinogobius giurinus*	226
コマハゼ	ハゼ科	スズキ目	*Luciogobius koma*	225
サビハゼ	ハゼ科	スズキ目	*Sagamia geneionema*	225
ジュズカケハゼ	ハゼ科	スズキ目	*Gymnogobius castaneus*	114, 226
シラヌイハゼ	ハゼ科	スズキ目	*Silhouettea dotui*	225
シロウオ	ハゼ科	スズキ目	*Leucopsarion petersii*	135, 225
スジハゼ	ハゼ科	スズキ目	*Acentrogobius virgatulus*	226
スミウキゴリ	ハゼ科	スズキ目	*Gymnogobius petschiliensis*	226
セジロハゼ属	ハゼ科	スズキ目	*Clariger*	225
チクゼンハゼ	ハゼ科	スズキ目	*Gymnogobius uchidai*	226
チチブ	ハゼ科	スズキ目	*Tridentiger obscurus*	225
チチブ属	ハゼ科	スズキ目	*Tridentiger*	225
チワラスボ	ハゼ科	スズキ目	*Taenioides* sp. B	225
ドロメ	ハゼ科	スズキ目	*Chaenogobius gulosus*	226
ニクハゼ	ハゼ科	スズキ目	*Gymnogobius heptacanthus*	114, 115, 226
ハゼ科	ハゼ科	スズキ目	Gobiidae	114, 226
ヒゲハゼ	ハゼ科	スズキ目	*Parachaeturichthys polynema*	226
ヒゲハゼ属	ハゼ科	スズキ目	*Parachaeturichthys*	226
ヒトミハゼ	ハゼ科	スズキ目	*Glossogobius biocellatus*	226
ヒナハゼ	ハゼ科	スズキ目	*Redigobius bikolanus*	226
ヒメハゼ	ハゼ科	スズキ目	*Favonigobius gymnauchen*	8, 114, 115, 135, 226
ヒモハゼ	ハゼ科	スズキ目	*Eutaeniichthys gilli*	225
ビリンゴ	ハゼ科	スズキ目	*Gymnogobius breunigii*	114, 115, 226
ボウズハゼ	ハゼ科	スズキ目	*Sicyopterus japonicus*	225
マサゴハゼ	ハゼ科	スズキ目	*Pseudogobius masago*	225
マハゼ	ハゼ科	スズキ目	*Acanthogobius flavimanus*	114, 115, 225
マハゼ属	ハゼ科	スズキ目	*Acanthogobius*	225
ミミズハゼ	ハゼ科	スズキ目	*Luciogobius guttatus*	225
ミミズハゼ属	ハゼ科	スズキ目	*Luciogobius*	225
ムツゴロウ	ハゼ科	スズキ目	*Boleophthalmus pectinirostris*	194
モヨウハゼ	ハゼ科	スズキ目	*Acentrogobius pflaumii*	226
ヤリミミズハゼ	ハゼ科	スズキ目	*Luciogobius platycephalus*	225
ヨシノボリ属	ハゼ科	スズキ目	*Rhinogobius*	114, 226
アイゴ	アイゴ科	スズキ目	*Siganus fuscescens*	226
アカカマス	カマス科	スズキ目	*Sphyraena pinguis*	226
オニカマス	カマス科	スズキ目	*Sphyraena barracuda*	226
カマス属	カマス科	スズキ目	*Sphyraena*	226
タイワンカマス	カマス科	スズキ目	*Sphyraena obtusata*	226
ヤマトカマス	カマス科	スズキ目	*Sphyraena japonica*	8, 114, 134, 135, 226
ソウダガツオ属	サバ科	スズキ目	*Auxis*	226
マサバ	サバ科	スズキ目	*Scomber japonicus*	114, 226
ポマトムス属	オキスズキ科	スズキ目	*Pomatomus*	111
ミカヅキツバメウオ	マンジュウダイ科	スズキ目	*Platax boersii*	135
クラパタルス属	レプトスコプス科	スズキ目	*Crapatalus*	111

付表 2

種名・項目	科	門・目ほか	学名ほか	ページ
アカシタビラメ	ウシノシタ科	カレイ目	*Cynoglossus joyneri*	227
オオシタビラメ	ウシノシタ科	カレイ目	*Arelia bilineata*	8, 135, 227
クロウシノシタ	ウシノシタ科	カレイ目	*Paraplagusia japonica*	口絵17, 7, 8, 114, 117, 125, 134, 135, 161, 227
イシガレイ	カレイ科	カレイ目	*Kareius bicoloratus*	226
カレイ科	カレイ科	カレイ目	Pleuronectidae	112, 227
クロガシラガレイ	カレイ科	カレイ目	*Pleuronectes schrenki*	7, 8, 112, 114, 125, 226
クロガレイ	カレイ科	カレイ目	*Pleuronectes obscurus*	7, 8, 114, 226
スナガレイ	カレイ科	カレイ目	*Pleuronectes punctatissimus*	8, 114, 125, 226
ソウハチ	カレイ科	カレイ目	*Hippoglossoides pinetorum*	8, 114, 226
ヌマガレイ	カレイ科	カレイ目	*Platichthys stellatus*	112, 226
マコガレイ	カレイ科	カレイ目	*Pleuronectes yokohamae*	227
ササウシノシタ	ササウシノシタ科	カレイ目	*Heteromycteris japonica*	8, 134, 135, 227
トビササウシノシタ	ササウシノシタ科	カレイ目	*Aseraggodes kobensis*	227
ダルマガレイ科	ダルマガレイ科	カレイ目	Bothidae	226
アラメガレイ	ヒラメ科	カレイ目	*Tarphops oligolepis*	8, 135, 226
ガンゾウビラメ属	ヒラメ科	カレイ目	*Pseudorhombus*	226
ヒラメ	ヒラメ科	カレイ目	*Paralichthys olivaceus*	口絵11, 口絵17, 7, 8, 111, 114, 117, 125, 134, 135, 142, 161, 226
ヒラメ科	ヒラメ科	カレイ目	Paralichthyidae	226
ツマリツキノワガレイ	ベロガレイ科	カレイ目	*Samariscus latus*	227
アミメハギ	カワハギ科	フグ目	*Rudarius ercodes*	227
ウマヅラハギ	カワハギ科	フグ目	*Thamnaconus modestus*	227
カワハギ	カワハギ科	フグ目	*Stephanolepis cirrhifer*	227
ヨソギ	カワハギ科	フグ目	*Paramonacanthus oblongus*	227
ギマ	ギマ科	フグ目	*Triacanthus biaculeatus*	227
ウミスズメ	ハコフグ科	フグ目	*Lactoria diaphana*	227
ハコフグ	ハコフグ科	フグ目	*Ostracion immaculatum*	227
アミメフグ	フグ科	フグ目	*Takifugu reticularis*	227
キタマクラ	フグ科	フグ目	*Canthigaster rivulata*	227
キタマクラ属	フグ科	フグ目	*Canthigaster*	227
クサフグ	フグ科	フグ目	*Takifugu niphobles*	口絵17, 7, 8, 112, 114, 117, 118, 132〜135, 227
ゴマフグ	フグ科	フグ目	*Takifugu stictonotus*	227
コモンフグ	フグ科	フグ目	*Takifugu poecilonotus*	227
ショウサイフグ	フグ科	フグ目	*Takifugu snyderi*	227
トラフグ	フグ科	フグ目	*Takifugu rubripes*	227
トラフグ属	フグ科	フグ目	*Takifugu*	227
ヒガンフグ	フグ科	フグ目	*Takifugu pardalis*	227
フグ科	フグ科	フグ目	Tetraodontidae	227
マフグ	フグ科	フグ目	*Takifugu porphyreus*	227
アカウミガメ	ウミガメ科	カメ目	*Caretta caretta*	51, 127, 166, 167, 171〜182
コアジサシ	カモメ科	チドリ目	*Sterna albifrons*	167, 199
ズグロカモメ	カモメ科	チドリ目	*Larus saundersi*	199

種名・項目	科	門・目ほか	学名ほか	ページ
チュウシャクシギ	シギ科	チドリ目	*Numenius phaeopus*	200
ミユビシギ	シギ科	チドリ目	*Calidris alba*	167, 169
オオミズナギドリ	ミズナギドリ科	ミズナギドリ目	*Calonectris leucomelas*	167
サシバ	ワシタカ科	ワシタカ目	*Butastur indicus*	167
ハチクマ	ワシタカ科	ワシタカ目	*Pernis apivorus*	167

〈本書に掲載した生物名称について〉
　生物の学名，和名，分類については，以下の図鑑・事典類やインターネットサイトを参考にした。研究者による見解の相違あるいはシノニム関係などから，分類学的に「有効(valid)」な名称か否かの判断がつかない場合は，執筆者の原稿に記された名称を用いた。

【図鑑・事典類】
　西村三郎 編著．1992．原色検索日本海岸動物図鑑I．保育社，425 pp.
　西村三郎 編著．1995．原色日本海岸動物図鑑II．保育社，663 pp.
　千原光雄・村野正昭 編．1997．日本産海洋プランクトン検索図説．東海大学出版会，1574 pp.
　今島 実．1996．環形動物多毛類．生物研究社，530 pp.
　今島 実．2001．環形動物多毛類II．生物研究社，542 pp.
　今島 実．2007．環形動物多毛類III．生物研究社，499 pp.
　今島 実．2015．環形動物多毛IV．生物研究社，332 pp.
　林 健一．1992．日本産エビ類の分類と生態I，根鰓亜目．生物研究社，300 pp.
　矢田 脩 監修．2007．新訂原色昆虫大図鑑第I巻（蝶・蛾 篇）．北隆館，460 pp.
　森本 桂 監修．2007．新訂原色昆虫大図鑑第II巻（甲虫 篇）．北隆館，526 pp.
　平嶋義宏・森本 桂 監修．2008．新訂原色昆虫大図鑑第III巻（トンボ目・カワゲラ目・バッタ目・カメムシ目・ハエ目・ハチ目 他）．北隆館，654 pp.
　奥谷喬司 編著．2017．日本近海産貝類図鑑第二版．東海大学出版部，1375 pp.
　中坊徹次 編著．2013．日本産魚類検索全種の同定第三版．東海大学出版会，2428 pp.
　多紀保彦・河野 博・坂本一男・細谷和海 監修．2005．新訂原色魚類大図鑑．北隆館，971 pp.
　吉井 正 監修．1988．コンサイス鳥名事典．三省堂，588+44 pp.

【インターネット】
　米倉浩司・梶田 忠．2003．BG Plants 和名−学名インデックス（植物和名 - 学名インデックス YList）http:// ylist.info
　WoRMS Editorial Board. 2017. World Register of Marine Species. http://www.marinespecies.org
　Global Oceanographic Data Center/JAMSTEC. Biological Information System for Marine Life（BISMaL）. http://www.godac.jamstec.go.jp
　FishBase Information and Research Group, Inc. 2015. FishBase. http://www.fishbase.org

引用文献

口絵　砂浜海岸の多毛類
今島　実. 2007. 環形動物多毛類Ⅲ. 生物研究社, 東京, pp. i－v＋1－499.

第1章　砂浜生態学の概論

足立久美子・日向野純也・木元克則. 1994. 鹿島灘砂浜海岸における一次生産, I. 植物プランクトン量の変動（1992年）. 水産工学研究所技報（水産土木）, 16, 13－24.

淺井貴恵. 2016. 開放的な砂浜海岸に形成される干潟におけるマクロファウナと生息環境. 平成27年度独立行政法人水産大学校水産学研究科修士論文, 154 pp.

Brown A. C. and McLachlan A. 1990. Ecology of sandy shores. Elsevier, Amsterdam, Netherlands, 328 pp.（須田有輔・早川康博 訳. 2002. 砂浜海岸の生態学. 東海大学出版会, 東京, 427 pp.）

Brown A. C. and McLachlan A. 2002. Sandy shore ecosystems and the threats facing them: some prediction for the year 2025. Environmental Conservation, 29(1), 62－77.

Clark B. M. 1997. Variation in surf-zone fish community structure across a wave-exposure gradient. Estuarine Coastal and Shelf Science, 44, 659－674.

Clark B. M., Bennett B. A. and Lamberth S. J. 1996. Factors affecting spatial variability in seine net catches of fish in the surf zone of False Bay, South Africa. Marine Ecology Progress Series, 131, 17－34.

Costello M. J., Coll M., Danovaro. R., Halpin P., Ojaveer H. and Miloslavich P. 2010. A census of marine biodiversity knowledge, resources, and future challenges. PLoS ONE, 5(8), e12110.

Defeo O. and Gómez J. 2005. Morphodynamics and habitat safety in sandy beaches: life-history adaptations in a supralittoral amphipoda. Marine Ecology Progress Series, 293, 143－153.

Defeo O., Gómez J. and Lercari D. 2001. Testing the swash exclusion hypothesis in sandy beach populations: the mole crab *Emerita brasiliensis* in Uruguay. Marine Ecology Progress Series, 212, 159－170.

Defeo O. and McLachlan A. 2011. Coupling between macrofauna community structure and beach types: a deconstructive meta-analysis. Marine Ecology Progress Series, 433, 29－41.

Defeo O., McLachlan A., Schoeman D. S., Schlacher T. A., Dugan J., Jones A., Lastra M. and Scapini F. 2009. Threats to sandy beach ecosystems: A review. Estuarine Coastal and Shelf Science, 81, 1－12.

Degraer S., Volckaert A. and Vincx M. 2003. Macrobenthic zonation patterns along a morphodynamical continuum of macrotidal, low tide bar/rip and ultra-dissipative sandy beach. Estuarine Coastal and Shelf Science, 56, 459－468.

de la Huz R. and Lastra M. 2008. Effects of morphodynamic state on macrofauna community of exposed sandy beaches on Galician coast (NW Spain). Marine Ecology, 29, Supplement 1, 150－159.

Dugan J. E., Hubbard D. M., Page H. M. and Schimel J. P. 2011. Marine macrophyte wrack inputs and dissolved nutrients in beach sands. Estuaries and Coasts, 34, 839－850.

冨士田裕子 編. 2014. サロベツ湿原と稚咲内砂丘林帯湖沼群　その構造と変化. 北海道大学出版会, 札幌, 272 pp.

福本　紘. 2003. CDブック日本の海浜地形. 海青社, 滋賀, 付属テキストは32 pp.

福本　紘・中西弘樹・成瀬敏郎. 1995. 日本の海浜における地形と植生および堆積物の地域的検討. シンポジウム砂浜海岸の生態系と物理環境. 水産工学研究集録, 1, 87－93.

Gibbs R. J., Matthews M. D. and Link P. A. 1971. The relationship between sphere size and settling velocity. Journal of Sedimentary Petrology, 41, 7－18.

Gomyoh M., Suda Y., Nakagawa M., Otsuki T., Higano J., Adachi K. and Kimoto K. 1994. A study of sandy beach surf zone as nursery grounds for marine organisms. Proceedings of the

International Conference on Hydro-Technical Engineering for Port and Harbor Construction, pp. 977-986.

早川康博・松本和剛・須田有輔. 2009. 砂浜生態系における栄養塩供給と物質循環. 月刊海洋, 41 (4), 193-199.

Harris L., Campbell E. E., Nel R. and Schoeman D. 2014. Rich diversity, strong endemism, but poor protection: addressing the neglect of sandy beach ecosystems in coastal conservation planning. Diversity and Distribution, 20, 1120-1135.

Harvey C. 1998. Use of sandy beach habitat by *Fundulus majalis*, a surf-zone fish. Marine Ecology Progress Series, 164, 307-310.

Herrmann M., Rocha-Barreira C. A., Arntz W. E., Laudien J. and Penchaszadeh P. E. 2010. Testing the habitat harshness hypothesis: Reproductive biology of the wedge clam *Donax hanleyanus* (Bivalvia: Donacidae) on three Argentinean sandy beaches with contrasting morphodynamics. Journal of Molluscan Studies, 76, 33-47.

今村和志. 2015. アカウミガメの繁殖活動に影響を与える砂浜環境に関する研究. 豊橋技術科学大学博士論文, 148 pp.

Inoue T., Suda Y. and Sano M. 2005. Food habits of fishes in the surf zone of a sandy beach at Sanrimatsubara, Fukuoka Prefecture, Japan. Ichthyological Research, 52, 9-14.

Inoue T., Suda Y. and Sano M. 2008. Surf zone fishes in an exposed sandy beach at Sanrimatsubara, Japan: Does fish assemblage structure differ among microhabitats? Estuarine Coastal and Shelf Science, 77, 1-11.

岩垣雄一. 1988. 最新海岸工学. 森北出版, 東京, 250 pp.

James R. 1999. Cusps and pipis on a sandy ocean beach in New South Wales. Australian Journal of Ecology, 24, 587-592.

Jaramillo E., McLachlan A. and Dugan J. 1995. Total sample area and estimates of species richness in exposed sandy beaches. Marine Ecology Progress Series, 119, 311-314.

Johannes R. E. 1980. The ecological significance of the submarine discharge of groundwater. Marine Ecology Progress Series, 3, 365-373.

加茂 崇. 2014. 砂質性海浜における地下水の栄養塩供給機構. 鹿児島大学博士論文, 100 pp.

加茂 崇・西 隆一郎・鶴成悦久・須田有輔・早川康博・大富 潤. 2013. 砂質性海浜に流入する淡水量の推定－鹿児島県吹上浜を例に. 土木学会論文集B3 (海洋開発), 69 (2), I_545-I_550.

梶原直人. 2013. 底生生物の生息環境指標としての底質の硬度. 海の研究, 22 (5), 147-158.

梶原直人・高田宜武. 2008. ナミノリソコエビ *Haustorioides japonicus* (端脚目：ナミノリソコエビ科) の潜砂行動におよぼす飽和水位の影響に関する実験的研究. 水産工学, 45 (2), 151-156.

環境庁自然保護局. 1998. 第5回自然環境保全基礎調査海辺調査データ 編, 957 pp.

加藤めい子・須田有輔・南條楠土. 2017. 開放的な砂浜海岸である鹿児島県吹上浜のサーフゾーンの仔稚魚群集と地形動態的な生息環境条件. 水産大学校研究報告, 65 (3), 121-130.

King C. A. M. and Williams W. W. 1949. The formation and movement of sand bars by wave action. Geographical Journal, 113, 70-85.

木下 泉. 1993. 砂浜海岸砕波帯に出現するヘダイ亜科仔稚魚の生態学的研究. Bulletin of Marine Sciences and Fisheries, Kochi University, 13, 21-99.

国土交通省水管理・国土保全局. 2017. 平成28年度版海岸統計, 253 pp.

Komar P. D. 1998. Beach processes and sedimentation, 2nd ed. Prentice Hall, Upper Saddle River, USA, 544 pp.

國森拓也. 2010. 鹿児島県吹上浜のサーフゾーンにおけるシロギス (*Sillago japonica*) の出現と食性. 平成21年度独立行政法人水産大学校水産学研修士論文, 82 pp.

栗山善昭. 2006. 海浜変形－実態, 予測, そして対策. 技報堂出版, 東京, 157 pp.

Lastra M., de La Huz R., Sánches-Mata A. G., Rodil I. F., Aerts K., Beloso S. and López J. 2006. Ecology of exposed sandy beaches in northern Spain: Environmental factors controlling

macrofauna communities. Journal of Sea Research, 55, 128－140.
Leatherman S. P. 1988. Barrier island handbook, 3rd ed. Coastal Publication Series, Laboratory for Coastal Research, The University of Maryland, 92 pp.
真鍋将一・下田勝典・佐藤眞司・須田有輔・橋本 新・後藤英生・堀口敬洋・八木裕子. 2014. 宮崎海岸における侵食対策事業の効果検証手法. 土木学会論文集B2（海岸工学）, 70 (2), I_721-I_725.
Masselink G. and Short A. D. 1993. The effect of tide range on beach morphodynamics and morphology: A conceptual beach model. Journal of Coastal Research, 9 (3), 785－800.
Masselink G. and Turner I. 1999. The effect of tides on beach morphodynamics. *In*: Short A. D. ed. Handbook of beach and shoreface morphodynamics. Wiley, Chichester, UK, pp. 204－229.
Masselink G., Hughes M. G. and Knight J. 2011. Introduction to coastal processes and geomorphology, 2nd ed. Routlege, London, 416 pp.
McArdle S. B., McLachlan A. 1992. Sand beach ecology: Swash features relevant to the macrofauna. Journal of Coastal Research, 8 (2), 398－407.
McLachlan A. and Brown A. C. 2006. The ecology of sandy shores, 2nd ed. Academic Press, Burlington, USA, 373 pp.
McLachlan A. and Dorvlo A. 2005. Global patterns in sandy beach macrobenthic communities. Journal of Coastal Research, 21 (4), 674－687.
McLachlan A. and Hesp P. 1984. Faunal response to morphology and water circulation of a sandy beach with cusp. Marine Ecology Progress Series, 19, 133－144.
McLachlan A. and Jaramillo E. 1995. Zonation on sandy beaches. Oceanography and Marine Biology, an Annual Review, 33, 305－335.
McLachlan A., Jaramillo E., Donn T. E. and Wessels F. 1993. Sandy beach macrofauna communities and their control by the physical environment: A geographical comparison. Journal of Coastal Research, Special Issue, 15, 27－38.
宮島利宏. 2013. 安定同位体技術を利用した異地性流入評価における最近の展開. 水環境学会誌, 39 (7), 225－230.
森 主一. 1938. フヂノハナガイ *Donax semignosus* Dunkerの潮汐週律移動と漲潮時に於ける行動解析. 動物学雑誌, 50 (1), 1－12.
森本研吾. 1993. 潮間帯の物質収支と水循環. 沿岸海洋研究ノート, 30 (2), 208－223.
茂木昭夫. 1980. 汀線と砕波帯. *In*: 海洋科学基礎講座7 浅海地質学（星野通平 編）. 東海大学出版会, 東京, pp 109－252.
村井 宏・石川政幸・遠藤治郎・只木良也. 1992. 日本の海岸林，多面的な環境機能とその活用. ソフトサイエンス社, 東京, 513 pp.
Nakane Y., Suda Y. and Sano M. 2011. Food habits of fishes on an exposed sandy beach at Fukiagehama, south-west Kyushu Island, Japan. Helgoland Marine Research, 65, 123－131.
Nakane Y., Suda Y. and Sano M. 2013. Responses of fish assemblage structures to sandy beach types in Kyushu Island, southern Japan. Marine Biology, 160, 1563－1581.
Nanami A. 2007. Juvenile swimming performance of three fish species on an exposed sandy beach in Japan. Journal of Experimental Marine Biology and Ecology, 348, 1－10.
南條楠土・古賀洋平・春原祥吾・須田有輔. 2017. 鹿児島県吹上浜における漂着物が小型底生生物の群集構造に及ぼす影響. 水産大学校研究報告, 65 (4), 229－237.
日本緑化センター. 2015. 松保護士の手引き 改訂2版. 一般財団法人日本緑化センター, 東京, 355 pp.
西 隆一郎. 2008. 吹上浜の物理環境と砂浜の形成要因. Nippon Suisan Gakkaishi, 74 (5), 928－929.
Nonomura T., Hayakawa Y., Suda Y. and Ohtomi J. 2007. Habitat zonation of the sand-burrowing mysids (*Archaeomysis vulgaris*, *Archaeomysis japonica* and *Iiella ohshimai*), and diel and tidal distribution of dominant *Archaeomysis vulgaris*, in an intermediate sandy beach at Fukiagehama, Kagoshima Prefecture, southern Japan. Plankton and Benthos Research, 2 (1), 38－48.

引用文献

大富 潤・高野知則・須田有輔・中村正典・早川康博. 2005. 九州南部の吹上浜近岸帯における海産無脊椎動物の出現パターン. 鹿児島大学水産学部紀要, 54, 7–14.

Raffaelli D. and Emmerson M. 2001. Experimental approaches to integrating production, structure and dynamics in sediment communities. *In*: Reise K ed. Ecological comparisons of sedimentary shores. Ecological Studies 151. Springer, Berlin, pp. 337–355..

Rodil I. F., Lastra M. and Sánchez-Mata A. G. 2006. Community structure and intertidal zonation of the macroinfauna in intermediate sandy beaches in temperate latitudes: North coast of Spain. Estuarine Coastal and Shelf Science, 67, 267–276.

佐々真志・渡部要一・梁 順普・桑江朝比呂. 2013. 干潟・砂浜海岸の生物生態／地形動態に果たす地盤環境の役割－多種多様な生物住環境診断チャートと安定地形の最適設計. 港湾空港技術研究所報告, 52 (4), 3–44.

佐々真志・梁 順普・渡部要一・梶原直人・高田宜武. 2010. 砂浜海岸における水産有用魚類の餌資源生物分布に果たすサクションの役割. 土木学会論文集B2 (海岸工学), 66 (1), 1126–1130.

佐藤 綾・上田哲行・堀 道雄. 2005. 打ち上げ海藻を利用する砂浜の小型動物相：ハンミョウとハマトビムシの関係. 日本生態学会誌, 55, 21–27.

Schlacher T. A., Schoeman D. S., Dugan J., Lastra M., Jones A., Scapini F. and McLachlan A. 2008. Sandy beach ecosystems:Key features, sampling issues, management challenges and climate change impacts. Marine Ecology, 29 Supplement, 1, 70–90.

Seike K. 2008. Burrowing behaviour inferred from feeding traces of the opheliid polychaete *Euzonus* sp. as response to beach morphodynamics. Marine Biology, 153, 1199–1206.

Seike K. and Nara M. 2008. Burrow morphologies of the ghost crabs *Ocypode ceratophthalma* and *O. sinensis* in foreshore, backshore, and dune subenvironments of a sandy beach in Japan. Journal of Geological Society of Japan, 114, 591–596.

清野聡子. 2009. 日本の海岸環境の課題と展望－海岸法改正から10年. 河川, 65, 5–12.

Senta T., Noichi T. and Shigematsu K. 1989. The percophidid *Matsubaraea setouchiensis* from the Fukiagehama beach, south-western Kyushu. Bulletin of Faculty of Fisheries Nagasaki University, 65, 1–8.

Short A. D. 1999. Wave-dominated beaches. *In*: Short A. D. ed. Handbook of beach and shoreface morphodynamics. Wiley, Chichester, UK, pp. 173–203.

Soares A. G., McLachlan A. and Schlacher T. A. 1996. Disturbance effects of stranded kelp on populations of the sandy beach bivalve *Donax serra* (Röding). Journal of Experimental Marine Biology and Ecology, 205, 165–186.

須田有輔・五明美智男. 1995. 砂浜海岸砕波帯における魚類仔稚分布と物理環境. シンポジウム砂浜海岸の生態系と物理環境. 水産工学研究集録, 1, 39–52.

Suda Y., Inoue T. and Uchida H. 2002. Fish communities in the surf zone of a protected sandy beach at Doigahama, Yamaguchi Prefecture, Japan. Estuarine Coastal and Shelf Science, 55, 81–96.

須田有輔・真鍋将一・堀之内 毅・堀田剛広・堀口敬洋. 2013. 高波浪砂浜海岸のサーフゾーンにおける魚類調査方法. 日本沿岸域学会研究討論会2013講演概要集, 26, 9–2 (CD-ROM版).

須田有輔・村瀬 昇・藤田 剛・竹内民男. 2009. 山口県土井ヶ浜の砂浜海岸サーフゾーンにおけるヒラメの出現. 水産大学校研究報告, 58 (2), 169–177.

須田有輔・中根幸則・大富 潤. 2014a. 開放的な砂浜海岸である鹿児島県吹上浜のサーフゾーンにおける主要魚種の出現と体長組成. 沿岸域学会誌, 27, 27–36.

須田有輔・中根幸則・大富 潤・國森拓也. 2014b. 開放的な砂浜海岸である鹿児島県吹上浜のサーフゾーン魚類相. 水産大学校研究報告, 63 (1), 1–15.

須田有輔・南條楠土. 2017. 鹿児島県吹上浜で観察された砂浜生物のハビタットとしてのリッジーラネル地形. 水産大学校研究報告, 65 (3), 131–139.

Suda Y., Shiino S., Nagata R., Fuzawa T., Hiwatari T., Kohata K., Hamaoka S. and Watanabe M. 2005. Revision of the ichthyofauna of reflective sandy beach on the Okhotsk coast of northern Hokkaido, Japan, with notes on the food habits of some fish. Proceedings of the 20th International Symposium on Okhotsk Sea and Sea Ice, 23-28.

鈴木隆介．1998．建設技術者のための地形図読図入門，第2巻低地．古今書院，東京，201-554．

冨岡森理・須田有輔・加茂 崇・大富 潤・西 隆一郎・田中龍児・早川康博．2012．鹿児島県吹上浜の砂浜海岸の潮間帯に出現した多毛類．水産大学校研究報告，61(2)，65-74．

鳥居謙一・加藤史訓・宇多高明．2000．生態系保全の観点から見た海岸事業の現状と今後の展開．応用生態工学，3, 29-36.

内山雄介・Rölke P.・足立久美子・灘岡和夫・八木 宏．1999．海岸地下浸透流およびそれに伴う沿岸域への栄養塩輸送過程．土木学会論文集，635/II-49, 127-139.

宇多高明．1997．日本の海岸侵食．山海堂，東京，442 pp.

和田年史・長田信人・原口展子・宇野政美．2014．鳥取県東部の砂浜海岸サーフゾーンにおける魚類および海産無脊椎動物の出現記録．鳥取県立博物館研究報告，51, 23-41.

Wright L. D. and Short A. D. 1984. Morphodynamic variability of surf zones and beaches: A synthesis. Marine Geology, 56, 93-118.

ボックス①　海浜植生が有する砂浜の保全効果

加藤史訓．2004．オランダの海面上昇対策．日本沿岸域学会研究討論会2004（第17回）講演概要集，56-59．

加藤史訓・佐藤愼司．1998．砂浜海岸の植生群落と地形変化の現地調査．海岸工学論文集，45, 666-670．

加藤史訓・佐藤愼司・田中茂信・笠井雅広．1997．砂浜海岸における植生の地形変化に及ぼす影響に関する現地調査．海岸工学論文集，44, 1151-1155．

栗山善昭・望月徳雄．1997．後浜から砂丘前面にかけての地形変化と植生の地形変化に及ぼす影響に関する現地調査．海岸工学論文集，44, 681-685．

佐藤愼司・上谷昌史・小越千春・橋本 新．2008．航空レーザー測量を用いた飛砂量推定に関する研究．海岸工学論文集，55, 546-550．

自然共生型海岸づくり研究会 編著．2003．自然共生型海岸づくりの進め方．社団法人全国海岸協会，73 pp.

有働恵子．2003．飛砂による後浜の地形変動と海岸植生の効果に関する研究．筑波大学博士論文，96 pp.

第2章　砂質性海浜の特性

Bascom, W. 1964. Waves and Beaches, Doubleday & Company, New York, 267 pp.

Battjes, J. A. 1974. "Surf similarity", Proceedings 14th International Conference on Coastal Engineering, pp. 466-480.

Bretschneider, C. L. 1951. Revised wave forecasting relationships, Proceedings of Coastal Engineering, pp. 1-5.

Bruun, P. 1954. 'Coast erosion and the development of beach profiles', Beach erosion board technical memorandum. No. 44. U.S. Army Engineer Waterways Experiment Station. Vicksburg, MS. 79 pp.

Dean, R. G. 1973. Heuristic models of sand transport in the surf zone. Proceedings of First Australian Coastal Engineering Conference, Sydney. pp. 208-214.

Dean, R. G. 1977. Equilibrium beach profiles: U. S. Atlantic and Gulf Coasts, Ocean Engineering Report No.12, Department of Civil Engineering, University of Delaware, Newark, Delaware. 45 pp.

デレオン マリオ・西 隆一郎・北村良介．2008．海浜底質の粒度特性と透水係数について，海洋開発論文集，24, 1201-1206．

Iwagaki, Y. and Noda, H. 1963. Laboratory studies of scale effects in two-dimensional beach processes, Proceedings 8th International Conference on Coastal Engineering, ASCE, pp. 194-210.

Johnson, J. W. 1949. Scale effect in hydraulic models involving wave motion, Transactions, American Geophysical Union, 30 (4), 517-525.

菊池昭男・宇多高明・西 隆一郎・芹沢真澄・三波俊郎・古池 鋼. 2002. リーフ海岸における海面上昇起源の急激な海浜変形. 海岸工学講演会論文集, 49, 596-600.

国土交通省中部地方整備局静岡河川事務所. 2004. 標高2000mで大自然を知る－大谷崩ハンドブックー, 静岡, 15 pp.

国土交通省中部地方整備局・国土交通省国土地理院. 2009. 天竜川・菊川 川の流れと歴史の歩み, 149 pp.

Kriebel, D. L., Dally, W. R. and Dean, R. G. 1987. Undistorted Froude model for surf zone sediment transport, Proceedings 20th International Conference on Coastal Engineering, ASCE, pp. 1296-1310.

Kraus, N. C., Larson, M. and Kriebel, D. L. 1991. Evaluation of beach erosion and accretion predictors, Coastal Sediments '91, ASCE, pp. 572-587.

西 隆一郎・宇多高明・佐藤道郎・西原幸男・井之上由人. 1998 a. 吹上浜海岸における汀線と海岸植生および砂丘林境界の長期変動特性. 海岸工学論文集, 45, 661-665.

西 隆一郎・宇多高明・佐藤道郎・脇田政一・大谷靖郎・堀口敬洋. 1998 b. 沖合人工島建設に伴う海浜変形過程と侵食対策. 海岸工学論文集, 45, 561-565.

西 隆一郎・佐藤道郎・宇多高明・内田洋治. 1999. 締まり度向上による海浜変形制御に関する実験的研究. 海岸工学論文集, 46, 726-730.

西 隆一郎・大牟田一美・相良拓也・Arthur Thumbas・細谷和範. 2012. 砂質性海岸でのアカウミガメの上陸数変動に関する基礎的研究. 土木学会論文集B3 (海洋開発), 68 (2), I_1238-I_1243.

緒方 昇. 1996. 歴史時代における人類活動と海岸平野の形成. In: 変化する日本の海岸 (小池一之・大田陽子 編). 古今書院, 東京, pp. 121-136.

Sunamura, T. and Horikawa, K. 1975. Two-dimensional beach transformation due to waves, Proceedings 14th International Conference on Coastal engineering, ASCE, pp. 920-938.

Sunamura, T. 1980. Parameters for delimiting erosion and accretion of natural beaches, Annual report of the Institute of Geoscience, University of Tsukuba, No. 6, pp. 51-54.

宇多高明・鈴木忠彦・山本幸次・板橋直樹. 1993. 三保松原の危機的海岸侵食状況, 海岸工学論文集, Vol. 40, pp. 441-445.

ウィラード・バスカム (吉田耕造・内尾高保 訳). 1977. 海洋の科学－海面と海岸の力学－. 河出書房, 東京, 288 pp.

ボックス② 離岸流に要注意

西 隆一郎. 2007. 海浜事故予防のための啓発教育－離岸流その5－. 季刊水路, 140, 3-9.

第3章 砂浜海岸の物質循環

阿部友三郎. 1975. 第6章 海水とその性質 (II) 〜第7章 海水の安定泡沫と災害, 海水の科学. NHKブックス, pp. 126-185.

阿部友三郎. 1979. 冬の荘内海岸に舞う「波の花」. 科学朝日, 39 (3), 7-11.

荒巻 裕・大隈 斉. 2013. 有明海湾奥部の底泥間隙水に含まれる硫化水素がタイラギの生残に及ぼす影響. 佐賀有明水産研究報告, 26, 1-5.

Brown A. C. and McLachlan A. 1990. Ecology of sandy shores. Elsevier, Amsterdam, Netherlands, 328 pp. (須田有輔・早川康博 訳. 2002. 砂浜海岸の生態学. 東海大学出版会, 東京, 427 pp.)

Burnett W. C., Aggarwal P. K., Aureli A., Bokuniewicz H., Cable J. E., Charette M. A., Kontar E., Krupa S., Kulkarni K. M., Loveless A., Moore W. S., Oberdorfer J. A., Oliveira J., Ozyurt N., Povinec P., Privitera A. M., Rajar R., Ramessur R. T., Scholten J., Stieglitz T., Taniguchi M. and Turner J. V. 2006. Quantifying submarine groundwater discharge in the coastal zone via multiple methods. Science of the Total Environment. 367, 498-543.

de Beer D., Sweerts J-P. R. A. and van den Heuvel J. C. 1991. Microelectrode measurement of ammonium profiles in freshwater sediments. FEMS Microbiology Ecology, 9, 1－6.

de Sieyes N. R., Yamahara K. M., Layton B. A., Joyce E. H. and Boehm A. B. 2008. Submarine discharge of nutrient-enriched fresh groundwater at Stinson Beach, California is enhanced during neap tides. Limnology and Oceanography, 53, 1434－1445.

de Sieyes N. R., Yamahara K. M., Paytan A. and Boehm A. B. 2011. Submarine groundwater discharge of a high-energy surf zone at Stinson Beach, California, estimated using radium isotopes. Estuaries and Coasts, 34: 256－268.

土木学会水理委員会. 1985. 海岸の地下水, 第5編 上水道・水質保全編, 水理公式集, 昭和60年版. 土木学会, 東京, pp. 382－387.

Fenchel T. 1969. The ecology of marine microbenthos. IV. Structure and function of the benthic ecosystem, its chemical and physical factors and the microfauna communities with special reference to the ciliated protozoa. Ophelia, 6, 1－182.

Fenchel T. M. and Riedl R. J. 1970. The sulfide system: a new biotic community underneath the oxidized layer of marine sand bottoms. Marine Biology, 7, 255－268.

早川康博・松本和剛・須田有輔. 2009. 砂浜生態系における栄養塩供給と物質循環. 月刊海洋, 462, 193－199.

Johannes R. E. 1980. The ecological significance of the submarine discharge of groundwater. Marine Ecology Progress Series, 3, 365－373.

Johannes R. E. and Hearn C. J. 1985. The effect of submarine groundwater discharge on nutrient and salinity regimes in a coastal lagoon off Perth, Western Australia. Estuarine Coastal and Shelf Science, 21, 789－800.

Johnson R. G. 1967. Salinity of interstitial water in a sandy beach. Limnology and Oceanography, 12, 1－7.

Jørgensen B. B. 1977. The sulfur cycle of a coastal marine sediment (Limfjorden, Denmark). Limnology and Oceanography, 22, 814－832.

Jørgensen B. B., Revsbech N. P. and Cohen Y. 1983. Photosynthesis and structure of benthic microbial mats: Microelectrode and SEM studies of four cyanobacterial communities. Limnology and Oceanography, 28, 1075－1093.

Jørgensen B. B. and Revsbech N. P. 1985. Diffusive boundary layers and the oxygen uptake of sediments and detritus. Limnology and Oceanography, 30: 111－122.

Kim G., Lee K. K., Park K. S., Hwang D. W. and Yang H. S. 2003. Large submarine groundwater discharge (SGD) from a volcanic island. Geophysical research Letters, 30, 2098－2101.

小山裕樹・張 勁・萩原崇史・佐竹 洋・浅井和見. 2006. 富山湾東部における広域海底湧水湧出量の測定. 地球化学, 39, 149－155.

眞鍋武彦. 1989. 海産珪藻 $Skeletonema\ costatum$ の元素組成とそれから導かれる理論組成式. 日本プランクトン学会報, 36, 43－46.

McLachlan A. and Brown A. C. 2006. The ecology of sandy shores, 2nd ed. Academic Press, Burlington, USA, 373 pp.

McLachlan A. and McGwynne L. 1986. Do sandy beaches accumulate nitrogen? Marine Ecology Progress Series, 34, 191－195.

Nakata K. and Kuramoto T. 1992. A model of the formation of oxygen depleted waters in Tokyo Bay. Proceedings of the Advanced Marine Technology Conference, 5, 107－132.

Pearce A. F., Johannes R. E., Manning C. R., Rimmer D. W. and Smith D. F. 1985. Hydrology and nutrient data off Marmion, Perth 1979－1982. CSIRO Marine Laboratories Report, 167, 1－45.

Reid D. M. 1930. Sallinity interchange between sea-water in sand and overflowing fresh-water at low tide. Journal of the Marine Biological Association of U. K., 16, 609－614.

Reid D. M. 1932. Salinity interchange between salt water in sand and overflowing fresh water at low tide. II. Journal of the Marine Biological Association of U. K., 18, 299－306.

Revsbech N. P., Jørgensen B. B. and Blackburn T. H. 1980. Oxygen in the sea bottom with a microelectrode. Science, 207, 1355－1356.

Richards F. A, Cline J. D., Broenkow W. W. and Atkinson L. P. 1965. Some consequences of the decomposition of organic matter in lake Nitinat, an anoxic fjord, Limnology and Oceanography (suppl.), 10, R185−R201.

Riedl R. J. 1971. How much seawater passes through sandy beaches? Internatonale Revue der gesamten Hydrobiologie und Hydrographie, 56, 923−946.

Riedl R. J. and Machan R. 1972. Hydrodynamic patterns in lotic intertidal sands and their bioclimatological implications. Marine Biology, 13, 179−209.

Riedl R. J., Huang N. and Machan R. 1972. The subtidal pump: a mechanism of interstitial water exchange by wave action. Marine Biology, 13, 210−221.

左山幹夫・栗原 康. 1988. 底泥の微生物の物質代謝. In: 河口・沿岸域の生態学とエコテクノロジー (栗原 康 編). 東海大学出版会, 東京, pp. 32−42.

左山幹夫. 2014. 沿岸堆積物における酸素の動態. In: 詳論沿岸環境学 (日本海洋学会沿岸海洋研究会 編). 恒星社厚生閣, 東京, pp. 190−207.

Smith R. I. 1955. Salinity variation in interstitial water of sand at Kames Bay, Millport, with reference to the distribution of *Nereis diversicolor*. Journal of the Marine Biological Association of U. K., 34, 33−46.

Sørensen J., Jørgensen B. B. and Revsbech N. P. 1979. A comparison of oxygen, nitrate, and sulfate respiration in coastal marine sediments. Microbial Ecology 5, 105−115.

管原庄吾・圦本達也・鮎川和泰・木元克則・千賀有希子・奥村 稔・清家 泰. 2010. 砂泥堆積物中溶存硫化物の簡便な現場抽出/吸光光度定量及びその有明海北東部堆積物への適用. 分析化学, 59, 1155−1161.

谷口真人. 2001. 4. 海水と地下水との相互作用, 誌面講座「地下水と地表水・海水との相互作用」. 地下水学会誌, 43, 189−190.

Taniguchi M., Burnett W. C., Cable J. E. and Turner J. V. 2002. Investigation of submarine groundwater discharge. Hydrological Processes, 16, 2115−2128.

安岡澄人・畑 恭子・芳川 忍・中野拓治・白谷栄作・中田喜三郎. 2005. 有明海の泥質干潟・浅海域での窒素循環の定量化−泥質干潟域の浮遊系−底生系結合生態系モデルの開発−. 海洋理工学会誌, 11, 21−33.

ボックス③ 砂浜海岸の地下水

早川康博・松本和剛・須田有輔. 2009. 砂浜生態系における栄養塩供給と物質循環. 月刊海洋, 41 (4), 193−199.

Johannes R. E. 1980. The ecological significance of the submarine discharge of groundwater. Marine Ecology Progress Series, 3, 365−373.

加茂 崇・西 隆一郎・鶴成悦久・須田有輔・早川康博・大富 潤. 2013a. 砂質性海浜に流入する淡水量の推定−鹿児島県吹上浜を例に−. 土木学会論文集B3 (海洋開発), 69 (2), I_545−I_550.

加茂 崇・西 隆一郎・鶴成悦久・黒瀬久美子. 2013b. 海岸湧出地下水の研究−鹿児島県松ヶ浦海岸潮間帯から湧出する地下水−. 土木学会論文集B3 (海洋開発), 69 (2), I_539−I_544.

中口 譲・山口善敬・山田浩章・張 勁・鈴木麻衣・小山裕樹・林 清志. 2005. 富山湾海底湧水の化学成分の特徴と起源−栄養塩と溶存有機物−. 地球化学, 39, 119−130.

第4章 砂浜海岸のマクロファウナ

阿久津孝夫・山田俊郎・佐藤 仁・明田定満・谷野賢二. 1995. アサリの生息と底質の硬度, 粒度との関係について. 開発土木研究所月報, 503, 22−30.

東 幹夫・把野義博・把野裕子. 1985. 平戸島志々伎湾の底生動物群集−II ヨコエビ類と堆積型による生息場所分析. 日本ベントス研究会誌, 28, 1−11.

Biernbaum C. K. 1979. Influence of sedimentary factors on the distribution of benthic amphipods of Fishers Island Sound, Connecticut. Journal of Experimental Marine Biology and Ecology, 38, 201−223.

Brown A. C. and McLachlan A. 1990. Ecology of sandy shores. Elsevier, Amsterdam, Netherlands, 328 pp.（須田有輔・早川康博 訳．2002．砂浜海岸の生態学．東海大学出版会，東京，427 pp.）

Gray J. S. 1974. Animal-sediment relationships. Oceanography and Marine Biology, An Annual Review, 12, 223－261.

林 勇夫．1984．II-1-4 新潟北部沿岸のマクロベントス．海洋生物資源の生産能力と海洋環境に関する研究北陸地域調査成果報告，水産庁日本海区水産研究所，115－120.

岩尾敦志・西広富夫・藤原正夢．1996．トリガイ養殖に関する研究－II トリガイ養殖器内に敷く基質について－．京都府立海洋センター研究報告，18, 57－61.

Kajihara N. 1999. Experimental study on the tube building capability of ampeliscid amphipods. Fisheries Engineering, 35, 223－227.

梶原直人．2001．デジタルフォースゲージを用いた新潟県沿岸域における海底泥の硬度測定結果について．水産工学，38, 179－184.

梶原直人．2013．底生生物の生息環境指標としての底質の硬度．海の研究，22 (5), 147－158.

梶原直人・藤井徹生．2001．マガレイ成育場の評価手法の開発．平成11年度沿岸漁場整備開発調査（直轄）報告書，水産庁漁港漁場整備部計画課，137－142.

梶原直人・高田宜武．2008．ナミノリソコエビ *Haustorioides japonicus*（端脚目：ナミノリソコエビ科）の潜砂行動に及ぼす，飽和水位の影響に関する実験的研究．水産工学，45, 151－156.

梶原直人・井関智明・高田宜武・藤井徹生．2010．新潟県下越陸棚域海底における泥底及び砂底の底質硬度と物性指標の関係．水産工学，47, 63－68.

梶原直人・高田宜武．2013．新潟県の砂浜海岸汀線域における底質硬度と飽和状態との関係．水産工学，50, 131－137.

梶原直人・高田宜武．2014．砂浜海岸汀線域における簡便な漂砂挙動判別法によるナミノリソコエビ *Haustorioides japonicus*（端脚目：ナミノリソコエビ科）分布沖側下限の推定．水産工学，51, 129－132.

上平幸好．1992．北海道南西部の砂質海岸に生息する端脚類 *Haustorioides japonicus* (Dogielinotidae) の生態学的研究．函館大学論究特別号，1；pp. 72.＋xxxiii Appendix.

上月康則・倉田健悟・村上仁士・鎌田磨人・上田薫利・福﨑 亮．2000．スナガニ類の生息場からみた吉野川汽水域干潟・ワンドの環境評価，海岸工学論文集，47, 1116－1120.

久野五郎．1966．解説土質工学．理工図書，東京，195 pp.

McLachlan A. 1983. Sandy beach ecology － a review. *In*: McLachlan A. and Erasmus T. eds. Sandy beaches as ecosystems. Dr. W. Junk Publishers, Hague, Netherlands, 321－380.

中山威尉・福田裕毅・秦 安史・阿部英治・櫻井 泉．2009．底質の貫入抵抗がアサリの潜砂行動に及ぼす影響．水産工学，46, 29－36.

奥宮英治・桑江朝比呂・萩本幸将・小沼晋・三好英一・野村宗弘・中村由行．2001．干潟底泥の強度特性と環境要因との関係－コーン貫入試験を用いた調査－．港湾空港技術研究所資料，1002, 22 pp.

奥村卓二・梶原直人・長澤トシ子．2001．福井県浜地から石川県千里浜の砂浜海岸におけるマクロ及びメガベントスの分布．日本海区水産研究所研究報告，51, 133－140.

Rhoads D. C. 1974. Organism-sediment relations on the muddy sea floor. Oceanography and Marine Biology, An Annual Review, 12, 263－300.

Sanders H. L. 1958. Benthic studies in Buzzards Bay. I. Animal-sediment relationships. Limnology and Oceanography, 3, 245－258.

佐々真志・渡部要一．2006．干潟底生生物の住活動における臨界現象と適合土砂環境場の解明．海岸工学論文集，53, 1061－1065.

佐々真志・渡部要一．2007．アサリの潜砂限界強度について．海岸工学論文集，54, 1196－1200.

佐々真志・渡部要一・石井嘉一．2007．干潟と砂浜の保水動態機構と許容地下水位の解明．海岸工学論文集，54, 1151－1155.

佐々真志・渡部要一・桑江朝比呂．2008．鳥と地盤と底生生物の関係に果たす水際土砂

環境の役割．海岸工学論文集, 55, 1171-1175.

Sassa S. and Watabe Y. 2008. Threshold, optimum and critical geoenvironmental conditions for burrowing activity of sand bubblercrab, *Scopimera globosa*. Marine Ecology Progress Series, 354, 191-199.

佐々真志・渡部要一・梁 順普．2009a．生態地盤学の展開によるアサリの潜砂性能の系統的解明，土木学会論文集, B2-65, 1116-1120.

佐々真志・渡部要一・梁 順普．2009b 多種多様な干潟底生生物の住活動性能と適合・限界場の相互関係，土木学会論文集, B2-65, 1226-1230.

Sassa S. and Watabe Y. 2009. Ecological geotechnics: Performance of benthos activities controlled by suction, voids and shear strength in tidal flat soils. Proceedings 17th International Conference on Soil Mechanics and Geotechnical Engineering. ISSMGE, Egypt, 316-319.

佐々真志・梁 順普・渡部要一・梶原直人・高田宜武．2010a．砂浜海岸における水産有用魚類の餌資源生物分布に果たすサクションの役割．土木学会論文集, B2-66, No.1, 1126-1130.

佐々真志・渡部要一・梁 順普．2010b．巣穴底生生物の最適住活動モデルによる土砂環境選択行動とパッチ形成の実証．土木学会論文集, B2-66, 1096-1100.

Sassa S., Watabe Y., Yang S. and Kuwae T. 2011. Burrowing criteria and burrowing mode adjustment in bivalves to varying geoenvironmental conditions in intertidal flats and beaches. PLoS ONE, 6, : e25041, doi: 10.1371/ journal.pone.0025041.

Sassa S., Yang S., Watabe Y., Kajihara N. and Takada Y. 2014. Role of suction in sandy beach habitats and the distributions of three amphipod and isopod species. Journal of Sea Research 85, 336-342.

Schofield R. K. 1935. The pF of the water in soil. Transactions International Congress of Soil Science, 2, 37-48.

水産庁・マリノフォーラム21. 2007. 砂質系干潟の健全度評価手法マニュアル．29 pp.

上田薫利・上月康則・倉田健悟・大谷壮介・桂 義教・東 和之・堅田哲司・村上仁士．2003．貫入抵抗値を用いた簡便的な干潟底生生物調査地点の選定手法に関する基礎的研究．海岸工学論文集, 50, 1056-1060.

梁 順普・佐々真志・渡部要一・岩本裕之・中瀬浩太．2011．生物住活動性能チャートによる自然・造成干潟の住み分け評価分析と検証，土木学会論文集, B2-67, 986-990.

ボックス④　砂浜海岸の多毛類

Fauchald, K. 1977. The polychaete worms, definitions and keys to the orders, families and genera. Natural History Museum of Los Angeles County, Science Series, 28, 1-188.

伊藤立則．1985．砂のすきまの生き物たち－間隙生物学入門．海鳴社, 東京, pp. 1-241.

富岡森理・須田有輔・加茂 崇・大富 潤・西 隆一郎・田中龍児・早川康博．2013．鹿児島県吹上浜の砂浜海岸の潮間帯に出現した多毛類．水産大学校研究報告, 61, 65-74.

ボックス⑤　砂浜海岸のアミ類

Nonomura T, Hayakawa Y, Suda Y, Ohtomi J. 2005. Practical identification of the sand-burrowing mysid, *Archaeomysis vulgaris* (Crustacea: Mysidacea) and its biological characteristics. Plankton Biology and Ecology, 52, 48-57.

Nonomura T, Hayakawa Y, Suda Y, Ohtomi J. 2007. Habitat zonation of the sand-burrowing mysids (*Archaeomysis vulgaris*, *Archaeomysis japonica* and *Iiella ohshimai*), and diel and tidal distribution of dominant *Archaeomysis vulgaris*, in an intermediate sandy beach at Fukiagehama, Kagoshima Prefecture, southern Japan. Plankton and Benthos Research, 2, 38-48.

第5章　砂浜海岸の魚類

Amarullah M. H. and Senta T. 1989. The R-H push net, a gear for study of juvenile flatfishes along the beach. Bulletin of the Faculty of Fisheries, Nagasaki University, 65, 9-14.

Ansell A. D., Comely C. A. and Robb L. 1999. Distribution, movements and diet of macrocrustaceans on a Scottish sandy beach with particular reference to predation on juvenile fishes. Marine Ecology Progress Series, 176, 115−130.

荒山和則・今井 仁・加納光樹・河野 博. 2002. 東京湾外湾の砕波帯の魚類相. うみ, 40: 59−70.

Ayvazian S. G. and Hyndes G. A. 1995. Surf-zone fish assemblages in South-western Australia: Do adjacent nearshore habitats and the warm Leewin Current influence the characteristics of the fish fauna? Marine Biology, 122, 527−536.

Beyst B., Cattrijsse A. and Mees J. 1999. Feeding ecology of juvenile flatfishes of the surf zone of a sandy beach. Journal of Fish Biology, 55, 1171−1186.

Brown A. C. and McLachlan A. 1990. Ecology of sandy shores. Elsevier, Amsterdam, Netherlands, 328 pp. (須田有輔・早川康博 訳. 2002. 砂浜海岸の生態学. 東海大学出版会, 東京, 427 pp.)

Carlisle J. G., Schott J. W. and Abramson N. J. 1960. The barred surfperch (*Amphisticus argenteus* Agassiz) in Southern California. California Department of Fish and Game, Fish Bulletin, 109, 1−79.

Clark B. M. 1997. Variation in surf-zone fish community structure across a wave-exposure gradient. Estuarine Coastal and Shelf Science, 44, 659−674.

Clark B. M., Bennett B. A. and Lamberth S. J. 1994. A comparison of the ichthyofauna of two estuaries and their adjacent surf zones, with an assessment of the effects of beach-seining on the nursery function of estuaries for fish. South African Journal of Marine Science, 14, 121−131.

Clark B. M., Bennett B. A. and Lamberth S. J. 1996. Factors affecting spatial variability in seine net catches of fish in the surf zone of False Bay, South Africa. Marine Ecology Progress Series, 131, 17−34.

Cowley P. D., Whitfield A. K. and Bell K. N. I. 2001. The surf-zone ichthyoplankton adjacent to an intermittently open estuary, with evidence of recruitment during marine overwash events. Estuarine Coastal and Shelf Science, 52, 339−348.

DeLancey L. B. 1989. Trophic relationship in the surf zone during the summer at Folly Beach, South Carolina. Journal of Coastal Research, 5, 477−488.

Du Preez H. H., McLachlan A., Marais J. F. K. and Cockroft A. C. 1990. Bioenergetics of fishes in a high-energy surf-zone. Marine Biology, 106, 1−12.

Ellis T. and Gibson R. N. 1995. Size-selective predation of 0-group flatfishes on a Scottish coastal nursery ground. Marine Ecology Progress Series, 127, 27−37.

Firedlander A. M. and Parrish J. D. 1998. Temporal dynamics of fish communities on an exposed shoreline in Hawaii. Environmental Biology of Fishes, 53, 1−18.

Gibson R. N., Ansell A. D. and Robb L. 1993. Seasonal and annual variations in abundance and species composition of fish and macrocrustacean communities on a Scottish sandy beach. Marine Ecology Progress Series, 98, 89−105.

Gibson R. N. and Robb L. 1996. Piscine predation on juvenile fishes on a Scottish sandy beach. Journal of Fish Biology, 49, 120−138.

Gibson R. N., Robb L., Burrows M. T. and Ansell A. D. 1996. Tidal, diel and longer term changes in the distribution of fishes on a Scottish sandy beach. Marine Ecology Progress Series, 130, 1−17.

Gunter G. 1958. Population studies of the shallow water fishes of an outer beach in south Texas. Publications of the Institute of Marine Science, University of Texas, 5, 186−193.

Harris S. A. and Cyrus D. P. 1996. Larval and juvenile fishes in the surf zone adjacent to the St. Lucia estuary mouth, KwaZulu-Natal, South Africa. Marine and Freshwater Research, 47, 465−482.

Harris S. A., Cyrus D. P. and Beckley L. E. 2001. Horizontal trends in larval fish diversity and abundance along an ocean-estuarine gradient on the northern KwaZulu-Natal coast, South Africa. Estuarine Coastal and Shelf Science, 53, 221−235.

引用文献

Harvey C. 1998. Use of sandy beach habitat by *Fundulus majalis*, a surf-zone fish. Marine Ecology Progress Series, 164, 307–310.

広田祐一. 1990. 新潟五十嵐浜におけるアミ類の季節変動とヒラメ稚魚に捕食されるサイズ. 日本海ブロック試験研究集録, 日本海区水産研究所, 19, 73–88.

Inoue T., Suda Y. and Sano M. 2005. Food habits of fishes in the surf zone of a sandy beach at Sanrimatsubara, Fukuoka Prefecture, Japan. Ichthyological Research, 52, 9–14.

Inoue T., Suda Y. and Sano M. 2008. Surf zone fishes in an exposed sandy beach at Sanrimatsubara, Japan: Does fish assemblage structure differ among microhabitats? Estuarine Coastal and Shelf Science, 77, 1–11.

Inui R., Nishida T., Onikura N., Eguchi K., Kawagishi M., Nakatani M. and Oikawa S. 2010. Physical factors influencing immature-fish communities in the surf zones of sandy beaches in northwestern Kyushu Island, Japan. Estuarine, Coastal and Shelf Science, 86, 467–476.

加藤史訓・鳥居謙一. 2002. ウミガメに配慮した海岸づくりの検討. 海洋開発論文集, 18: 539–543.

木下 泉. 1993. 砂浜海岸砕波帯に出現するヘダイ亜科仔稚魚の生態学的研究. Bulletin of Marine Sciences and Fisheries, Kochi University, 13, 21–99.

木下 泉・石川 浩. 1988. 離岸堤と魚類. 月刊海洋科学, 20, 377–382.

小池一之. 1997. 海岸とつきあう. 岩波書店, 東京, 160 pp.

Komar P. D. 1998. Beach processes and sedimentation, 2nd ed. Prentice Hall, Upper Saddle River, USA, 544 pp.

日下部敬之. 1998. 砂浜海岸と垂直岸壁の比較. In: 砂浜海岸における仔稚魚の生物学 (千田哲資・木下 泉 編). 恒星社厚生閣, 東京, pp. 30–41.

Lasiak T. A. 1983. Recruitment and growth patterns of juvenile marine teleosts caught at King's Beach, Algoa Bay. South African Journal of Zoology, 18: 25–30.

Lasiak T. A. 1984 a. Aspects of the biology of three benthic-feeding teleosts from King's Beach, Algoa Bay. South African Journal of Zoology, 19: 51–56.

Lasiak T. A. 1984 b. Structural aspects of the surf-zone fish assemblages at King's Beach, Aloga Bay, South Africa: long-term fluctuations. Estuarine Coastal and Shelf Science, 18: 459–483.

Lasiak T. A. 1986. Juvenile, food and the surf zone habitat: implications for teleost nursery areas. South African Journal of Zoology, 21: 51–56.

Lasiak T. A. and McLachlan A. 1987. Opportunistic utilization of mysid shoals by surf-zone teleosts. Marine Ecology Progress Series, 37: 1–7.

Layman C. A. 2000. Fish assemblage structure of the shallow ocean surf-zone on the eastern shore of Virginia barrier islands. Estuarine Coastal and Shelf Science, 51: 201–213.

Lenanton R. C. J. 1982. Alternative non-estuarine nursery habitats for some commercially and recreationally important fish species of South-western Australia. Australian Journal of Marine and Freshwater Research, 33, 881–900.

Lenanton R. C. J. and Caputi N. 1989. The roles of food supply and shelter in the relationship between fishes, in particular *Cnidoglanis macrocephalus* (Valenciennes), and detached macrophytes in the surf zone of sandy beaches. Journal of Experimental Marine Biology and Ecology, 128, 165–176.

McDermott J. J. 1983. Food web in the surf zone of an exposed sandy beach along the mid-Atlantic coast of the United States. In: McLachlan A. and Erasmus T. ed. Sandy beaches as ecosystems. Dr. W. Junk Publishers, Hague, Netherlands, pp. 529–538.

McFarland W. N. 1963. Seasonal change in the number and the biomass of fishes from the surf at Mustang Island, Texas. Publications of the Institute of Marine Science, University of Texas, 9: 91–105.

McLachlan A. and Brown A. C. 2006. The ecology of sandy shores, 2nd ed. Academic Press, Burlington, USA, 373 pp.

McLachlan A. and Hesp P. 1984. Faunal response to morphology and water circulation of a sandy beach with cusp. Marine Ecology Progress Series, 19, 133–144.

McMichael R. H. Jr. and Ross S. T. 1987. The relative abundance and feeding habits of juvenile kingfish (Sciaenidae: *Menticirrhus*) in a Gulf of Mexico surf zone. Northeast Gulf Science, 9 (2), 109−123.

Mikami S., Nakane Y. and Sano M. 2012. Influence of offshore breakwaters on fish assemblage structure in the surf zone of a sandy beach in Tokyo Bay, central Japan. Fisheries Science, 78, 113−121.

Modde T. 1980. Growth and residency of juvenile fishes within a surf zone habitat in the Gulf of Mexico. Gulf Research Reports, 6 (4), 377−385.

Modde T. and Ross S. T. 1981. Seasonality of fishes occupying a surf zone habitat in the northern Gulf of Mexico. Fishery Bulletin, 78 (4), 911−921.

Modde T. and Ross S. T. 1983. Trophic relationships of fishes occurring within a surf zone habitat in the northern Gulf of Mexico. Northeast Gulf Science, 6 (2), 109−120.

Morioka S., Ohno A., Kohno H. and Taki Y. 1993. Recruitment and survival of milkfish *Chanos chanos* larvae in the surf zone. Japanese Journal of Ichthyology, 40 (2), 247−260.

Morioka S., Ohno A., Kohno H. and Taki Y. 1996. Nutritional condition of larval milkfish, *Chanos chanos*, occurring in the surf zone. Ichthyological Research, 43: 367−373.

中根幸則・須田有輔・大富　潤・早川康博・村井武四. 2005. 中間型砂浜である鹿児島県吹上浜の近岸帯における魚類相. 水産大学校研究報告, 53 (2), 57−70.

Nakane Y., Suda Y., Hayakawa Y., Ohtomi J. and Sano M. 2009. Predation pressure for a juvenile fish on an exposed sandy beach: comparison among beach types using tethering experiments. La Mer, 46, 109−115.

Nakane Y., Suda Y. and Sano M. 2011. Food habits of fishes on an exposed sandy beach at Fukiagehama, south-west Kyushu Island, Japan. Helgoland Marine Research, 65, 123−131.

Nakane Y., Suda Y. and Sano M. 2013. Responses of fish assemblage structures to sandy beach types in Kyushu Island, southern Japan. Marine Biology, 160, 1563−1581.

Nanami A. and Endo T. 2007. Seasonal dynamics of fish assemblage structures in a surf zone on an exposed sandy beach in Japan. Ichthyological Research, 54, 277−286.

Nanjo K., Kohno H., Nakamura Y., Horinouchi M. and Sano M. 2014 a. Differences in fish assemblage structure between vegetated and unvegetated microhabitats in relation to food abundance patterns in a mangrove creek. Fisheries Science, 80, 21−41.

Nanjo K., Kohno H., Nakamura Y., Horinouchi M. and Sano M. 2014 b. Effects of mangrove structure on fish distribution patterns and predation risks. Journal of Experimental Marine Biology and Ecology, 461, 215−225.

Nanjo K., Nakamura Y., Horinouchi M., Kohno H. and Sano M. 2011. Predation risks for juvenile fishes in a mangrove estuary: a comparison of vegetated and unvegetated microhabitats by tethering experiments. Journal of Experimental Marine Biology and Ecology, 405, 53−58.

乃一哲久・草野　誠. 植木大輔・千田哲資. 1993. 長崎県大瀬戸町柳浜においてヒラメ着底仔稚魚を捕食する魚類の食性. 長崎大学水産学部研究報告, 73, 1−6.

Pearse A. S., Humm H. J. and Wharton G. W. 1942. Ecology of sand beaches at Beaufort, N. C. Ecological Monographs, 12 (2), 135−190.

Pessanha A. L. M. and Araujo F. C. 2003. Spatial, temporal and diel variation of fish assemblages at two sandy beaches in the Sepetiba Bay, Rio de Janeiro, Brazil. Estuarine Coastal and Shelf Science, 57, 1−12.

Peters J. D. and Nelson W. G. 1987. The seasonality and spatial patterns of juvenile surf zone fishes of the Florida east coast. Florida Science, 50, 85−99.

Robertson A. I. and Lenanton R. C. J. 1984. Fish community structure and food chain dynamics in the surf-zone of sandy beaches: the role of detached macrophyte detritus. Journal of Experimental Marine Biology and Ecology, 84: 265−283.

Rodrigues F. L. and Vieira J. P. 2010. Feeding strategy of *Menticirrhus americanus* and *Menticirrhus littoralis* (Perciformes: Sciaenidae) juveniles in a sandy beach surf zone of

引用文献

southern Brazil. Zoologia 27, 873－880.

Rodrigues F. L. and Vieira J. P. 2013. Surf zone fish abundance and diversity at two sandy beaches separated by long rocky jetties. Journal of the Marine Biological Association of the United Kingdom 93, 867－875.

Rodrigues F. L., Cabral H. N. and Vieira J. P. 2014. Assessing surf-zone fish assemblage variability in southern Brazil. Marine and Freshwater Research, 66 (2), 106－119.

Romer G. S. 1990. Surf zone fish community and species response to a wave energy gradient. Journal of Fish Biology, 36, 279－287.

Romer G. S. and McLachlan A. 1986. Mullet grazing on surf diatom accumulations. Journal of Fish Biology, 28, 93－104.

Ross S. W. and Lancaster J. E. 2002. Movements and site fidelity of two juvenile fish species using surf zone nursery habitats along the southeastern North Carolina coast. Environmental Biology of Fishes, 63, 161－172.

Ross S. T., McMichael R. H. Jr. and Ruple D. L. 1987. Seasonal and diel variation in the standing crop of fishes and macroinvertebrates from a Gulf of Mexico surf zone. Estuarine Coastal and Shelf Science, 25, 391－412.

Ruple D. L. 1984. Occurrence of larval fishes in the surf zone of a northern Gulf of Mexico barrier island. Estuarine Coastal and Shelf Science, 18, 191－208.

佐野光彦・中村洋平・渋野拓郎・堀之内正博. 2008. 熱帯地方の海草藻場やマングローブ水域は多くの魚類の成育場か, 日本水産学会誌, 74, 93－96.

Santos R. S. and Nash R. D. M. 1995. Seasonal changes in a sandy beach fish assemblage at Port Pim, Faial, Azores. Estuarine Coastal and Shelf Science, 41, 579－591.

Schaefer R. H. 1967. Species composition, size and seasonal abundance of fish in the surf waters of Long Island. New York Fish and Game Journal, 14 (1), 1－46.

Senta T. and Hirai A. 1981. Seasonal occurrence of milkfish fry at Tanegashima and Yakushima in southern Japan. Japanese Journal of Ichthyology, 28 (1), 45－51.

Senta T. and Kinoshita I. 1985. Larval and juvenile fishes occurring in surf zones of western Japan. Transactions of the American Fisheries Society, 114: 609－618.

千田哲資・木下 泉. 1998. 砂浜海岸における仔稚魚の生物学, 水産学シリーズ116. 恒星社厚生閣, 東京, 136 pp.

静岡県. 1990. 大規模砂泥域開発調査事業（遠州灘海域）, 昭和63年度・平成元年度調査報告書, 98 pp.

Subiyanto, Hirata I. and Senta T. 1993. Larval settlement of the Japanese flounder on sandy beaches of the Yatsushiro Sea, Japan. Nippon Suisan Gakkaishi, 59 (7), 1121－1128.

須田有輔・五明美智男. 1995. 砂浜海岸砕波帯における魚類仔稚分布と物理環境. シンポジウム砂浜海岸の生態系と物理環境. 水産工学研究集録, 1, 39－52.

須田有輔. 2002. 砂浜の生態と保全, In: 水産環境の科学（早川康博・安田秀一 編著）. 成山堂書店, 東京, pp. 108－129.

Suda Y., Inoue T. and Uchida H. 2002. Fish communities in the surf zone of a protected sandy beach at Doigahama, Yamaguchi Prefecture, Japan. Estuarine Coastal and Shelf Science, 55, 81－96.

Suda Y., Inoue T., Nakamura N., Masuda N., Doi H. and Murai T. 2004 a. Nearshore ichthyofauna in the intermediate sandy beach Doigahama Beach, Yamaguchi Prefecture, Japan. Journal of National Fisheries University, 52 (1), 11－29.

Suda Y., Shiino S., Kohata K., Nagata R., Hiwatari T., Hamaoka S. and Watanabe M. 2004 b. Species composition in the surf zone fish community of reflective sandy beach on the Okhotsk coast of northern Hokkaido, Japan. Proceedings of the 19th International Symposium on Okhotsk Sea and Sea Ice, pp. 142－147.

須田有輔・中根幸則・大富 潤. 2014 a. 開放的な砂浜海岸である鹿児島県吹上浜のサーフゾーンにおける主要魚種の出現と体長組成. 沿岸域学会誌, 27, 27－36.

須田有輔・中根幸則・大富 潤・國森拓也. 2014 b. 開放的な砂浜海岸である鹿児島県吹上浜のサーフゾーン魚類相. 水産大学校研究報告, 63 (1), 1－15.

Suda Y., Shiino S., Nagata R., Fuzawa T., Hiwatari T., Kohata K., Hamaoka S. and Watanabe M. 2005. Revision of the ichthyofauna of reflective sandy beach on the Okhotsk coast of northern Hokkaido, Japan, with notes on the food habits of some fish. Proceedings of the 20th International Symposium on Okhotsk Sea and Sea Ice, 23–28.

Tatematsu S., Usui S., Kanai T., Tanaka Y., Hyakunari W., Kaneko S., Kanou K. and Sano M. 2014. Influence of artificial headlands on fish assemblage structure in the surf zone of a sandy beach, Kashimanada Coast, Ibaraki Prefecture, central Japan. Fisheries Science, 80, 555–568.

和田年史・長田信人・原口展子・宇野政美. 2014. 鳥取県東部の砂浜海岸サーフゾーンにおける魚類および海産無脊椎動物の出現記録. 鳥取県立博物館研究報告, 51, 23–41.

Warfel H. E. and Merriman D. 1944. Studies on the marine resources of southern New England. 1. An analysis of the fish population of the shore zone. Bulletin of the Bingham Oceanographic Collection, 9 (2), 1–91.

Watt-Pringle O. and Strydom N. A. 2003. Habitat use by larval fishes in a temperate South African surf zone. Estuarine Coastal and Shelf Science, 58, 765–774.

Whitfield A. K. 1989. Ichthyoplankton in a southern African surf zone: Nursery area for the postlarvae of estuarine associated fish species? Estuarine Coastal and Shelf Science, 29, 533–547.

Wilber D. H., Clarke D. G., Burlas M. H., Ruben H. and Will R. J. 2003 a. Spatial and temporal variability in surf zone fish asemblages on the coast of northern New Jersey. Estuarine Coastal and Shelf Science, 56, 291–304.

Wilber D. H., Clarke D. G., Ray G. L. and Burlas M. H. 2003 b. Response of surf zone fish to beach nourishment operations on the northern coast of New Jersey, USA. Marine Ecology Progress Series, 250, 231–246.

Zahorcsak P., Silvano R. A. M. and Sazima I. 2000. Feeding biology of a guild of benthivorous fishes in a sandy shore on south-esatern Brazilian coast. Revista Brasileira de Biologia, 60 (3), 511–518.

第6章　開放的な砂浜海岸である吹上浜での研究事例

Baker R. and Sheaves M. 2007. Shallow-water refuge paradigm: conflicting evidence from tethering experiments in a tropical estuary. Marine Ecology Progress Series, 349, 13–22.

Harvey C. J. 1998. Use of sundy beach habitat by *Fundulus majalis*, a surf-zone fish. Marine Ecology Progress Series, 164, 307–310.

加茂 崇・西 隆一郎・鶴成悦久・須田有輔・早川康博・大富 潤. 2013. 砂質性海浜に流入する淡水量の推定－鹿児島県吹上浜を例に－. 土木学会論文集B3, 69, 454–550.

Inoue T., Suda Y. and Sano M. 2005. Food habits of fishes in the surf zone of a sandy beach at Sanrimatsubara, Fukuoka prefecture, Japan. Ichthyological Research, 52, 9–14.

Kneib R. T. and Scheele C. E. H. 2000. Does tethering of mobile prey measure relative predation potential? An empirical test using mummichogs and grass shrimp. Marine Ecology Progress Series, 198, 181–190.

Layman C. A. 2000. Fish assemblage structure of the shallow ocean surf-zone on the eastern shore of Virginia barrier islands. Estuarine Coastal and Shelf Science, 51, 201–213.

Masuda Y., Ozawa T., Onoue O. and Hamada T. 2000. Age and growth of the flathead, *Platycephalus indicus*, from the coastal waters of west Kyushu, Japan. Fisheries Research, 46, 113–121.

McLachlan A. and Brown A. C. 2006. The ecology of sandy shores 2nd edition. Academic Press, Burlington, USA, 373 pp.

McLachlan A., Jaramillo E., Donn T. E. and Wessels F. 1993. Sandy beach macrofauna communities and their control by the physical environment: A geographical comparison. Journal of Coastal Research, 15, 27–38.

Mikami S., Nakane Y. and Sano M. 2012. Influence of offshore breakwaters on fish assemblage structure in the surf zone of a sandy beach in Tokyo Bay, central Japan. Fisheries Science, 78, 113–121.

中根幸則・須田有輔・大富　潤・早川康博・村井武四．2005．中間型砂浜である鹿児島県吹上浜の近岸帯における魚類相．水産大学校研究報告，53，57－70．

Nakane Y., Suda Y., Hayakawa Y., Ohtomi J. and Sano M. 2009. Predation pressure for a juvenile fish on an exposed sandy beach: comparison among beach types using tethering experiments. La mer, 46, 109－115.

Nakane Y., Suda Y. and Sano M. 2011. Food habits of fishes on an exposed sandy beach at Fukiagehama, South-West Kyushu Island, Japan. Helgoland Marine Research, 65, 123－131.

Nakane Y., Suda Y. and Sano M. 2013. Responses of fish assemblage structures to sandy beach types in Kyushu Island, southern Japan. Marine Biology, 160, 1563－1581.

Noichi T., Kanbara T., Subiyanto and Senta T. 1991. Depth distribution of the percophid *Matsubaraea fusiforme* in Fukiagehama beach, Kyuushu. Japanese Journal of Ichthyology, 38, 245－248.

Nonomura T., Hayakawa Y., Suda Y. and Ohtomi J. 2007. Habitat zonation of the sand-burrowing mysids (*Archaeomysis vulgaris*, *Archaeomysis japonica* and *Iiella ohshimai*), and diel and tidal distribution of dominant *Archaeomysis vulgaris*, in an intermediate sandy beach at Fukiagehama, Kagoshima. Plankton and Benthos Research, 2, 38－48.

大富　潤・高野知則・須田有輔・中村正典・早川康博．2005．九州南部の吹上浜近岸帯における海産無脊椎動物の出現パターン．鹿児島大学水産学部紀要，54，7－14．

Senta T. and Kinoshita I. 1985. Larval and juvenile fishes occurring in surf zone of western Japan. Transaction of the American Fisheries Society, 114, 609－618.

須田有輔・中根幸則・大富　潤．2014a．開放的な砂浜海岸である鹿児島県吹上浜のサーフゾーンにおける主要魚類の出現と体長組成．沿岸域学会誌，27，27－36．

須田有輔・中根幸則・大富　潤・國森拓也．2014b．開放的な砂浜海岸である鹿児島県吹上浜のサーフゾーン魚類相．水産大学校研究報告，63，1－15．

Short A. D. ed. 1999. Handbook of beach and shoreface morphodynamics. John Wiley and Sons, Chichester, USA, pp. 173－196.

Takahashi K., Hirose T. and Kawaguchi K. 1999. The importance of intertidal sand burrowing peracarid crustaceans as prey for fish in the surf zone of a sandy beach in Otsuchi bay, northeastern Japan. Fisheries Science, 65, 856－864.

Tatematsu S, Usui S, Kanai T, Tanaka Y, Hyakunari W, Kaneko S, Kanou K, Sano M. 2014. Influence of artificial headlands on fish assemblage structure in the surf zone of a sandy beach, Kashimanada Coast, Ibaraki Prefecture, central Japan. Fisheries Science, 80, 555－568.

富岡森理・須田有輔・加茂　崇・大富　潤・西　隆一郎・田中龍児・早川康博．2012．鹿児島県吹上浜の砂浜海岸の潮間帯に出現した多毛類．水産大学校研究報告，61，65－74．

ボックス⑦　吹上浜の十脚甲殻類

Bellwood D. R. and Perez O. S. 1989. Sexual differences in the absolute growth of the Indo-Pacific sandy shore crab *Matuta lunaris*. Journal of Zoology, 128, 603－608.

大富　潤・高野知則・須田有輔・中村正典・早川康博．2005．九州南部の吹上浜近岸帯における海産無脊椎動物の出現パターン．鹿児島大学水産学部紀要，54，7－14．

Perez O. S. 1990. Reproductive biology of the sandy shore crab *Matuta lunaris* (Brachyura: Calappidae). Marine Ecology Progress Series, 59, 83－89.

須田有輔．2008．吹上浜の研究の背景と概要．日本水産学会誌，74，920－921．

須田有輔・大富　潤・早川康博．2008．開放的な砂浜海岸における水産生物と環境―吹上浜をモデルとした生態研究―．日本水産学会誌，74，919．

第7章　生物にとっての健全な砂浜環境とは

Barros F. 2001. Ghost crabs as a tool for rapid assessment of human impacts on exposed sandy beaches. Biological Conservation, 97, 399－404.

Lucrezi S., Schlacher T. A. and Walker S. 2009. Monitoring human impacts on sandy shore ecosystems: a test of ghost crabs (*Ocypode* spp.) as biological indicators on an urban beach.

Environmental Monitoring and Assessment, 152, 413-424.
真野　泉・堂浦　旭・大森浩二・柳沢康信. 2008. 四国太平洋岸に共存するスナガニ属3種の季節的な分布パターンおよび食性. 日本ベントス学会誌, 63, 2-10.
Neves F. M. and Bemvenuti C. E. 2006. The ghost crab *Ocypode quadrata* (Fabricius, 1787) as a potential indicator of anthropogenic impact along Rio Grande do Sul Coast, Brazil. Biological Conservation, 133, 432-435.
酒田市立酒田中央高等学校第一理科部. 1968. 山形庄内海岸におけるスナガニ (*Ocpoda stimpsoni* ORTMANN) の生態. 山形県酒田市立酒田中央高等学校研究収録, 1, 43-69.
Schierding M., Vahder S., Dau L. and Irmler U. 2011. Impacts on biodiversity at Baltic Sea beaches. Biodiversity and Conservation, 20, 1973-1985.
Schlacher T. A., Thompson L. and Price S. 2007. Vehicles versus conservation of invertebrates on sandy beaches: mortalities inflicted by off-road vehicles on ghost crabs. Marine Ecology, 28, 354-367.
高田宜武・和田恵次. 2011. ツノメガニ (スナガニ科) の日本海沿岸からの初記録. Cancer, 20, 5-8.
宇多高明. 2004. 海岸侵食の実態と解決策. 山海堂, 東京, 304 pp.
宇野拓実・宇野政美・和田年史. 2012. 兵庫県新温泉町の砂浜海岸におけるスナガニ類の出現および生息密度に影響する要因. 人と自然, 23, 31-38.
和田年史. 2009. 鳥取県の砂浜海岸におけるスナガニの分布. 鳥取県立博物館研究報告, 46, 1-7.
和田年史. 2010. 鳥取県東部の砂浜海岸の侵食によって生命の危機に瀕したスナガニの発見. 山陰自然史研究, 5, 85-86.
和田年史・和田恵次. 2015. ナンヨウスナガニ (スナガニ科) の日本海沿岸からの初記録. Cancer, 24, 15-19.
和田年史・長田信人・原口展子・宇野政美. 2014. 鳥取県東部の砂浜海岸サーフゾーンにおける魚類および海産無脊椎動物の出現記録. 鳥取県立博物館研究報告, 51, 23-41.
渡部哲也・淀　真理・木邑聡美・野元彰人・和田恵次. 2012. 近畿地方中南部沿岸域におけるスナガニ属4種の分布－2002年と2010年の比較. 地域自然史と保全, 34, 27-36.
安本善征・宇多高明・松原雄平・佐藤愼司. 2006 a. 鳥取沿岸の総合的な土砂管理ガイドラインの策定と実施. 海岸開発論文集, 22, 415-420.
安本善征・宇多高明・松原雄平. 2006 b. 鳥取沿岸の侵食実態と総合的な土砂管理の検討－千代川右岸流砂系の例－. 海岸工学論文集, 53, 641-645.
淀　真理・渡部哲也・中西夕香・酒野光世・木邑聡美・野元彰人・和田恵次. 2006. 南方系種を含むスナガニ属3種の和歌山市における生息状況：2000-2003年. 日本ベントス学会誌, 61, 2-7.

第8章　アカウミガメの保護活動を通してみる表浜の自然と保全

土　隆一. 1960. 渥美半島周辺の第四系の地史学的問題. 第四紀研究, 1, 193-211.
特定非営利活動法人表浜ネットワーク. 2011. COP10報告書「Marine and Coastal Biodiversity」, 49 pp.
特定非営利活動法人表浜ネットワーク. 2013. アカウミガメを指標とした海浜環境の評価, 8 pp.
特定非営利活動法人表浜ネットワーク. 2015. 表浜海岸～この砂浜を未来につなぐ～, 112 pp.

第9章　干潟保全の活動を通して見えてくる「砂浜」の存在

伊元九弥. 2000. 日本産キス科魚類アオギスとシロギスの生活史に関する研究. 九州大学大学院農学研究科1999年度学位論文, 199 pp.
環境庁 編：1994. 海域生物環境調査報告書 (干潟, 藻場, サンゴ礁調査) 第1巻 干潟. 日本の干潟, 藻場, サンゴ礁の現況, 第1巻 干潟. https://www.biodic.go.jp/reports/4-11/q000.html (2017年6月閲覧)

引用文献

NPO法人水辺に遊ぶ会 編. 2013. 中津干潟周辺地域生物目録. 中津干潟レポート2013, 中津市, pp. 50–87.

鈴木雄太. 2016. 大分県の中津干潟におけるアオギス *Sillago parvisquamis* の出現，食性および餌料環境. 独立行政法人水産大学校水産学研究科2015年修士論文, 80 pp.

おわりに

　平成28年度版海岸統計（国土交通省水管理・国土保全局編）によれば，日本全国の海岸線の42％にあたる約15,000 kmが防災や国土保全のために海岸保全対策が必要だとされ，また，同じく国土交通省によれば全国で毎年1.6 km^{2}の砂浜が侵食されているという．砂浜が削り取られるということは砂浜生態系そのものの消失を意味しており，海岸侵食は日本の砂浜海岸における最も深刻な環境問題である．

　砂浜の砂のほとんどが陸から供給されていることを考えれば，砂の供給源である陸から，輸送経路である河川を通して，供給先である砂浜までの土砂管理を包括的に扱うという総合土砂管理の考え方は，ごく自然なものであり，防災・国土保全面だけではなく，砂浜生態系の保全にとってもきわめて有益である．しかし，理想どおりに総合土砂管理が機能するためには，乗り越えていかなければならない課題もあり，今後も海岸部での対症療法的な海岸侵食対策をとらざるを得ないだろう．

　そうなれば，求められることは，砂浜生態系に配慮した海岸侵食対策技術のさらなる発展である．これは，離岸堤や突堤など構造物自体の材質，形状や配置だけではなく，施工方法，作業工程から，細かなことでは工事車両や工事関係者のための仮設通路，さらには環境影響評価調査の項目や方法など，事業の計画段階から完成後までの全過程におけるハード，ソフト両技術が対象となる．また，影響を考慮すべき範囲としては事業実施地点のみならず，流砂系の上流側，下流側にも目を向けなければならない．これらすべてにおいて，砂浜の生態系や生物との関連性を探り出し，技術の改善を図り，影響の緩和（ミチゲーション）に最大限努めるべきである．

　その際何よりも大事なことが，砂浜の生態系や生物に関する十分な理解である．本書は砂浜生態系の保全にとって有用な知見を多く紹介したが，全体的にみれば，よりいっそうの研究が必要である．同時に，砂浜の生態系や生物へ，国民の関心の目を向けさせる努力も怠ってはならない．

　砂浜への関心を高めるのはたやすいことではないが，各地のNPOや教育機関などが行っている環境教育は，地道ではあるが着実な方法である．これらの活動は，初期段階では参加者に単純に興味をもたせることだけに重点が置かれるが，しだいに科学的な目を育ませるような方向へ導いていくことが重要である．例えば，ビーチクリーン活動は，それ自体に海岸を美しくするという大きな社会的意義があるが，それに加えて，本書で紹介した表浜や中津干潟の例にあるように，ごみの種類や投棄源，投棄が行われる背景，砂浜の生態系や生物への影響などを考える機会を設けることで，ごみ漂着に関する参加者の問題意識をいっそう高めることができよう．

　このような意識の高まりが，問題解決のための自発的なアクションにつながることが望ましいが，そこには，科学的な裏づけが欠かせない．科学的な

おわりに

　根拠に基づかない活動は，かえって砂浜の生態系や生物に悪影響を及ぼす危険性があることを知っておくべきである。そこで期待されるのが，科学的な専門性を身につけ，地元の自然に深い関心をもつ一市民の立場から問題解決のために活動している市民研究者の存在である。生物分類や生物観察技能などにおいては，ときに専門家でも及ばないきわめて高い知識や技能を備えた市民研究者がいるが，そこまでのレベルに達していなくても，生物のサンプリング方法やデータの扱いなどに関して一定の科学的作法を身につけた人であれば，砂浜生態系の保全に果たす役割はひじょうに大きい。市民研究者は地元の砂浜生態系の保全活動のリーダーにもなり，このような人々が増えることが砂浜研究の厚みを増すことにつながろう。

　一方，大学の教員や研究所の研究員をはじめ専門家とよばれる人々は，砂浜生態系の保全をより意識した研究に取り組む必要がある。生態系に配慮した海岸事業の実施が困難な理由として，かねてから砂浜生態系に関する実用的な知見の不足が指摘されてきている。学術研究としてだけで完結させるのではなく，研究活動における市民，漁業者，行政などとの交流を通して，地元の砂浜が抱える問題点を知り，それを解決するためのアクションを双方がとるという，アウトリーチ活動が必要である。これは学生にもそのまま当てはまることであり，キャンパス内での学びの成果を現場に活かすことで，自分が学ぶ授業や卒業研究などの意義を再確認し，学習意欲をさらに高め，それが再び現場へ還元されるという学びの循環が期待できる。

　外海に面した何十kmにも及ぶ長大な砂浜を目前にすると，調査を行うにしてもいったいどこから手を付けていいのか途方に暮れる。このような茫漠とした環境条件は，砂浜研究が敬遠される理由の一つであるが，同時に大きな魅力でもある。本書の執筆者はいずれもこのような茫漠とした砂浜に魅了され，そのなかに自然の仕組みを見いだし，よりよい砂浜環境の保全につなげようと日々苦労を重ねてきた。そのような執筆者の苦労を織り交ぜた本書が，砂浜の魅力の発信につながればと思う。

執筆者を代表して
須田有輔

索　引
(生物種名は付表2を参照)

＜英＞

BI(砂浜指数) 6
CSR(企業の社会的責任) 191
DIC(溶存無機炭素) 60, 72
DIM(溶存無機物) 58, 70, 72, 77, 80
DIN(溶存無機窒素) 60, 76
DOC(溶存有機炭素) 60, 72
DOM(溶存有機物) 59, 70, 77, 80
DON(溶存有機窒素) 60
EBSA(生態学的・生物学的に重要な海域) 121
MPA(海洋保護区) 121
Ω(無次元沈降速度) 4, 5, 130
ORP(酸化還元電位) 76
PC(粒状全炭素) 60, 78, 79
PIC(粒状無機炭素) 60, 79
PIM(粒状無機物) 60, 70
PIN(粒状無機窒素) 60
PM(粒状物) 57, 78, 79
PN(全窒素) 78, 79
POC(粒状有機炭素) 60, 74, 79
POM(粒状有機物) 47, 60, 64, 70, 72, 73, 77, 79
PON(粒状有機窒素) 60
psu(実用塩分単位) 58
RPD(酸化還元電位の不連続層) 76
RSS(再懸濁物) 78, 79
RTR(相対潮位差) 5
SGD(海底地下水湧出) 61, 82
SMB法 46
SS(懸濁物) 57
TSD(温度依存性決定) 175

＜あ＞

アウターバンクス 23
アカウミガメ ...51, 127, 166, 167, 171 〜 182
アカテガニ 198
亜潮間帯 13
渥美半島 167
後浜 2, 3, 11, 15, 20, 24, 25, 57, 58, 69, 150, 153, 156, 160
アミ目（アミ類）........ 口絵 7, 口絵 11, 7, 10, 11, 12, 13, 85, 104 〜 106, 116, 117, 119, 134, 136 〜 138
油(の)漂着 16, 18, 19, 103
アユ ...7, 8, 111, 112, 114, 115, 117, 220
有明海 16, 76, 80

＜い＞

伊作川 38, 39
磯波帯（→サーフゾーン）
一次砂丘（→前砂丘）

一次生産(基礎生産) 59, 77, 78, 80, 81
一次生産者 60
一時的来遊種 111, 117, 132
異地性流入 17
逸散型(砂浜) ....3 〜 6, 14, 15, 109, 115, 116, 127 〜 133, 136 〜 143
移動限界水深 ....ii, 2, 3, 20, 36
糸つなぎ実験 140, 141
犬丸川 184, 192
イリバーレン数 47
インレット（→感潮狭口）

＜う＞

ウェットビーチ幅 38, 39
ウェントワースの粒度区分 57
打ち上げ海藻..... 11, 15, 16, 18, 64, 77, 80
打ち上げ波（→遡上波）
うねり 44, 45
海の中道 211, 212
浦富(海岸) ....7, 112 〜 115, 155

＜え＞

栄養塩 9, 17, 29, 31, 33, 34, 54, 59, 60, 63, 64, 67, 68, 73, 77, 79, 82, 128, 153, 169, 170
エコトーン 17, 146, 167, 170, 211
エコポート事業 192
餌場 7, 10, 108, 115, 117, 118, 199
沿岸砂州(バー) ....2 〜 5, 36, 38, 47, 57, 58, 116, 119
沿岸漂砂 30, 38, 41, 49
沿岸流(並岸流) 30, 46, 47, 138, 139
遠州灘 167, 177
塩性湿地 188, 189
塩淡水境界面 58, 63
塩分量 58

＜お＞

横列沿岸砂州型 119
大川 39
大阪湾 61, 62
大貫海岸 120, 142, 143
大浜海岸 48
男鹿半島 40
沖永良部島 31, 32
沖浜 2, 3, 57, 58, 64, 65
小栗浜 ....155 〜 157
汚泥用硬度計 ....88 〜 90, 98
小野川 38, 39
帯状分布 ....13, 85, 86, 89, 91 〜 94, 96, 99, 100
オフロード車(ORV) 153

オホーツク海 1, 19, 27
表浜 ....i, 20, 25, 165 〜 167, 169 〜 173, 177, 178, 180, 182
オンスロー湾(Onslow Bay) 62, 65
温度依存性決定(TSD) 175

＜か＞

海岸管理 207, 216, 217
海岸砂丘 ....ii, 2, 3, 13, 15, 27, 57, 61, 150, 153, 211 〜 213
海岸侵食 ...... iv, 16, 22, 25, 103, 119, 147, 148, 151, 152, 155, 160, 163, 171, 192, 207, 214, 217
海岸清掃(ビーチクリーン) 16, 18, 153, 180, 191, 202
海岸法 ....20, 28, 149, 205 〜 207, 209
海岸保全構造物 38, 42, 48
海岸保全施設 22, 108, 118, 119, 120, 121, 142
海岸林 12, 13, 21, 192, 214, 215
海食崖 ... 27, 30, 32, 39, 48, 49, 167 〜 171
海水(の)浄化 31, 33, 34
海跡湖 21, 41, 211
回折 45
海底地下水湧出(SGD) 8, 61, 62, 82
回転率 70
海浜事故 53
海浜植生 .... ii, 6, 12, 18, 23 〜 25, 27, 38, 39, 40, 150, 167, 178, 213
海浜流系 .... iv, 46, 47, 54, 138, 139
海泡 61, 79
海洋基本法 120
海洋保護区(MPA) 121
拡散境界層 74
掛川市 177
鹿島灘海岸 120, 142, 143
カスプ(地形) 11, 12, 47, 48, 54, 118
カタクチイワシ 7, 8, 111, 112, 114, 132, 133, 135, 220
活動的沿岸帯 20
カブトガニ ....186, 189, 197 〜 199
神之川 39
唐浜海岸 41
ガリー侵食 39
川尻漁港 42
環境影響評価 ...149, 152, 153, 155, 160, 163
環境教育 180, 190
関係性ダイヤグラム 69
間隙空間 64
間隙水 ...11, 57, 58, 61, 64 〜 67, 70, 72, 73, 76, 79
間隙生物 31, 33, 34

263

索 引

還元分解 73, 76, 80
岩礁性海岸 27
緩衝帯（→バッファー・ゾーン）
感潮狭口（インレット，潟口）....................41

<き>
企業の社会的責任（CSR）....................191
季節の回遊種 111, 117
規則波 45
基礎生産（→一次生産）
供給源 80
強泥質干潟 185
漁具能率 144
魚食魚 128, 140, 142, 143
キンセンガニ ...口絵16, 7, 17, 144 ～ 146

<く>
クサフグ 口絵17, 7, 8, 112, 114,
117, 118, 132 ～ 135, 227
九十九里浜 24, 25, 214
崩れ波 47
屈折 40, 45
クッチャロ湖 19, 21
熊井浜 155, 156
熊野灘海岸 1
クロウシノシタ 口絵17, 7, 8, 114,
117, 125, 134, 135, 161, 227
クロガシラガレイ 7, 8, 112, 114,
125, 226

<け>
珪藻（類）......59, 60, 72, 76, 77, 79, 82
現存量 69, 70, 80
懸濁物（SS）..57

<こ>
合意形成 22, 202, 209
向岸流 46, 47, 119, 138
構造モデル 69
高知海岸 1
（底質）硬度指標 89, 90, 98
鉱物組成 27, 30, 32
コウボウムギ 口絵5, 13, 149, 150,
165 ～ 167
護岸 ....iv, 1, 17, 25, 42, 185, 209, 212
潟口（→感潮狭口）
ごみ 16, 18, 103, 153, 171

<さ>
サーフゾーン（磯波帯）.......iv, 2, 3, 5 ～ 8,
16, 20, 23, 57, 64, 68, 69, 79, 82, 99,
107 ～ 109, 111, 113, 115 ～ 118, 120,
123, 125, 161 ～ 163
サーフネット .....109, 123 ～ 125, 131, 144, 162
再懸濁物（RSS）...............................78, 79
済州島 62

再循環水 61, 62, 64, 65
砕波帯 2, 3, 54, 57, 94, 99, 100, 161
細流 8
砂丘間湿地 13
砂丘とラグーンのセット 211
サクション ....9, 67, 91 ～ 94, 96 ～ 98
サクション動態 9, 67, 72, 99
砂嘴 188, 189, 200, 211
砂質干潟（砂干潟）.....................186 ～ 188
砂州 188, 193, 197, 199
砂泥質干潟 186
砂鉄 33
里海 201, 202
里村 40
サリーエント（→舌状砂州）
砂漣 ....iii, 94 ～ 96, 99, 184
サロベツ原野 13
サロマ湖 21, 41
山陰海岸 148, 149, 152, 159
酸化還元電位（ORP）.......................74 ～ 76
酸化還元電位の不連続層（RPD）........76
酸化分解 72, 73, 76, 77, 79, 80
サンドパック 17
サンドリサイクル ....148 ～ 150, 153,
155, 156, 163
三里松原 ....i, 109, 111 ～ 116, 119, 215

<し>
実用塩分単位（psu）............................58
地曳網 109, 123, 162
指標生物 ....152, 153, 155, 158 ～ 162
志布志湾 ....42 ～ 44
市民研究者 22
ジャイアントカスプ 47, 54
砂利採取 48
車両の乗り入れ 16, 25, 153
十三湖 212
重要海域
（→生態学的・生物学的に重要な海域）
循環セル ....iv, 138, 139
循環流 46, 54, 118
浚渫 ....49, 148 ～ 150, 156,
157, 160, 162, 163
準絶滅危惧種 152
消化管内容物 134, 135
硝化作用 72
庄内砂丘 215
消波ブロック ....iv, 30, 49, 171, 172, 174
消費者 60
照葉樹林 169
食性グループ ....116, 117, 133 ～ 135, 138
食物連鎖 120
シラス 39, 82
知床 19

シロギス 口絵11, 口絵17, 7, 8, 111,
112, 114, 117, 118, 125,
132 ～ 137, 140, 141, 161, 223
深海波 44, 45
人工岬（→ヘッドランド）
人工リーフ 119, 148
侵食地形 36
浸水楔 ....64 ～ 67, 69
浸水流動層 65, 66, 69

<す>
巣穴 ....81, 93, 150 ～ 154, 156 ～ 158
吹送距離 46
吹送時間 46
スズキ ....107, 114, 134 ～ 136,
142, 161, 222
スティンソン・ビーチ（Stinson Beach）
....62 ～ 64, 67, 68
ステップ ....2 ～ 5, 94
スナガニ ....11, 149 ～ 159, 162, 163
砂浜 1, 2, 6, 8, 16, 19, 21, 27,
28, 35, 73 ～ 76, 80, 185,
193 ～ 195, 197 ～ 202
砂浜指数（BI）.......................................6
砂浜タイプ ....3 ～ 5, 12, 14, 15, 109,
128 ～ 133, 136 ～ 143
砂浜地下水 ....9, 62 ～ 64, 67 ～ 69,
79 ～ 82, 153
砂干潟（砂質干潟）............................27

<せ>
成育場（保育場）............115, 118, 146, 161
静砂垣 177, 178
生息場所（→ハビタット）
生息場所安全仮説 14
生息場所過酷仮説 14
生態学的・生物学的に重要な海域
（EBSA）...121
性的二形 145
生物指標 152
生物多様性条約 121
生物多様性の観点から重要度の高い海域
（→生態学的・生物学的に重要な海域）
舌状砂州（サリーエント）.........40, 41, 43
セットアップ 37
セットバック（→引堤）
セットバック護岸 193
絶滅危惧I類 197
絶滅危惧II類 152, 167
瀬戸内海 16, 96, 183
先駆植物 ....ii, 12, 13, 21, 169
潜砂性（の）アミ類 ....10, 104 ～ 106, 136
浅水変形 46, 47
全窒素（PN）...................................78, 79
潜堤 1, 17, 42, 119

264

索　引

<そ>
総合土砂管理..................................30, 49
相対潮位差(RTR)...............................4, 5
草本...13, 21
掃流漂砂...95
遡上波(打ち上げ波)............3, 11, 13, 40,
　　　　　　　　　　64～67, 79, 81, 86, 95
遡上波回避仮説..........................14, 138
遡上波帯(波打ち帯)...........2, 3, 10, 11,
　　　　　　　　　　　　　　13～15, 64, 137
外浜...........2, 3, 13, 24, 33, 57, 58, 64, 65
そりネット..........................109, 123, 137
ソレント海岸....................................118

<た>
タートル・トラック..............173, 174, 177
滞在種.............................111, 115, 117
堆砂垣.............................177～179, 181
堆積地形...36
タイダルプリズム................................41
田後港..156
脱窒素作用.......................74, 76, 80, 81
田原川...42, 43
ダム....................................29, 30, 48, 148
多毛類(多毛綱)...............13, 14, 102, 103,
　　　　　　　　　　　　　　　117, 134, 136
ダルシーの法則..................................34
端脚類(端脚目)...口絵16, 11, 13, 116,
　　　　　　　　　　　117, 134～138, 144
炭酸カルシウム性底質................29, 32
断面形状係数....................................35

<ち>
地下水.........iii, 8, 9, 19, 82, 106, 169, 170
地下水面............2, 3, 9, 58, 61, 63～66
地下水流出帯(→湧出帯)
地形動態........................2～5, 13～16, 118
中央構造線......................................168
中央粒径..........................31～33, 57, 119
中間型(砂浜).........3～5, 11, 12, 15, 109,
　　　　　　　　　116, 127～133, 137, 139～142
沖積平野.....................................29, 30
超逸散型....................................4, 14, 15
潮下帯....................................11, 57, 100, 146
潮下帯ポンプ.....................................65
潮間帯.........3, 8, 9, 11, 13～15, 39,
　　　　　　　　　　57, 86, 95, 106, 146
潮間帯ポンプ...............................64, 65
潮上帯.............13～15, 57, 92～94, 99, 100
潮汐移動...11
潮汐性再循環..............................62, 64
潮汐性再循環水................................64
潮汐平底(→干潟)
貯蔵庫...80
千里浜...31
知林ヶ島......................................40, 41

<つ>
都農海岸...1

<て>
底質(の)硬度.......11, 86～89, 92～94,
　　　　　　　　　　　　　　96, 97, 99
泥質干潟(泥干潟)....27, 72～76, 80, 81,
　　　　　　　　　　　185, 186, 188, 197
汀線................3, 11, 36～40, 42～44, 47,
　　　　　　　　　50, 94, 105, 144, 146, 150,
　　　　　　　　　151, 154, 156, 160, 185
低潮沿岸砂州/離岸流型.........4, 14, 15
低潮テラス型..................................4, 5
堤防..42
デジタルフォースゲージ..........88～90, 97
デトリタス.......................60, 72, 73, 77, 79
天竜川...................................167～169

<と>
土井ヶ浜..............................109, 112～114
東京湾..16, 61, 62
東京湾外湾.........................112～115, 118
統計波解析..45
トウゴロウイワシ....口絵17, 7, 8, 114,
　　　　　　　　　　　132～135, 221
透水係数.................................31, 33, 34, 62
動水勾配...34
透水性...31, 33
淘汰係数(→ふるい分け係数)
濤沸湖..19
導流堤..42
土佐湾..................................7, 111～115
土砂管理ガイドライン....................149
土砂収支............................16, 25, 48, 148
(カスプの)突出部...............11, 12, 48, 118
突堤........iv, 1, 17, 20, 38, 42, 49, 119, 209
富山湾....................................61, 62, 82
ドライビーチ幅..............................38, 39
トラフ..2～4, 58
ドリフトライン(ラックライン).........iii, 2, 3,
　　　　　　　　　　　　　　　　　11, 13
泥干潟(→泥質干潟)
泥浜...1, 8
頓別...1
トンボロ(地形)(陸繋砂州)........40, 41,
　　　　　　　　　　　　　　　211, 212

<な>
長石...95
中津干潟................183～186, 188～191,
　　　　　　　　　194～197, 199, 200, 203
永吉川..38, 39
ナニー・ゴート...............................118
ナホトカ号..................................19, 85
海鼠池..41
波打ち帯(→遡上波帯)

ナミノリソコエビ
ナミノリソコエビ.................11, 86, 88, 89,
　　　　　　　　　　　　　91～96, 100

<に>
ニアショアゾーン..........................2, 3

<の>
能登半島..89

<は>
バー(→沿岸砂州)
パース(Perth)................................67, 68
博多湾......................................211, 212
波崎(海岸)...........................i, 12, 112～115
バッファー・ゾーン(緩衝帯).........213, 214
ハビタット(生息場所).........2, 5～7, 17, 44,
　　　　　　　　150, 151, 156, 159, 160, 167, 211
浜岡砂丘...177
浜崖...151
浜名湖.......................................41, 166
波見港..43
バリアーアイランド.......21, 23, 28, 40, 41, 167
波浪性再循環...........................62, 64, 65
波浪性再循環水................................64
反射型(砂浜)....3～6, 11, 12, 14, 15, 109,
　　　　　　　　116, 118, 127～133, 136～142
ハンドベーン.........................88, 89, 98

<ひ>
ビーチカスプ.........................47, 48, 54
ビーチクリーン(→海岸清掃)
ビーチフェイス....................................3
ビーチフェイス勾配............................6
ビームトロール.........................109, 123
被圧帯水層.............................61, 62, 82
被圧地下水..................................61, 82
干潟.........5, 6, 8, 9, 15, 16, 19, 21, 27, 115,
　　　　　　162, 183～197, 199～202, 211
引堤(セットバック)........................208
引き波................3, 11, 48, 64, 86, 89, 95
飛砂...............................21, 24, 25, 27, 61, 213, 214
避難場..................iii, 10, 108, 115, 116, 118,
　　　　　　　　　　　　119, 128, 129, 140
日向灘海岸..1
漂砂.......................................27, 94～96
表在動物..................................136～139
漂着ごみ...............................iv, 180, 207
漂着物..............................3, 11, 18, 54, 191
(水の)表面張力...............10, 34, 66, 67, 91
ヒラスズキ...........口絵17, 7, 8, 112,
　　　　　　　　　　　　114, 117, 222
ヒラメ...口絵11, 口絵17, 7, 8, 111, 114,
　　　　　117, 125, 134, 135, 142, 161, 226
浜堤...36, 38

265

索 引

<ふ>
不圧帯水層 61, 82
不圧地下水 61, 62, 82
風波 44
風蓮湖 21
吹上浜 ...... i, ii, iii, 1, 7〜10, 12, 14, 19, 35, 38, 39, 57, 62〜64, 67, 68, 78, 79, 82, 101, 102, 105, 112〜116, 124, 125, 127, 129〜132, 144, 146
不規則波 45
腐食物質 169, 170
豊前海 183, 199
物質循環 21, 29, 30, 33, 57, 60, 64, 69, 70, 71, 72, 74, 76, 77, 79, 80, 147, 201
プッシュネット 123
踏みつけ 16, 25, 153
浮遊動物 ...... 136〜139
浮遊漂砂 95
フリッパー 173, 174
ふるい分け係数(淘汰係数) 32
(波の) ふるい分け現象 44, 45
フレンジー 176, 177

<へ>
並岸流(→沿岸流)
平均滞留時間 63, 70, 80
平衡海浜断面形状 35, 36
ベーンせん断試験 87
ベーンテスター ...... 88〜90, 97
ヘッドランド(人工岬) 17, 108, 120, 142
ヘドロ 196

<ほ>
保育場(→成育場)
防潮林 39, 40
防波堤 148
ボーグ・サウンド(Bogue Sound) 62, 65
ポートエリザベス 80
ポケットビーチ 1, 82
捕食圧 128, 131, 140, 143
捕食者 10, 116, 118, 119, 129, 140, 141, 177
ボディピット 173
ボラ 7, 8, 112, 114, 115, 135, 221
ホワイトキャップ 47

<ま>
マアジ ...... 7, 8, 107, 114, 132〜135, 140, 222
前砂丘(一次砂丘) 20, 21
前浜 ...... 2, 3, 9, 13〜15, 33, 57, 58
前浜勾配 6
巻波砕波 46, 47
巻寄せ波 47
マクロタイダルビーチ 5

マクロファウナ(マクロベントス) ...... 9, 11, 14〜16, 19, 20, 85, 92
マクロベントス(→マクロファウナ)
松ヶ浦 82
マツノザイセンチュウ 17
万之瀬川 38, 39, 82

<み>
三河湾 16, 167
ミクロタイダルビーチ ...... 3〜5, 14
三保の松原 30, 31, 34
宮古前浜 50
宮崎海岸 ...... i, 7, 124

<む>
無次元沈降速度(Ω) 4, 5, 130

<め>
メイオベントス 60, 66, 80
メガカスプ 47, 48, 54
メソタイダルビーチ 5

<も>
毛細管現象 9, 66
物袋海岸 48
紋別(海岸) ...... i, 1, 7, 111〜114, 124, 125

<や>
屋久島 28
山国川 183, 184, 192, 200

<ゆ>
有義波高 46
有義波周期 46
湧出帯(地下水流出帯) ...... iii, 2, 3, 8, 13, 58, 62, 69
優占種 111, 115, 118, 132, 133, 144

<よ>
溶存無機炭素(DIC) 60, 72
溶存無機窒素(DIN) 60, 68, 76
溶存無機物(DIM) 58, 70, 72, 77, 80
溶存有機炭素(DOC) 60, 72
溶存有機窒素(DON) 60
溶存有機物(DOM) 59, 70, 77, 80
養浜 17, 20, 44, 148, 149, 150, 157, 162, 163, 177
ヨコエビ類(ヨコエビ亜目) 口絵7, 口絵11, 7, 10, 11, 85, 86, 93, 134
ヨシ帯 188
四ツ郷屋浜 89, 90

<ら>
ラグーン 21, 67, 211, 212
ラックライン(→ドリフトライン)

ラドン 61
ラネル ...... ii, iv, 3, 10, 57, 58, 69, 80, 106, 116, 118, 119, 128, 131, 140〜142
ラムサール条約 13, 19

<り>
リーフカレント 54
離岸堤 1, 17, 20, 38, 40, 42, 49, 108, 119, 120, 142, 143, 148, 160
離岸流 ...... 11, 12, 46, 47, 53〜55, 118, 119, 138, 139
陸繋砂州(→トンボロ)
リクリエーション活動 16, 153
リッジ ...... ii, 3, 10, 57, 58
リップチャンネル 47, 54
粒径加積曲線 31, 32
流砂系 16, 21, 207
流出入フラックス 69, 70, 80
粒状全炭素(PC) 60, 78, 79
粒状物(PM) 57, 78, 79
粒状無機炭素(PIC) 60, 79
粒状無機窒素(PIN) 60
粒状無機物(PIM) 60, 70
粒状有機炭素(POC) 60, 74, 79
粒状有機窒素(PON) 60
粒状有機物(POM) 47, 60, 64, 70, 72, 73, 77, 79
粒度組成 27, 32, 89, 92
粒度分布 31, 34, 85, 100

<れ>
礫浜 1, 27, 35, 96, 97, 99
礫干潟 188
レッドデータブック 152, 197
レッドフィールド比 72
レッドリスト 121, 150, 152

<ろ>
ろ過食 96

<わ>
矮低木 12, 13
渡り鳥 167, 199
(カスプの) 湾入部 11, 12, 47, 48, 54, 118

◆ 執筆者紹介 ◆

編著者

須田 有輔 (すだ ゆうすけ)
　現職：国立研究開発法人水産研究・教育機構水産大学校生物生産学科教授
　略歴：東京大学大学院農学系研究科博士課程修了，東亜建設工業を経て，平成4年から水産大学校（農学博士）
　専門：砂浜生態学，魚類形態学
　担当：口絵・第1章・BOX⑥・コラム

著者 (五十音順)

淺井 貴恵 (あさい きえ)
　現職：東亜建設工業（株）
　略歴：水産大学校水産学研究科修了（水産学修士）
　専門：環境土木
　担当：口絵

足利 由紀子 (あしかが ゆきこ)
　現職：NPO法人水辺に遊ぶ会理事長
　略歴：お茶の水女子大学理学部生物学科卒業
　専門：環境教育
　環境カウンセラー，希少野生動植物種保存推進員
　担当：第9章

井上 隆 (いのうえ たかし)
　現職：一般財団法人自然環境研究センター上席研究員
　略歴：東京大学大学院農学生命科学研究科博士課程修了（博士（農学））
　専門：砂浜生態学，群集生態学
　担当：第5章

大富 潤 (おおとみ じゅん)
　現職：鹿児島大学水産学部教授
　略歴：東京大学大学院農学系研究科博士課程修了（農学博士）
　専門：水産資源生物学
　担当：BOX⑦

梶原 直人 (かじはら なおと)
　現職：国立研究開発法人水産研究・教育機構瀬戸内海区水産研究所　生産環境部藻場・干潟生産グループ　主任研究員
　略歴：三重大学水産学部卒業
　専門：砂浜および干潟の環境と生態
　担当：第4章

加藤 史訓 (かとう ふみのり)
　現職：国土交通省国土技術政策総合研究所海岸研究室長
　略歴：国土交通省中部地方整備局浜松河川国道事務所長，国土交通省国土技術政策総合研究所海岸研究室主任研究官を経て平成28年から現職（博士（工学））
　専門：海岸工学
　担当：BOX①

加茂 崇 (かも たかし)
　現職：（株）アルファ水工コンサルタンツ
　略歴：鹿児島大学大学院連合農学研究科修了，平成26年から現職（博士（学術））
　専門：砂浜生態学
　担当：BOX③

執筆者紹介

清野 聡子（せいの さとこ）
　現職：九州大学大学院工学研究院環境社会部門生態工学研究室准教授
　略歴：東京大学大学院農学系研究科水産学専攻修了，東京大学大学院総合文化研究科助手，助教を経て，平成10年から現職（博士（工学））
　専門：生態工学，環境政策学
　担当：第10章

田中 雄二（たなか ゆうじ）
　現職：NPO法人表浜ネットワーク代表理事，日本ウミガメ協議会理事，ラムサールネットワーク日本理事
　略歴：岐阜県立多治見工業高校デザイン科卒業
　専門：環境教育，砂浜海岸景観デザイン
　担当：口絵・第8章

冨岡 森理（とみおか しんり）
　現職：日本学術振興会特別研究員PD（北海道大学大学院理学研究院）
　略歴：北海道大学大学院理学院博士後期課程修了（理学博士）
　専門：イトゴカイ類（環形動物門）の系統分類学的研究
　担当：口絵・BOX④

中根 幸則（なかね ゆきのり）
　現職：一般財団法人電力中央研究所環境科学研究所 主任研究員
　略歴：東京大学農学生命科学研究科 博士課程修了，水産総合研究センター東北区水産研究所を経て，平成25年から現職（農学博士）
　専門：群集生態学
　担当：第6章

西 隆一郎（にし りゅういちろう）
　現職：鹿児島大学水産学部教授
　略歴：鹿児島大学工学部，フロリダ大学，テキサスA＆M大学などを経て平成18年から鹿児島大学水産学部（工学博士）
　専門：海岸環境工学，水産海洋学
　担当：第2章・BOX②

野々村 卓美（ののむら たくみ）
　現職：鳥取県栽培漁業センター・増殖推進室・主任研究員
　略歴：東京大学大学院農学生命科学研究科博士課程修了（農学博士）
　専門：浮遊生物学
　担当：BOX⑤

早川 康博（はやかわ やすひろ）
　略歴：東京大学大学院農学系研究科博士課程修了，北里大学水産学部を経て，元独立行政法人水産大学校教授（農学博士）
　専門：水産環境学
　担当：口絵・第3章

和田 年史（わだ としふみ）
　現職：兵庫県立大学 自然・環境科学研究所 准教授（兵庫県立人と自然の博物館 主任研究員（兼務））
　略歴：長崎大学大学院生産科学研究科博士後期課程修了（博士（水産学））
　専門：海洋生物生態学，保全生態学，動物行動学
　担当：第7章

発行所の住所・連絡先が以下に変わりました。

株式会社生物研究社

〒108-0073　東京都港区三田 2 丁目 13 番 9 号
　　　　　　　　　　　　三田東門ビル 201 号室

TEL：03-6435-1263

FAX：03-6435-1264

砂浜海岸の自然と保全

2017年9月15日　第1版第1刷発行
2020年4月30日　第1版第2刷発行

編著者　須田　有輔

発行者　大屋　二三

発行所　株式会社生物研究社
〒108-0074　東京都港区高輪3-25-27-501
電　話　(03) 3445-6946
Ｆａｘ　(03) 3445-6947

印刷・製本　モリモト印刷株式会社

落丁本・乱丁本は，小社宛にお送り下さい。
送料小社負担にてお取り替えします。
© Y. Suda, 2017
注：本書の無断複写（コピー）はお断りします。
Printed in Japan
ISBN978-4-909119-13-1 C3040